U0208631

高校社科文库
University Social Science Series

教 育 部 高 等 学 校
社会科学发展研究中心

汇集高校哲学社会科学优秀原创学术成果
搭建高校哲学社会科学学术著作出版平台
探索高校哲学社会科学专著出版的新模式
扩大高校哲学社会科学学科科研成果的影响力

丁一平/著

空间的变奏
——洛阳城市空间的社会转型

Variations of Space:
The Social Transformation of
Urban Space of luoyang

光明日报 出版社

图书在版编目（CIP）数据

空间的变奏：洛阳城市空间的社会转型 / 丁一平著.
－－北京：光明日报出版社，2013.3（2024.6重印）
（高校社科文库）

ISBN 978－7－5112－3990－7

Ⅰ.①空…　Ⅱ.①丁…　Ⅲ.①城市空间—空间规划—
研究—洛阳市　Ⅳ.①TU984.261.3

中国版本图书馆 CIP 数据核字（2013）第 019492 号

空间的变奏：洛阳城市空间的社会转型
KONGJIAN DE BIANZOU：LUOYANG CHENGSHI KONGJIAN DE SHEHUI
ZHUANXING

著　　者：丁一平

责任编辑：刘伟哲　　　　　　　　责任校对：傅泉泽
封面设计：小宝工作室　　　　　　责任印制：曹　净

出版发行：光明日报出版社
地　　址：北京市西城区永安路 106 号，100050
电　　话：010-63169890（咨询），010-63131930（邮购）
传　　真：010-63131930
网　　址：http：//book.gmw.cn
E － mail：gmrbcbs@ gmw.cn
法律顾问：北京市兰台律师事务所龚柳方律师

印　　刷：三河市华东印刷有限公司
装　　订：三河市华东印刷有限公司
本书如有破损、缺页、装订错误，请与本社联系调换，电话：010-63131930

开　　本：165mm×230mm
字　　数：240 千字　　　　　　　印　　张：15
版　　次：2013 年 3 月第 1 版　　　印　　次：2024 年 6 月第 2 次印刷
书　　号：ISBN 978－7－5112－3990－7－01
定　　价：68.00 元

自 序

如果说游牧社会与农耕社会的区别在于生活空间的固定与否，那么，村落与城池的区别则应当在于空间的规模与秩序。而工业城市则更是在空间逻辑上颠覆了传统农耕城市，以自己的审美伦理与物理需求构建了一个新的空间形态与秩序。城市化导致了人类城市生活的选择，乡村的人口逐渐被抽离，越来越多的人将站到城市这一边，于是，城市将替代乡村构成人类的社会生态。于是，城市将不得不受人们的关注。

城市与乡村的区别在于空间，城市与城市的区别也在于空间。空间遂成为值得人们关注的对象。因此，空间变化、变迁的过程理应成为历史研究的课题。

然城市史本身是一门年轻而新兴的学科，它是随着城市化的纵深发展而产生的，是城市化到了一定的阶段才萌芽与生长的。作为新兴的学科，城市史的对象、内容、研究方法等不会有一个固定的边界，故而城市空间的历史研究自然没有现成的范式，有时会跨界，甚至越位，这就需要有先头部队去侦察、探索。我很乐意充当这个不知深浅、甚至有些大言不惭的侦察兵的角色。

尽管严谨严肃的学者可能不喜欢我的这种叙事方式。但我还是要报告一下我所侦察的情况，以期对大部队提供一些参考。

在城市空间这个领域，城市社会学是涉足较早的。自从上个世纪30年代，城市人类生态学的诞生开始，许多社会学家会时不时地会拿城市空间说事，尤以当代列伏弗尔、戴维·哈维和高狄纳等人为突出。但是社会学家的重点在于人的社会行为，人何以做这样的动作，而不做那样的动作。在这个过程中，他们发现，空间是人们行为的结果，空间的构成有人类行为的痕迹。既然空间的构成是人类动作的折射，那么，喜欢建构框架的社会学家们也就发现，这些空间框架会反过来影响人的行为，空间同样参与了人与社会的塑造。因此，社会学者重视人与空间的互动、互构，但重点仍然在于人的行为。城市地理学研究城市空间地域似乎是最正宗的，空间地域本来就是地理学的势力范围。正因为如此，在城市空间方面，城市地理学的成果最为丰富。相对于个体城市来讲，城市地理学更着重从物理或科学的角度研究城市的空间结构、功能结构、层次结构和地域结构，因此，城市地理学的空间研究更像是纯粹的空间研究，在这里人类活动即使存在，也只是背景或配角。城市规划学看起来是塑造城市空间的，他们一直在探讨城市空间的组织和设计，为具体城市寻找合理实用的功能分区和景观布局。因此，城市规划学更像是定焦镜头，定焦于某个具体的城市，根据合理、科学和决策者的意愿对城市内部空间进行空间安排，按照当时的发展水平、科学认知和审美趋向进行功能分区和景观布局。而城市规划为什么会这样，这是城市社会学的领域。城市经济学着眼于城市产业结构、土地市场、住宅、劳动、交通、环境等经济问题，不言而喻，这一切也离不开城市空间。

那么，城市史能做什么呢？城市史学要研究城市发展变迁的历史过程，这个过程不仅包括城市社会的政治、经济、文化结构，也包括城市设施、居民生活、礼仪习俗等，城市空间的发展变迁涵盖其中。历史强调的是过程，因此，城市史学对空间的研究应当关注城市空间的变迁和转型的过程，这个过程是如何展开的，为什么得以展开，我想这应当是城市史学可以施展的领域。

于是，我选择了我所熟悉的城市，恰好这个城市又是一个非常具有代表性的城市。说它具有代表性，是因为在空间方面，它是由两个典型的城市空间组合而成的，两个城区的共生、整合，然后又在全球化视野下向现代城市变迁。因此，是一个很有意义的案例。洛阳是久负盛名的古都，在1950年以前，洛阳具有传统农耕城市的基本特点，是中国农耕腹地一个典型的传统城市。1953年，国家第一个五年计划确立了洛阳为重点发展的城市，其原因是156个国家重点工业项目，7个设在了洛阳。由于洛阳地下文物与古都遗址的因素，使得这些工业项目的选址建设没有围绕旧城，而是撇开老城建新城，在距离老城中心8公里的地方建设工业基地，这样在洛阳这一空间地域概念的两端，分别有两个城市空间，一个是传统农耕的，一个是大机器工业的。两个城区空间的分立，尤其是两个城市空间共生、整合的过程使我们更容易理解农耕城市向工业城市的变迁、转型。于是我们空间故事也就如是展开。

洛阳曾经是十三朝古都，故而能够留下与城市空间相关的文字资料，留下五大古都遗址和明清时期延续下来的老城。我们可以通过考古、文献来研究探索。因此，在第一章里，笔者以五个古都遗址和明清时期的城池遗存为对象，对传统农耕城市空间在形态与空间结构方面的特点进行分析归纳。第二章则将注意力放在了工业基地的建设方面，它的选址依据、过程，它的空间形态等等。空间形态是有意义的，几何式的空间形态本身就是对传统农耕城池的颠覆，而它与传统农耕城池的整合则又纳入了城市空间社会转型的范畴。一种生产方式、一种经济类型必然产生与之相适应的空间，这个空间不仅指空间形状，更重要的是空间内部结构。空间转型也不仅指由城墙包围边界鲜明的所谓方形形态向不规则的几何形状的转变，更主要的是空间内部结构的变迁或革命。传统的城市以宫殿府衙为中心，以方形为形态，以城墙为边界，以庙宇为精神，以各种不同级别的墙为元素勾勒了那个时代的空间结构。而工业城市则是以工厂为重心，以工业审美伦理为理念，沿河靠铁路，以所谓效率、科学经济为依据进行空间功能的划分，以四通八达的路为主要元素构成工业城区的空间。因此，第三章的重点在于城市内部结构。第四章则进一步从景观方面比较两个城区的不同。第五章主要论述两个城区空间的整合，在将这两个城区整合到一起，使城市空间一体化的过程中，两城区中间的发展起到了至关重要的作用，因此，这一章中主要论述新的城市中心的确立。新的城市中心起到了连结二个城区、整合两个城区的作用，也使得洛阳城市空间呈现出带状这一非典型的中国城市空间形态。这种城市形态必然会形成多个区域中心，形成空间上的副中心，这对传统中国常见的"单中心＋环路"的空间形态来说很另类，却由此成为"单中心＋环路"空间发展突破的参照。然而，进入 21 世纪，洛阳城市空间还是在新一轮的城市规划中拉方变圆，回归到类方形这一传统城市的空间形态。看来，传统的力量是巨大的。但是这看上去的空间复辟，实质上却是多中心城市空间的继续。因为这不是回归到"单中心＋环路"的套路上，而是又构建了一个五脏俱全的城区。更重要的是它是全球化视野下经营城市理念的产物，因而打上了时代的烙印。由此，第六章，笔者尝试着对其空间进行阅读与解读。当代人是写不好当代史的，因为距离不仅产生美，也产生理性。所以，在这一章里，笔者可能把球踢出了城市史学的半场，踢到别人的场地上去了。不过这不要紧，既然要当侦察兵，就已经做好做错事的准备。欢迎方家提出批评。

　　是为序。

丁一平

CONTENTS 目 录

绪 论

城市史的线索，社会转型的视野，二元分析的框架，空间的视角是笔者本著作思考的经络或希冀达到的效果。

一

由农耕城市向工业城市、进而向第三产业城市的转型是近百年来中国城市发展的基本线索之一。一个典型的农耕城市与一个典型的工业城市在经济、社会和城市空间景观、建筑物理环境方面存在着巨大的差别，城市的转型也通过经济转轨、社会结构的重构和城市空间的"侵占"、"更新"、置换进行。然而处在农耕文明腹地的洛阳却是通过置入一个现代的工业城区，进而在与农耕城区的分立、共生、整合中进行的，从而形成洛阳城市化发展的特色。

洛阳城市工业化的转型开始于1953年。"一五"期间国家在洛阳安置了包括第一拖拉机厂在内的七个大型现代化工厂，洛阳城市的工业化转型由此展开。与"一五"期间许多有重点项目落户的城市不同，洛阳的工业区并没有围绕着旧城，而是采取了"撇开老城建新城"，在西距洛阳城8公里之外建设了一个新的工业基地，这样洛阳形成二个城区，一个典型的农耕文明的老城，一个典型的机器制造工业基地。工业基地与传统老城的分立影响了洛阳城市化的路径。此后，在空间上，两城向中间靠拢，中间的非城市化空间成为发展区和城市的中心。经济上工业基地的重工业性质引领了洛阳经济发展的方向，置入的工业文化也深刻影响了城市的社会生活与文化。同时，洛阳被打上了"二元"化城市的烙印。

二元的洛阳，不是乡村与城市或"城"与"市"的二元①，而是农耕城市与工业基地的二元。新旧两城区从经济类型、文化传统、社会结构、城区物理环境、宇宙观自然观、城市主体居民及其社会心理等方面有着明显不同，并在地理上有明显的分界，构成两个相对独立的城市单元。

传统的洛阳老城有着悠久的历史传承，其历史甚至可以追溯到 3000 多年前的夏商时代。二里头夏代宫殿址和商代都城遗址的发掘是为佐证。这两座城，我们不知道它当时的名称，但都是依洛河而建，处在古洛河的"阳"地。公元前 1046 年，周朝建立，周公营建洛阳，称洛邑、新邑、新大邑、新邑洛（还未受到阴阳五行的影响）。"新大"是形容词，形容这个城市的宏大的新面貌，洛指洛河，是这个城市所在的地望。② 以这个地望为地标，秦设三川郡③，西汉为河南府的治所，东汉建都城，魏晋沿习。北魏在魏晋都城废毁100 多年后，重新扩建，史称汉魏故城。隋朝建立后，隋炀帝重新选址，营建东都洛阳城，唐代沿习重建，史称隋唐洛阳城。隋唐洛阳城毁于安史之乱和以后五代时期的战火。宋代在隋唐城遗址内的一角建立了西京，规模宏大的隋唐洛阳城，遂成周长仅 5.3 公里的小城。金人南下虽然毁掉了这座城，但仍然在旧址上复建。以后，明清沿习，经民国到 1949 年后的中国。广义地讲，洛阳城已有约 4000 年的历史，留下了二里头夏代宫殿、尸乡商代都城、周王城、汉魏故城、隋唐洛阳城等五大都城遗址和明清洛阳老城，期间城市建制有很大的变化，从国到府、县，城市建筑毁了建，建了又毁，城市区位与范围亦有改变，但这些改变都是在农业文明的框架内，随中华文明发展的脉络而改变的，其深受国运兴衰的左右和经济政治文化中心迁移的影响。作为都城有都城的架子，作为省、府有省、府的规格，然其作为政治控制的节点和军事防御的据点这一城市属性没有变，农耕文明和中华城市传统的属性没有变。作为行政管理机构，行政官员关心的不是城市本身的建设发展，而是周边乡村的管理与税赋，城市主要发挥政治管理的作用。其作用的大小亦有其政治地位决定。

---

① 何一民先生认为古代中国城市大多是一个二元结构的城市，即有政治意义上的"城"和经济意义上的"市"的两重身份，而且这种二元结构是一个不平衡的倾斜组合，其"城"的分量不仅大于"市"的分量，而且"市"的那部分明显附属于"城"的部分，"市"因城而繁荣。（何一民：《农业时代中国城市的特征》，《社会科学研究》，2003 年第 5 期，第 124 页）。

② 成王时的铜器上多称成周城为洛邑、新邑，称王城为周或王。陈梦家：《青铜器断代》，《考古学报》，1955 年，第 10 期。

③ 三川指黄河、洛河、伊河三条河流，其辖区则西起灵宝、东至开封、南达汝河上游的广大地区。《三国志·魏书·文帝丕、陈群传》。

经济上，洛阳老城是传统的消费城市，传统的家庭作坊式的手工业、商业为其主要经济形式。手工业的生产主要满足市内居民的需要，商业中转运和店铺业较为发达，土特产占绝对比重。1840年以后西方列强的入侵对中国经济政治的冲击使处在内地的洛阳产生了一些细微的变化，铁路通了，舶来品进入洛阳市场，有人通过铁路发了财，① 也出现了机器工业，如1908年建造的机车修理厂，1932年建的洛阳发电厂等。帝国主义的入侵使洛阳的商业也受到了冲击，如"五四"运动时，毁掉的日货招牌就有3700块。② 但这些对洛阳城市没有太大的影响，发电厂主要供应兵营和军校，城池内并没有一丝电灯光。前店后场式的生产销售模式为其主要类型。商业仍然集中在十字街周围和城关附近。城市繁荣的景象和一些饮食服务业有关，如"真不同"、"万景楼"、"合盛栈"等等。工业化的一切有如前奏，序幕远未拉开，传统商业的繁荣远远超过了商品生产的水平。

在社会结构方面，老城是一个具有典型中华农耕文明属性的城市。社会主要由家庭和邻里等初级群体构成，家庭既是生活单位也是生产消费单位，具有经济功能。家庭类型多为联合家庭，三代人同居于四合院内。人的社会地位与其在家庭中的地位相关，社会分层结构亦与家庭有关。职业主要由手工业、商业及半商半农的居民构成，群体间一般有着长幼尊卑的纵向关系，人定位于家庭，社会关系处在熟人网络中，由血亲和姻亲构成复杂的、盘根错节的人际关系。在社会整合和社会控制机制上，习俗礼俗起着决定性作用，一些说不清道不明的潜规则起着巨大的社会控制和社会整合作用，政府的法律和规章仅是辅助。婚丧节庆是日常生活中的大事。有着不成文却很严格的礼仪③，是不能丝毫马虎的，丁点的破坏可能会造成人际关系的障碍。虽然国民政府和人民政府都曾有过不同的移风易俗活动，起到过一些成效，但风俗习惯等深层文化意识不是一纸法令或几次运动所能改变的，经济发展导致的生活方式的改变是不能删除的程序与过程。"喝汤了没有"是洛阳人的日常招呼，透露出洛阳人的饮食习惯。洛阳人钟情于汤，早晨喝肉汤，晚上喝面汤，宴请宾客也以汤水丰富的水席为主。洛阳方言也是洛阳地域文化中最显性的特征之一。在人口结构方

---

① 马宗申口述、马玉骏整理：《我所知道的"梁财神"》，载《洛阳文史资料》第二辑，第61页。
② 郭勉之遗稿、谢琰整理：《"五四"运动洛阳动态纪实》，载《洛阳文史资料》第二辑。
③ 见耿彤：《忆洛阳老城婚嫁旧俗》，载《洛阳文史资料》第五辑；张玉林：《洛阳民初汉民丧葬礼俗概述》，《洛阳文史资料》，三、四、五辑。

面，1949 年市区的性别比为94，1950 年为97。① 在 1953 年以前，女性多于男性（近代开埠城市和洛阳工业城区性别比严重失调②）。年龄结构为宝塔型。③ 居民（除了少数官员）多为土著市民。

受传统宇宙观、自然观的深刻影响，延续几千年的城市形态，洛阳老城在空间上呈方形。方形的城池在《考工记》中就已确立，《考工记》既是对中华文明早期城市规划的总结，也是此后城市建设的模具。虽然"方九里、旁三门，城中九经九纬，经途九轨"，如同韦伯的理想类型，从周营建时，洛阳王城就根据地形地貌作了调整，但方形的礼制是不能改变的。方形的形态中，皇宫、王宫或衙门处在空间的中心，这种空间中心或为自然空间的中心，或根据地形地貌，通过空间关系（位置的高低、空间的大小）和中轴线的规划营造一个中心。空间位置的高低、大小及其中轴线折射出城池空间的社会、政治伦理关系，是通过空间进行传统礼制教育的工具。各种类型、级别的墙是传统城池空间中不可或缺的，廊、城墙、宫墙、府墙、院墙等作为刚性的区分把城市空间划分成不同的空间级别。在宋以前至少一千年，城市居民限制在里坊之中，市场交易也只在里坊中进行。宋代的城市革命后街市出现，由各城门交通形成的"十"字街及各城门附近形成商业市场。洛阳老城也是这样，工商业主要集中在处于城池南半部的十字街及城关附近，特别是南关一带，由于靠近洛河，自古以来，就是商业较为繁华之地。即便在铁路出现之后，洛阳商业南重北轻的局面也未改变。在景观方面，城池是平面的，低矮散乱的大屋顶衬托出宫殿、庙宇、钟鼓楼的魏峨。护城河、城门吊桥、城墙、城门楼及由城门楼、敌楼、钟鼓楼等形成的对景、端景是老城最具城市意义、地标意义的城市景观，而宫殿、衙门及庙宇则是城市景观中最核心的内容。城隍庙、文庙、关帝庙、火神庙、财神庙等是传统城池不可或缺的建筑，洛阳老城庙宇众多，那曾是统治者的精神工具和归宿，也左右着市民的文化心理并成为精神依赖。庙里供奉的神，既是一种神化的自然力量，也是死人的鬼魂或者先人的灵魂。④

---

① 洛阳市统计局编：《洛阳奋进的四十年》，洛阳市图书馆，1989 年，第 236 页。

② 1928 年，上海、北京、天津、广州、南京平均性别比为154。《中国经济年鉴》，1933，转引自戴均良编：《中国城市发展史》，第 368 页。

③ 1953 年人口普查，洛阳市 0～14 岁人口占总人口 35.86%，20～44 岁的人占 33.68%。接近成年型。1964 年第二次人口普查 0～14 岁人口占总人口为37.62%。因为没有市区资料，这里仅做参考。《洛阳市志·人口志》，第 564 页。

④ 程艾蓝（Anne CHENG）：《中国传统思想中的空间观念》，林惠娥（Esther LIN）译，《法国汉学（人居环境建设号）》，北京：中华书局，(3～11)，2004 年，第 5 页。

由店铺形成的街市和由四合院开成的小巷是传统城市景观另一重要内容。老城的民居以四合院为主，洛阳的四合院虽有其特色，但四合院正房、厢房、倒房及其所反映的尊卑长幼和家庭、社会地位的本质却是一致的。街道宽为 5 ~ 7 米，土路或石子铺路，巷子狭小、曲折、安静幽深，间或有树木从院中伸出。洛阳所谓九街十八巷七十二胡同，街巷的命名多有文化意义，或以官府机构的位置命名，如府前街、法院街；或以礼义命名，如敬事街；或以市场功能命名，如马市街；或以居民主体命名，如丁家街、肖家街；或以地理环境命名，如贴廓巷等等。由于居住相对宽松，公共领域并不发达，街巷、井边、庙会为主要公共空间。几家或一条街共用一眼井或几眼井，市政施设落后。洛阳的茶楼并不发达，婚庆多在自家院中进行，但庙会集商业、节庆、娱乐、社交等为一身构成重要的公共活动。

作为工业基地的洛阳则是全新的。中国近代城市人口的聚集过程有多种因素：一是因为近代工商业的迅速发展，提高了城市的内聚力。二是由于天灾人祸，把大批难民驱赶到都市中。这两种因素导致中国近代城市的畸形发展，城市面积的滞后与人口无计划的膨胀，造成城市病的泛滥，最终的结局是表面的城市化。[①] 洛阳工业基地不是传统洛阳自身城市发展产生的"拉力"促成的，而是国家工业化发展战略的安排，因而成为传统农耕文明中的"工业飞地"。因此，其内在的属性与外在的物理环境都与传统的老城有着本质的区别。

从经济上来讲，工业城区由七个国营大型厂矿构成，与老城传统的家庭作坊式的手工业、商业不同，这七个企业动辄上千人，而一拖有 3 万人。其生产是机器化的大生产，生产具有鲜明的组织性、专业性，大厂、分厂、车间、工段、班组、工人各负其责，各司其职，每一部门都不能完成最终产品。同时产品为生产资料而非生活用品。洛阳涧西工业区的七个厂矿，四个为机械制造企业，生产了全国 40% 的大中型拖拉机、全国矿务局 81% 的卷扬机、军用高速柴油机，为全国 30 个省市、自治区和七十多个国家提供轴承产品。在这里，传统的手工业、商业不见了踪影，大工业所生产的不是本地的消费产品，而是服务于全国的生产资料。

社会结构上，工业城区以次级社会群体为其主要内容，区域内主要由各级各类职能明确的科层制社会组织构成，社会成员以产业工人为主。到 1966 年，

① 涂文学：《"第二届全国城市史研讨会"述评》，《城市史研究》，第 5 辑，天津：天津人民出版社，第 27 页。

产业工人总数达 6 万多人，占全区人口的三分之一，产业工人家庭占区域的
90% 以上。产业工人中，移民人口占多数，其中管理人员、科技人员、技术工
人主要来自华东及东北等沿海地区，学徒工主要来自河南东部、南部城乡。劳
动人口集中，人口构成年轻。由于新城集中的是重工业，劳动强度大，适应女
性的工作少，男女工比例约为 7：3，在耐火材料厂等企业甚至达到 8：2，这
构成了重工业城区性别结构的特点。家庭结构相对小型化，一般以一、二代人
为主，各厂区大量的集体宿舍居住着大量单身工人，这在老城是不存在的。由
于移民等因素，人们的社会关系相对简单，人行动的自由度增大。人们的社会
关系更多的是一种业缘的关系，而非血缘或姻缘的关系。人定位于生产单位而
非家庭。社会分层主要表现在政治分层上，经济收入的差异表现为技术等级和
工种的差异而非简单的师徒或资产的差异。时代特色导致的政治分层，似乎是
隐性的，但来得比经济差异更具刚性。产业工人的日常生活不同于老城，产业
的组织性、社会性与纪律性，使产业工人的生活简朴而紧张，在时间的切块上
更加刚性与鲜明。生产的节奏是由机器定的，机器的全天候运转，使得产业工
人的生活节奏明显快于老城市民。在先生产后生活的口号下，住房紧张从一开
始就困惑着职工，到了 1970 年代后期更加严重。单位制带给了职工比市民更
大的福利与保障，拥有更高的政治经济地位，平均文化程度较高，同时由于现
代工业组织化大生产，其组织性、纪律性、时间观念、规则意识等等要比老城
人口强，具有较多的现代性①。因此，相对于老城市民，产业工人有一种优越
感，一种傲态。

在空间上，工业区没有方形形态的束缚与城墙的刚性区分，按照工业理性
最终形成了南北约 3 公里、东西约 6 公里，边缘不规则的类长方形带状形态。
在空间结构方面，厂区替代宫殿衙署成为规划的核心与依据，起到一锤定音的
功能。由于临河靠铁路的需求，厂区先是一字排开设在城区北部，后在西端设
置两个工厂，形成"厂"字形态。一字排开的厂区前是一条货运公路，为减
少通勤，生活区对应各厂亦一字排开形成带状。为减噪和环保，在生活区与生
产区中间规划了一条宽 200 米，长 5600 米的林带。生活区南部一路之隔是带
状的商业区、娱乐区，然后是一条宽阔林荫大道将带状科研文教区区分开。城

---

① ［美］英格尔斯：《人的现代化》，殷陆君编译，成都：四川人民出版社，1985 年，第 101～
102 页。英格尔斯认为：现代工厂里蕴藏着改变人、迫使人适应现代社会的力量和条件。工厂中严格的
分工、考核，客观、精确的标准，生产过程的计划与时间安排，使工厂充当了一个无声的教师。因此，
工人比市民现代，产业工人比非产业工人更具现代性，工厂工作时间长的比时间短的更具现代性。

区按照厂区——林带——生活区——商业娱乐区——科研文教区规划，各区之间有一条公路分隔，形成四路五带的空间结构，反映出工业理性与审美伦理。此外，不仅原本的农田按照工业逻辑进行重构，区域中的道路也按照工业理性建设，四条纬道与八条经道交叉构成城区路网的主干，货运向北，通勤走南，区域间交通走东西，道路分工明确。与街巷的自然、狭窄、弯曲不同，横平竖直、规范统一的道路形成的路网体系体现了效率，渗透着工业化的科学理性。在景观建筑、物理环境方面，厂房和烟囱等替代了老城的城墙与宫殿、官府、庙宇，是工业区的标志性建筑，有着独特的象征意义。厂房是现代工业产品的子宫，烟囱是动力的象征。与由城楼、敌楼、钟鼓楼、庙宇等构成的端景、对景不同，宽阔笔直的马路，路两边的行道树、电线杆、排水管道和按照同一标准设计建造的住宅楼群形成整齐化一、起落有秩的天际线。即使平房建筑也是横平竖直整齐排列，同老城错落密集、低矮散漫的建筑又成鲜明对照。道路分人行与车行，其依据是车辆，因此，笔直宽广。道路的命名具有新意。开始以地理坐标经纬命名，后八条经道被命名为长春路、太原路、天津路、青岛路、长安路、郑州路、武汉路等。四条纬道则改名为建设路、中州西路、景华路、西苑路，货车走的四条道路以及后来扩展的道路则分别以华山、泰山等四山和长江、黄河、珠江等命名，象征着五湖四海共同建设的洛阳。厂门前宽阔的广场、成规模的林带、文化宫、百货商场和公园与庙会形成的公共活动空间形成鲜明的对比。

二

洛阳在二十世纪中期，有了二元结构的特点，一个典型的传统的农耕城市与一个新兴的工业城市的差别是不言而喻的，而这二种差异鲜明的典型的城市在洛阳相会，给人们提供了一个研究传统农耕城市与工业城市分立、冲突、整合、共生等的很好的个案或案例，因此，洛阳二元结构的研究，完全跳出了地方史或一般个体或单体城市研究的围域，从而可以站在农耕城市向工业城市过渡、所谓城市社会转型的大视野进行研究。然而，一方面，二元框架的建立，强调了两极对立的内涵，其结果必然沿着整合、冲突、融和或共生的脉络发展，笔者也正是想通过二元的比较分析，理想化地探讨其整合共生之路，这有些抓住一点不及其余的味道。另一方面，二元结构是广泛的，涉及经济结构、社会结构、文化价值观、审美伦理、宇宙观、空间观（空间形态与结构）等等，非笔者能力与学力所及。同时，在进行经济结构、社会结构分析时，往往淡化了城市这个主题，似乎针对二元的经济或社会进行的，于是乎，空间分析或空间视角被揭示出来。城市是空间的。首先，城市的区别显性地体现在空间形态与结构及其建筑风貌形成的空间体系方面。其次，城市空间是人为建构的，必然反映或折射出人何以为？即城市空间建构的宇宙观、价值观、社会观、审美伦理、生产力水平、民族地域文化等等必然在空间中反映。第三，有关城市或立足于城市的研究，无论是经济、社会，还是政治、文化，都离不开空间，最后归于空间，否则就不是城市研究，而是经济、政治或文化研究。于是空间视角的研究呼之欲出。

空间的理论视角得益于城市社会学者，我们从芝加哥人类生态学派、尤其是马克思主义城市学派卡斯泰尔（Manuel Castells）、列斐伏尔（Henri Lefebvre）等人的著作中吸收营养、汲取智慧。

最早进行城市空间研究的是芝加哥学派，其代表人物之一帕克（Park）创立了人类生态学。帕克认为，城市包含三个向度：生物的、空间的和文化的。城市分析首先是一个生物的过程，生态过程的核心是对有限资源的"竞争"，竞争导致空间分布的状态。因此，城市分析也是一个空间改变和重组的过程。生物在争夺资源和适应环境的过程中，形成不同的群落和生态分布，一些物种的栖息地被另一些物种所侵占，最终后者取代前者。城市也是这样一个过程，一方面城市不断向四周扩张，另一方面，城市自身也在分化，形成不同的区域。① 当然，城市分析也是一个文化的过程，因为人是一种文化动物，人是靠文化生存的而不是靠本能生存的，人类的文化创造了技术，创造了制度、习惯、信念与情感，这些因素对城市的影响都是巨大的。

芝加哥学派具有自觉的空间意识，认为城市研究的焦点是空间。城市问题就是空间问题——空间争夺、空间扩张以及在这样特定的空间中人们的行为和观念所受的影响。以此为基础，芝加哥学派析出了"同心圆"（伯吉斯 Ernest W·Burgess）、"扇形说"（霍伊特 Homer Hoyt）、"多核心说"（哈里斯 Chauncy 与厄尔曼 Edward Ullman）等城市空间类型模型。尽管此后对芝加哥人类生态学派的批评不断，但空间视角的建立却是其一大贡献。此后，很多学者在芝加哥学派的启发下，或从事城市空间的研究，或为城市空间研究背书。比较著名的马克思主义城市学者有法国的列斐伏尔、美国的戴维·哈威（David

---

① 参见向德平主编：《城市社会学》，北京：高等教育出版社，2005年，第50～51页。

Harvey)、高狄纳（Gottdiener）等人。

美国马克思主义传统城市社会学者高狄纳建立了"社会空间视角"的概念与方法。① 高狄纳"社会空间视角"的概念与方法给了我们另一个视野来看待城市的扩张。这种方法首先将房地产发展视为城市地区变化的前沿阵地。因此，当城市研究倾向于关注工业、商业和服务业的经济变化时，社会空间方法加入了房地产的内容，从房地产发展的角度看待空间对城市化的作用。他指出人口向郊区的迁移源于独户房舍产业的扩张，人口向西阳光地带迁移的一个重要因素是美国东北中心城市以外的土地开发。

其次，社会空间方法认为，政府干预和政治家们在发展中的利益是城市发展的主要因素。地方政府与城市的发展利益是密切相关的。这种相关不是为了发展和增加税收，而是为了利润。发展利益不仅代表了积累过程中的资本利益，也代表了关心发展和生活质量的社区利益。在经营城市的过程中，城市发展的主要因素是城市经营者——政府在发展中的利益。城市的政治极大地关注城市经济的发展。因此，政府在空间规划与房地产开发过程中与相方协商建构城市的空间环境。

第三，要用全球化的眼光来看待城市发展。大城市的经济开始由制造加工转向信息处理和各种服务，尤其是那些调整投资行为以适应全球经济战略的金融资本所要求的商业服务。任何城市的发展都无法避免全球化因素的影响。②

哈威的"日常生活实践"理论与人造环境概念也给我们一个新的认识城市的视角。"日常生活实践"理论认为城市空间是从人的脚步开始的，"它们所云集的大众是无数单个的集合。它们缠绕在一起的道路把它们的形状赋予了空间，"因而通过日常活动与运动创造了城市。城市特定的空间是由无数行为造成的，所有空间都带有人类意图的印记。这是一种解读日常生活"神秘结构"的各种轨迹的"步行修辞学"。③ 哈威认为，时间和空间塑造了城市过程，另一方面，城市过程也在形塑城市空间和时间。哈维强调城市过程具有长时段的社会效应，一些被当代人视为好的发展项目，在下一代人看来可能弊端多多。因此，城市过程应该具有足够的柔性，以适应时间的变化。

人造环境是哈威城市理论最重的概念之一。人造环境是一种包含许多复杂

---

① （英）安东尼·吉登斯著：《社会的构成》，李康等译，北京：三联书店，1998 年，第 206 页。

② 见向德平主编：《城市社会学》，北京：高等教育出版社，2005 年，第 64～65 页。

③ 向德平主编：《城市社会学》，北京：高等教育出版社，2005 年，第 59 页。

混合商品，是一系列的物质结构，它包括道路、码头、港口、工厂、住房、学校教育机构、文化娱乐机构、办公楼、商店、污水处理系统、公园、停车场等。城市就是由各种各样的人造环境要素混合成的一种人文物质景观，是人为建构的第二自然，城市化和城市过程就是各种人造环境的生产和创建过程。

人造环境可以分为生产的人造环境和消费的人造环境。人造环境的特点就是其存在的长期性，要改变它比较困难，在空间上是不可移动的，而且经常要大量投资。资本主义下的城市过程是资本的城市化，在这个过程中，城市这个人造环境的生产和创建本身负载了资本主义的逻辑，即为了资本的积累。为了剥削劳动力而生产和创建的，而资本主义的城市空间生产过程也负载了资本主义生产中的矛盾。

哈威将马克思对工业资本生产过程的分析称为资本的第一循环，存在的矛盾是资本过度积累所形成的危机，为解决危机，投资转向第二循环。第二循环包括了资本投资于人造环境的生产。当第一循环投资回报率下降时，资本的反应是转向第二循环，从而产生了地产投机热。城市这个人造环境为资本主义提供了投资渠道和机会。那些流入城市土地和房地产开发中的金钱是由工业部门利润决定的。城市这个人造环境的形成和发展是由工业资本利润无情驱动和支配的结果，资本按照其自己的意愿创建了道路、住房、工厂、学校、商店等城市人文物质景观。这也就是哈威称资本主义下的城市化过程是资本的城市化的原因所在。可以说，在资本主义条件下，城市空间建构和再建构就像一架机器的制造和修改一样，都是为了资本的运转更有效，创造出更多的利润。而城市的兴衰和发展变化均是资本循环的结果，城市危机的实质就是资本过度积累的危机。

新城市主义的观点：空间因素与社会因素如阶级、教育、权力、性别、种族等同样重要。社会因素决定了人们与空间的关系，而一切社会活动都是在特定的空间中发生的，社会因素在城市生活中无不通过空间向度展开和发挥作用。因此，空间因素可作为独立的分析因素引入城市研究，并在三个层面上应用空间方法：一是宏观层面，涉及空间位置、宏观社会过程与重要资源的关系（动员与资源的可及性），研究社会因素如何决定人们在城市中的空间位置（传统的居住与隔离问题等），后者又如何影响人们对社会资源的获取和社会地位的获得；二是中观层面，涉及空间与人际互动的关系，研究空间如何影响人们的互动，人际关系、信息的获得和传播，团体的构成和其它社会联系的建立；三是微观层面，关乎空间与自我认同问题（认知地图与自我组织模式），空间如何塑造人格和心理，人们如何感受空间并据以认知外部世界，组织自己的有意义的经验而对世界作出反映。人们对环境的认知、感受和经验决定人们对环境的态度是积极的还是消极的，参与构造其生活空间的图景是人类行动的一个永久的维度。①

在笔者看来，尤其值得一提的是另一位马克思主义传统城市社会学者法国人列斐伏尔。

列斐伏尔认为，"（社会）空间是（社会的）产物。"② 任何一个社会，任何一种生产方式，都会产生出自身的空间。社会空间包含着生产关系与再生产关系，并赋予这些关系以合适的场所。如果每一种生产方式都有自己的独特的空间，那么，从一种生产方式转到另一种生产方式，必然伴随着新空间的生产。③ 因此，"现代的城镇往往就是传统城市的所在地，而且看上去它们似乎仅仅是旧城区的扩展而已。但事实上，现代的城市中心，是根据几乎完全不同于旧有的将前现代的城市从早期的乡村分离出来的原则确立的。"④ 城市空间的过程是一个社会关系的重组与社会秩序实践性建构过程，空间不仅是社会生产关系的历史性结果，而且更是其本体论基础或前提。生产的社会关系是具有某种程度上的空间性存在的社会存在；它们将自己投射于空间，它们在生产空间的同时将自己铭刻于空间。⑤

城市空间是社会结构的表现，社会结构是由经济系统、政治系统和意识形态系统组成的。因此，"空间从来就不是空洞的：它往往蕴含着某种意义。"⑥空间在社会经济世界中能够发挥多种多样的作用。首先，它起着许多生产力中的一种生产力的作用（传统意义上的其他生产力包括工厂、工具与机器等等）。第二，空间本身可以作为被大量地生产出来供人们消费的商品而存在（例如去迪斯尼乐园旅游）。它也以被用于生产性的消费过程（如用于开设工

---

① 参见向德平：《城市社会学》，北京：高等教育出版社，2005 年，第 67 页。

② Henri Lefebvre, The Production of Space , Translated by Donald Nicholson – Smith, Blackwell Publishing, 1991, p26。

③ Henri Lefebvre, The Production of Space , Translated by Donald Nicholson – Smith, Blackwell Publishing, p46。

④ （英）吉登斯：《现代性的后果》，田禾译，南京：译林出版社，2000 年，第 6 页。

⑤ Henri Lefebvre, The Production of Space , Translated by Donald Nicholson – Smith, Blackwell Publishing,p129。

⑥ Henri Lefebvre, The Production of Space , Translated by Donald Nicholson – Smith, Blackwell Publishing, p154。

厂的场地之用）。第三，它可以充当政治性的工具，以更便于体系的控制（如建筑公路，便于警察镇压游行示威者）。第四，空间充当巩固生产力与财产关系的基础作用（如豪华社区为富人，而贫民窟为穷人）。第五，空间可以充当上层建筑的一个形式。

上述的城市社会学者的研究给了我们很好的认识城市的理论与方法，列斐伏尔的理论有助于我们认识空间的转型，哈威的理论有助于认识空间的生产及其实质，高狄纳的理论有助于认识房地产业的实质及其关键所在，而新城市主义学者们的理论则有助于对城市的空间感知进行反省与批判。实际上，城市史从产生到发展都受到城市社会学的巨大影响，然社会学者在意的是理论的构建，而不在意历史过程，缺乏历史意识，史学则重视过程，尤其重视社会结构的历史变迁，但缺乏"社会学意识"。① 因此，以历史为线索，进行空间的研究具有一定的学术价值与理论意义。

然"史学界对建筑的研究往往偏重于外在形态、风格与文化的关系，而相对忽略建筑的内在结构所具备的社会功能。从空间维度研究城市，可以将组织化、结构化的城市特性更深刻地展示出来。空间是西方资本主义生产方式、科层组织进入中国的最初形式，当工厂、银行、学校等现代性机构进入中国城市后，空间安排对工人、职员及学生进行有效的管理。空间的社会功能极其丰富，它还是传播知识体系的媒介。传统中国识字率低下，儒家伦理道德、宗法观念等作为传统知识体系的组成部分有时就通过空间来传播，大至城市中的宫城、官署，小至日常房屋结构、宗祠牌坊，都在安排并宣扬着长幼有序、男女有别、慎终追远的伦理观念，这是儒家思想能够日常生活化的重要基础。近代城市新型空间出现后，空间开始述说现代西方知识体系，空间布局基本的依据就是现代西方的学科分类，中国本土事物也被纳入现代学科谱系之中。如博物馆、博览会等展现、叙述的是现代科学知识，而古物陈列所、国货陈列所等则宣传着历史、经济等知识。"②

实际上，真正聚集于城市史的研究在中国还是一门很新的学科。国内城市史研究以1986年国家社科"七五"重点研究项目——上海、天津、重庆、武汉四个近代新兴城市的研究开展为起点。出现了《近代上海城市研究》③、

---

① 丹尼斯·史密斯：《历史社会学的兴起》，上海：上海人民出版社，2000年，第4页。
② 陈蕴茜：《空间维度下的中国城市史研究》，《学术月刊》，2009年，第10期，第142~145页。
③ 张仲礼：《近代上海城市研究》，上海：上海人民出版社，1990年。

《近代重庆城市研究》①、《近代天津城市研究》②、《近代武汉城市研究》③ 四本专著。其中，《近代上海城市研究》、《近代重庆城市研究》采用的是分块的宏大叙事方式，其基本框架是在总论中对城市的近代化的基本特征进行概括，然后分经济、政治、文化（上海、重庆城市史的分类则是地域和社会）。在方法上，都运用了多学科的理论与方法，叙事是整体的、全方位的、大视野的、长距离的，对城市主要方面的发展脉络叙述的十分清楚。《近代天津城市研究》、《近代武汉城市研究》的框架则是以时间线索为主，虽然历史分期不同，但时期的划分与政治事件密切相关，武汉城市史对一些专题性较强和理论性较强的问题如武汉城市的角色、武汉文化的特点、人口和职业结构、阶级结构、秘密会社、社会风俗等没有整合进各个时期，而是专章讨论，采取了分段研究和专题研究结合的方法，因此，虽然都是分段研究，但武汉城市史与天津城市史的研究有了较大的区别，是一种有益的尝试。

这四部专著对城市史的研究进行了奠基，此后单体城市研究遂成热点，逐渐形成了以上海社会科学院历史研究所、四川大学城市研究所、天津社会科学院历史研究所等为代表的城市史研究基地，出现了"结构——功能"分析、"综合分析"、"社会学"分析以及"新城市史学派"等学术兴趣不同的群体。进入新世纪后，单体城市研究的范围大大拓展，研究向多层次、多角度、多学科交叉深入发展，微观或中观视角的研究也逐步展开。如史明正先生的《走向近代化的北京城——城市建设与社会变革》，将视角则放在了北京基础设施的现代化与社会变革的互动关系方面；刘海岩先生的《空间与社会：近代天津城市的演变》把城市空间与城市社会结合起来，关注天津边缘化的阶层；王笛先生的《街头文化》以城市街头的人群为切入点；熊月之对上海张园、李德英对城市公园的研究（《城市公共空间与社会生活——以近代城市公园为例》；乐正（《近代上海人社会心态》）、忻平（《从上海发现历史——现代化进程中的上海人及其社会生活（1937~1937）》）、李长莉（《晚清上海社会的变迁——生活与伦理的近代化》）对于城市社会心态、社会伦理的研究；郭绪印（《老上海的同乡团体》）、李瑊（《上海的宁波人》）等对于城市移民群体、同乡团体的研究。学术史的回顾使我们感到，前辈的研究成果为我们的提供了

① 隗瀛涛：《近代重庆城市研究》，成都：四川大学出版社，1991 年。
② 罗澍伟：《近代天津城市研究》，北京：中国社会科学出版社，1993 年。
③ 皮明庥：《近代武汉城市研究》，北京：中国社会科学出版社，1993 年。

很好的研究基础，是我们汲取智慧的源泉。在学术史回顾的同时，笔者也感觉到，空间维度下的中国城市史研究仍然是一个较新的领域。

三

既然空间是社会的产物，任何一种生产方式，都会生产出它自身的空间。那么从农耕城市向工业城市转型、工业城市向第三产业城市（复合多功能）转型，空间就不仅是城市社会转型的外在标志，而是参与了社会转型。城市史研究的任务正是通过空间变迁的过程判定新空间的出现，新空间在什么时候意味着新的生产方式的产生？厘清这些问题，也就厘清了相应的历史分期。①

1950 年代，由于国家工业化的战略安排，引发了洛阳城市空间的历史性变迁。洛阳有了农耕文明和工业文明两个城市空间。此后，工业文明的城市空间引领了城市空间的发展，两城中间的新建城区领会了工业城市空间的精神实质，对其进行临摹。1980 年代老城的改造，也以工业化城市空间作为范本进行了意临。工业化促进了城市化，城市化又强力支持了工业化。中国工业化的梦想源于孙中山时期，但中国工业化实践则开始 1949 年后的新中国，不过 60 年。而工业化在西方已经有 200 多年的历史，如今已走入所谓后工业时期。其特征之一就是工业化与城市化有分道扬镳的趋势，城市重新回归到消费的属性。列斐伏尔认为人类发展必经农业（需要）、工业（工作）和城市（娱乐）三个主要阶段，农业社会围绕"需要"，工业社会围绕"工作"，而城市社会围绕"娱乐"。娱乐消费而不是生产成为重要的社会生活内容，是城市社会区别于工业社会的一个重要方面。② 我们可能不同意他的这种论断，但工厂从城市撤离，尤其是从中心撤离到边缘地带已是不争的事实。市区被 CBD、写字楼、高校园区、商贸居住等空间重构，既预示着后工业社会的来临，也正在生产一个后工业时代的城市空间。因此，2000 年后，洛阳新区的出现虽然依旧是撇开老城建新城，依托旧城建新城，但这个新城已不是整合基本完成的旧工业性质的城区，而是带有第三产业味道的新城区。在农业社会向工业社会、进而向信息社会转型，计划经济向市场经济转轨的过程中，空间再次显示其社会

---

① Henri Lefebvre, The Production of Space, Translated by Donald Nicholson – Smith, Blackwell Publishing, 30~64。

② 吴宁：《列斐伏尔的城市空间社会学理论及其中国意义》，《社会》，2008 年第 2 期，第 112~127 页。

生产的功能。

空间的转型变迁主要从空间形态、空间结构、城市景观三个层面上展开。

在空间形态上，传统的城市不仅以方圆形结构为其基本形态，还以城墙切割——城市与乡村有明显的界限。工业城市在形态上并不拘泥与方形，进入后工业时代的都市化发展，城市界限则更加模糊，城市作为人类聚居地也更加四处蔓延，城市已经变成一个动态的有机体，大城市往往把周围的小城市或村镇吸纳，小城市则沿公路伸展。① 城市更像是洒在地上的水按照资本流向四处蔓延。

空间结构是城市空间分析的实质。功能决定结构，一定的空间结构是特定社会功能的反映，当功能发生改变，则要求空间结构也发生同样的变化。传统中华农耕城市的属性决定了其城市空间由宫殿、庙宇、四合院等元素构成，其基本结构：宫殿府衙为中心、核心，庙宇为重要标志，由宫墙、府墙、院墙和连结城门的十字通道切割形成城市的空间结构。城市空间安排是政治的结果，政权是其幕后。工业城市空间是由厂区、统一的住宅区、商业服务设施、相对宽阔、四通八达的公路组成的空间结构。空间更多渗入工业化的经济色彩，城市的文化符号也更多传递的是工业的信息。进入后工业时代，CBD、商贸区、休闲娱乐区、高校园区成为城市空间的主要填充元素。一方面城市更加体现了人类聚居区的属性，房地产业和消费娱乐业得到快速发展。另一方面，城市空间结构更像是资本化的结果，在这里，空间本身成为商品与资本，按照利益最大化的原则，以房地产商为推手，塑造了城市空间。

空间结构是一个城市的骨架，景观是其外表。不同类型的城市有着不同的空间结构，不同的空间结构展示出不同的景观。传统农耕的洛阳城是以宫殿为中心的结构，宫殿、庙宇、以店铺和四合院构成的街巷，平面的大屋顶衬映出城墙、钟鼓楼、城楼等对景或端景的高大。工业城区的洛阳，以工厂为中心，高大的厂房、林立的烟囱、宽直的道路、整齐化一的楼群街坊、宽阔的厂门前广场、绿化林带、大型的百货商场等为其景观特征。而希冀迈入后工业时代的新城则在经营城市的理念下，以行政楼群、CBD、写字楼、高校园区、高层住宅等为外表，以更加高、大、宽的景观丰富空间结构为内容。

传统城市的景观是散乱的，如同许多旧城市一样，老洛阳也存在布局混

---

① 康斯坦丁·多西来蒂斯语，转引自纪晓岚：《论城市本质》，北京：中国社会科学出版社，2002 年，第 17～18 页。

乱、房屋破旧、居民拥挤、交通阻塞、环境污染、市政和公共设施短缺等问题。于是在工业化的背景下，其空间与景观都面临适应现代性的手术。

工业城区是理性而僵化的，工业化的产品是规模化、标准化、统一化的。工业生产规模越大，成本越低，效率越高。工业生产合格品是标准化的，以模具为尺度，大批量生产同一规格的产品是最经济的，因而工业化的另一层含义是标准化。工业社会这种生产模式已成为一种潜意识深深影响着人们的思维，甚至人的塑造——教育的产品也要求统一。洛阳涧西工业化的景观恰能反映这一工业审美伦理。楼房、道路、建筑等等恰如同一模具生产出来的产品。

高、大、宽、新亦是工业审美伦理的理念，这些量词成了褒义词。在向新城市转型的过程中，这些理念有了更大的用武之地。城市的经营者无不以此为树立城市形象的工具。大城市、高楼大厦、全新的建筑完全渗透在人们的现代化意识之中，成为城市规划与建设的主题。城市成了钢筋混凝土矗立起来的森林和瓷砖水泥覆盖的人造景观。但是另一方面，标准化的僵化的工业伦理还是在新一轮的城市更新过程中退潮了。城市间有共性，但每一个城市都有自己独特的发展历史和生存环境，并由此形成独特的人文景观、社会功能和城市文化。这是一城市区别它城市的特色，也是一个城市的魅力所在。更为重要的是城市是文化的容器。是"贮存信息和传输信息的特殊容器。"① 不同时代的建筑是不同时代的社会文化、历史文化、民族文化、地域文化的反映。因此，现代化的城市应超越时代，城市的魅力在于特色，在于历史文化与现代发展的连续性所形成的个性。

因此，城市的空间发展应当处理好这一矛盾。

在城市社会空间的转型过程中，新区的建设有其正面意义。新建的城区可以按照不同时代、不同文明的自然观、宇宙观、审美伦理进行建设。然一方面城市化不可能无休止地向空间推进，城市空间的社会转型总会体现在城市更新或新社会类型改造方面。另一方面，新城终究会变成旧城，但空间环境（景观）一旦形成就具有相对的稳定性、滞后性。空间风格的形成代表着某一时代、某一历史时期的烙印，时代改变了，空间风格往往是能够得以存留的有形物质形态之一。因此，空间的社会转型亦非一拆了之。而应当发挥人类的智慧保护一些有价值的空间景观与结构，将其整合进正在前进的社会。不幸的是，

---

① 刘易斯·芒福德：《城市发展史》，宋俊岭、倪文彦译，北京：中国建筑出版社，2005年，第106页。

许多此类空间往往是欠发达、滞发展形成的，是发达地区拆除后通过反省或检讨而着力主张与促进的。

　　20 世纪 50 年代，工业建设功能是城市最为主要的，具有决定性优势的功能，功能决定了结构。因此，不仅新建的城市或城区，老城区也按工业建设的要求进行了手术，城市的功能和目的缔造了城市的结构与景观，但城市的结构与景观却较这些功能和目的更为经久，因为城市还有一个更具生命力的功能，即作为历史文化的容器的功能。芒福德强调"城市是一种贮存信息和传输信息的特殊容器。"① 芒福德的论述是深刻的："在城市发展的大部分历史阶段中，城市主要还是一种贮藏库，一个保管者和积攒者。城市是首先掌握了这些功能以后才能完成其最后功能的，即作为一个传播者和流传者的功能。……社会是一种'积累性的活动'，而城市正是这一活动过程中的基本器官。""用象征符号贮存事物的方法发展之后，城市作为容器的能力自然就极大的增强了：它不仅较其他任何形式的社区都更多地聚集了人口和机构、制度，它保存和留传文化的数量还超过了任何一个个人靠脑记口传所能担负的数量。这种为着在时间和空间上扩大社区边界的浓缩作用和贮存作用，便是城市所发挥的独特功能之一。一个城市的级别和价值在很大程度上就取决于这种功能发挥的程度；因为城市的其他功能，不论有多重要，都只是预备性的，或附属性的。爱默生讲得很对，城市"是靠记忆而存在的。"②

　　因此，当今天建设工业性城市已不再是大政方针，传统的工业风光不再，甚至逐渐沦落为"夕阳产业"的时候，对其所产生的空间结构与建筑景观进行的手术或将进行的手术是否应慎而又慎？

　　城市空间的社会转型是社会经济结构发展的内在要求，但这并不意味着对旧社会空间的彻底摧毁，整合、包容，走一条中庸的道路是否可以成为我们的选项？

---

①　芒福德：《城市发展史》，宋俊岭、倪文彦译，北京：中国建筑出版社，2005 年，第 106 页。

②　同上书，第 105 页。

第一章

天圆地方的塑造

一、洛阳都城遗址

在伊洛盆地的北阳坡，古今洛河的"阳"地，有五个古代都城遗址，加上明清遗留下来的洛阳老城，洛阳城市建设史上有六个城池基址。这六个城池都是另起炉灶重建的，即与前面的城池有着割裂的关系。这六个城池或相距若干里，或部分重叠，但其都有一个共同点，即都是走传统城池方形或类方形的套路，以营建王宫、皇宫或官衙为出发点、为中心修建的，从而构成了传统洛阳城市空间布局与规划的特色，这一特色以传统的空间语言表达着封建的秩序与中华农耕文明的审美逻辑。

我们可以借助已有的成果来阅读这些空间，体会其内在的精神实质。

（一）二里头夏代都城遗址

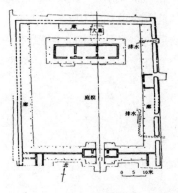

图 1-1　二里头遗址二号宫殿基址图①

---

① 来源：《夏商周断代工程 1996~2000 年阶段成果报告（简本）》，北京：世界图书出版公司，2000 年，第 76 页。

图 1－2 夏都洛阳二里头一号宫殿模型①

二里头遗址发现于 20 世纪 50 年代末，目前已逐渐探明这个城池遗址的形态。最近的钻探与发掘结果表明，遗址沿古伊洛河北岸呈西北－东南向分布，东西最长约 2400 米，南北最宽约 1900 米，北部为今洛河冲毁，现存面积约 3 平方公里。其中心区位于遗址东南部的微高地，分布着宫殿基址群、铸铜作坊遗址和中型墓葬等重要遗存；西部地势略低，为一般性居住活动区。遗址的东部边缘地带发现有断续延伸的沟状堆积，已探明长度逾 500 米，可能是建筑用土或制陶用土的取土沟，同时也具有区划作用，形成遗址的东界。② 从功能与性质来看，这个遗址主要还是个王城，"市"还不具备意义，遗址中包含着手工业、墓葬和居住的区域。

二里头夏代都城遗址是我国目前发现最早的都城遗址，尤如神秘的青藏高原一样，以二里头为代表的夏城遗址、夏代文化是神秘而令人向往的中华早期文明的上游或源头，二里头夏代都城遗址的意义在于：它是迄今为止我国发现最早的宫殿基址，以后的宫殿，直到北京的故宫，都是它的升级版，都可以追溯到这个遗址。如果说这个宫殿是故宫 1.0 的话，那么北京故宫则是故宫 5.0、6.0 或更高。二里头宫城的发现也许是城起源于"王"或城以王为出发点和核心的注脚。

① 来源：《洛阳市志》第 2 卷，郑州：中州古籍出版社，2000 年，插图。
② 赵芝荃：序一，载自杜金鹏、王学荣主编：《偃师商城遗址研究》，北京：科学出版社，2004 年。

（二）尸乡商代都城遗址

商城遗址是 1970 年代为配合洛阳首阳山电厂的选址而发现并发掘的，虽起步比二里头晚，但在考古发掘方面却同样具有十分重要的意义。商代遗址的意义不在于找到了宫殿的雏形，而在于有了城池的基本轮廓，使我们对城池的空间构成有了一个初步的了解。商城的基本轮廓是：城址平面呈长方形，南北长 1710 米，东西宽 1240 米，面积为 190 万平方米。四周筑有城墙。城墙厚约 17 米，全部用夯土筑成，质地极为坚硬。在城墙外侧再建一道护城壕河，加固设防。北面发现一座城门，东西各有 3 座城门，城门均较狭窄，便于防卫。另在西城门内侧增建"马道"，可供上下，守城卫士可登城了望。城门间有道路相通，组成棋盘式交通网络。城址南部为宫殿区。建造 3 座小城，居中者为宫城。宫城平面呈正方形，四周围墙厚约 3 米，边长各约 200 米左右。宫城的大门在南墙正中，门前大道直通城南。宫城内设 5 组大型宫殿建筑，每组宫殿长宽各约数十米，殿前有宽敞的庭院，周围设廊庑性建筑。主体宫殿居中居北，主体宫殿前方，左右分别布列两组宫殿建筑。这样的布局形式，突出了中间宫殿的主体结构，形成了对称、雄伟、壮观的大型宫殿建筑群。这无疑是该城的中心，是商王朝国家的首脑机关所在。宫殿的整组建筑，均置于夯土台基之上，形成了一个高出地面的高台建筑，它不仅是防止潮湿的必要措施，而且使宫殿建筑显得更加巍巍壮观，从而进一步显示王权至上的威仪。西方人认为中国城市是平面的，实际上，中国人早就领会了立体空间的功能，高度是有人文意义的。由于宫殿的高度必须领袖全城，而宫殿作为王或皇帝的生活空间必须脚踏实地，因此，宫殿的高度限制了城市向立体方向发展。并且中国人早就形成了天人合一，统一整体的审美观，城市统一于宫殿，空间的平面感与立体感也纳入了这个轨道，中轴与对称正是宫殿在平面构图中领袖地位的体现。在这种情况下，西方与神沟通的教堂庙宇的立体向上的欲望得到了控制，从而形成了中华城市空间逻辑结构的特色。

偃师商城宫殿的建筑形式，显然是继承了二里头夏都遗址宫殿建筑的基本结构，奠定了此后我国宫廷建筑的基本形制。左右为卫城，里面布满排房式的建筑，形制与汉魏洛阳城的武库相仿，有可能是卫士的驻所。除上述 3 座小城以外，在宫城四周尚发现大型建筑基址 10 余座，几乎布满城址南部。在城址北部发现有烧制陶器的遗址，为手工业和一般居住区。偃师商城的布局开创了"前朝后市"的建筑制度，商城内的两座小城，分居宫城左右，可能与后世的"左祖右社"有关。在宫城东西两侧，各有一条地下排水沟道，直通东西城门下部，然后流出城外。偃师商城的城池设施是相当齐备的。①

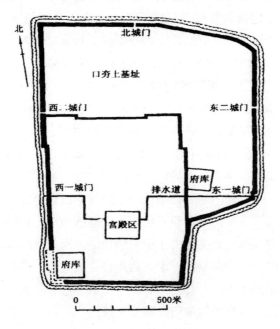

图1－3　商城遗址平面图②

（三）东周王城

根据《尚书》中《洛诰》、《召诰》，《史记·周本记》等记载，西周初年曾营建洛邑为都城，《左传》中也有"迁九鼎于洛邑"、"成王定鼎于郏鄏"的记叙，西周王城的营建是有据可查的。但对于西周洛阳王城的考古却一直没有大的进展。"洛阳都城遗址，只有西周时期的洛邑成周城尚在探寻之中，一时难以准确判定，其余俱已查明。"③ 近年来虽然在瀍河一带发现许多西周文物，但就此判定成周城的存在还为时过早，成周遗址的位置、规模、形态等尚未被考古所证实。也正因为此，一些学者怀疑西周成周城的存在。

东周洛阳都城却有着考古意义。1950年代，在国家重点项目选址的十分仓促地勘探中，周王城遗址的部分城垣被发现，第一拖拉机厂等重点项目也因

---

① 王学荣：《河南偃师商城考古发掘综述》，载杜金鹏、王学荣主编：《偃师商城遗址研究》，北京：科学出版社，2008年，第15～38页。

② 《夏商周断代工程1996～2000年阶段成果报告（简本）》，北京：世界图书出版公司，2000年，第66页。

③ 段鹏琦：《洛阳古代都城遗址迁移现象试析》，《考古与文物》，载1994年第4期。

此移到了涧河以西。遗憾的是在此后洛阳的城市建设中，周王城遗址的大部分还是被厂房和大量建筑所覆盖，仅留下了一部分以公园的形式进行了遗址保护，由此，对东周王城的空间结构、内在布局无法通过考古来确定，但城市的基本形态还是可以确定。遗址的边长大约为2890＊3320米，按照古尺折算，符合《考工记》中"方九里"的记载。

《考工记》的城市规划思想与规划理论影响了中国3000多年。《考工记》记载，"匠人营国，方九里，旁三门，城中九经九纬，经涂九轨，左祖右社，面朝后市，市朝一夫。"根据《考工记》复原的城池图，城池分内城和外城，外城垣每垣三个城门，共十二个城门。内城即宫城，处在城市的中心位置，同样一边三个城门，三个城门对着三条道路。外城中门对着宫殿。宫城是国王居住办公的场所。城门、宫门及道路不仅充当交通的功能，还是礼制的重要标志与符号，甚至这种礼制的意义更大于交通的功能。因此，门与门不同，道路与道路不同，中间的门与道路是国王走，两边是百姓走的，男左女右，或左出右进，凡皇帝或国王进出的门，都要留有三个门道，这个制度在二里头夏代都城遗址上就有反映，以后都城的城门大都三个通道，皇帝走中间，体现出尊卑贵贱，等级森严的礼制。① 门道制度，是一个不可破坏的严格的国家制度。

有学者认为，《考工记》记载的西周城邑制度，其中包含了对洛阳王城规划布局的描述。② 甚至认为这即是当时洛阳城的建筑布局。③ 笔者认为，《考工记》所描述的城池规划原则，首先是原则性的，其次这些原则是马克思·韦伯所说的"理想类型"，即现实中并不存在，但所有的城池建设都要遵守，尽可能地接近这个类型。实际上，这个理想类型是在纸上画的，每个城市的营建总要结合当地的地形地貌、水文气候特征，随山就水、做必要的修正或改动。尽管《考工记》的记载带有理想模式的色彩，但现在一般认为，其中不排除营建洛邑的某些实际情况的反映。④

（四）汉魏晋故城

汉魏晋故城是东汉、曹魏、西晋、北魏四代王朝的都城，即四个朝代沿用一个城址，时间累记达330年，其间迭经建设，城市布局随之发生不少的变

---

① 当然也有例外，如唐长安城，其它门是三个门道，城门正门则是五个门道，显示盛唐风范。
② 王晖：《周武王东都选址考辨》，载《中国史研究》，1998年1期。
③ 梁晓景：《西周建都洛邑浅谈》，载《河洛春秋》，1986年第1期。
④ 李久昌：《20世纪50年代以来的洛阳古都研究》，载《河南大学学报》，2007年第4期。

化。汉魏故城是幸运的，仍然埋在原野中。汉魏故城同样是 1954 年大建设时期被发现，此后，考古学家对该城进行了多次的调查与发掘。

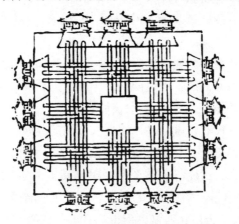

图 1-4　图《三礼图》中的周王城图①

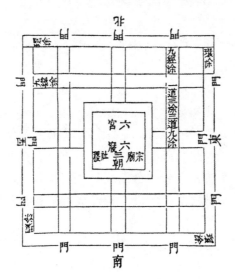

图 1-5　周王城形制图②

就城市空间形态研究，东汉、曹魏、西晋三代相继，在城市空间结构与形态方面并无革命性的变化，因此，笔者在这里将此三代的城市形态集中论述。

相对于洛阳东汉以前的都城，东汉洛阳城有几个有特点的地方：

① 来源：《洛阳建筑志》，郑州：中州古籍出版社，2003 年。
② 来源于戴震：《考工图记》，上海：商务印书馆，1955 年。

一是城池的形态。东汉洛阳城在学术界有一个形象的名称，叫"九六城"，按文献记载，"南北九里七十步，东西六里十步，成长方形"。后人以九六之尊，解释其有尊贵之意。考古的实测，长墙长4200米，西墙长3700米，北墙长2700米，南墙长2460米。这是一个"非典"的方城，其长方形也不规则，更有随山就水、划地为城的实际意义。城池共有十二个城门，但不是每垣三个城门，而是东西各三门，南垣四门，北垣二门。

二是"城"的意义巨大。从图中我们可以看出，东汉洛阳城仍然有着鲜明的城的意义——不仅以宫城为主，而且宫殿几乎占据了城内一半的空间，其中南宫占地约1.3平方公里，北宫占地约1.8平方公里。加上皇帝的私有园林，以及官府、太仓、武库等，整个都城更像是皇帝的私宅。在这里，"市"及一般百姓的活动空间不仅居于次要地位，而且十分有限完全被边缘化了。东汉有三"市"，最大的金市在西城，南市和马市分别位于东城外和南城外。

三是明堂、灵台、辟雍等设在南门外。城内外建有多处供皇帝享乐的园林。①

明堂等建在城外，所谓宫城居中，"左祖右社"的原则已经做了修正。明堂始于周，"明堂所以正四时，出教化，天子布政之宫也。黄帝曰合宫，尧曰衢室，舜曰总章，夏后曰世室，殷人曰阴馆，周人曰明堂"。明堂是天子宣明朝政的地方。凡朝会、祭祀、庆赏、选士、养老、教学等大典，均在明堂举行。灵台是观天的地方。"明堂所以祀上帝，灵台所以观天文。"洛阳东汉趋向于考古实测，范围约44000平方米，四周有夯土墙，中心建有文形的夯土台，残高8米余，台四周有二层平台，环筑回廊。辟雍，太学名。本为周天子为贵族子弟所设。校址成圆形，四面环水如壁，前门有通行的桥。

东汉洛阳城被董卓毁坏。曹丕建都洛阳时，东汉的南宫已经不成面目，南宫遂被拆除改为闾里，而在城的东北角另建一后宫——金墉城。其它依东汉洛阳城进行了修复，城池形态与结构并无大的变化。魏明帝时，又在城中建南宫。西晋篡夺曹魏政权后，继续都洛阳，其空间形态并未发展巨大的变化。八王之乱后，洛阳城遭到破坏。

---

① 东汉洛阳城内有几座皇帝园林，如芳林苑，城外则有七八家皇家园囿，见于文献记载的有上林苑、广成苑、鹤德苑、平乐苑、单圭灵昆苑等，其中单圭灵昆苑最大，周围约11里。

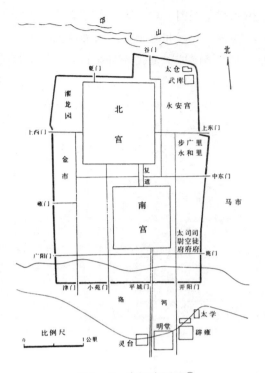

图1-6 东汉洛阳图①

（五）北魏洛阳城

西晋洛阳都城在荒废了100多年后，公元495年，北魏王朝从平城迁都洛阳。

北魏洛阳都城在魏晋洛阳城的旧址上重建，保留了城廓的基本形态，但北魏洛阳城在内部空间结构上却是与汉魏洛阳城有着重大的区别，其主要表现在以下几个方面：

一是"城"的比例缩小。这缘于大城和内城更好地结合在了一起。受地形地貌的制约，大城采取的是东西宽、南北窄的规划，东西宽约10公里，南北长约7.5公里。内城基本沿用汉魏"九六城"的基址，南北长1368米，东西宽660米，占大城面积的十分之一左右。帝王专用的园林区在城的北面，大城北面建有三座小城，北靠邙山，面依大城，是大城的军事要塞。

二是中轴线的强调。北魏洛阳城以正对宫城间阖门的铜陀街为轴线，西侧

① 来源：《洛阳市志·文物卷》，郑州：中州古籍出版社，1995年，第33页。

为官署寺庙坛社，街东有左卫门、司徒府、国子学、宗正寺、太子庙；街西有右卫府、太尉府、将作曹、太社和永宁寺。这种中轴线的强调不同于以往洛阳都城。有学者认为，北魏洛阳城中轴线的萌芽和形成，是都城规划的转折性变化，表现出了从先秦城市向隋唐城市的转变，并影响后代达千年之久。

图1-7　北魏洛阳城中轴线①

三是里坊制度的进一步完善。里坊，是中国古代居民聚居之处，也是居住区规划的基本单位。自周代至唐，里坊制度不断完善。它的基本特点是，把全城分割为若干封闭的"里"作为居住区，商业与手工业则限制在一些定时开闭的"市"中。统治者们的宫殿和衙署占有全城最有利的地位，并用城墙保护起来。"里"和"市"都环以高墙，设门门与市门，由吏卒和市令管理，全城实行宵禁。里的平面一般呈方形或矩形，围以墙，设里门出入。里坊的萌芽至少可以追溯到春秋时期，它的鼎盛时期在隋唐，而北魏则是使其规范化、制

_____

① 　来源于潘谷西：《中国建筑史》，北京：中国建筑出版社，2001年，第56页。

度化的一个承上启下的重要时期。里坊完善，使得城池空间形成方形、棋盘式的格局。也使得外城居民与内城宫苑区分开。外廓城作为北魏的新建筑，形制上具有承上启下的特点。

图 1-8　陈寅恪先生复原的北魏洛阳城①

　　四是寺庙林立。东汉时期的白马寺开启了城池中的寺庙空间。至北魏，寺庙大踏步地进入市区。与当今寺庙扎堆于山林之中不同，寺庙最初的发展主要集中于城市，尤其是都城。因此，北魏期间，洛阳城寺庙林立，有大小寺庙数座。此外，北魏洛阳城的"市"有了进一步的发展。北魏洛阳有大市、小市和四通市三个"市区"。小市位于城东青阳门外，又叫鱼鳖市。大市位于西阳门外四里处，周围八里，有十个里坊环绕。东为通商、达货二里，居民 多巧匠、屠户，很富有。南为调音、乐律二里，居民多从事与音乐有关的职业，丝

---

①　转引自王铎：《北魏洛阳规划及其城史地位》，《华中建筑》，1992 年第 2 期，第 51 页。

竹讴歌，天下妙伎多出于此。西为退酤、治觞二里，居民多以酿酒为生。北以慈孝、奉终二里，居民多以棺椁、赁辒为业。东北是富人居住的准财、金肆二里。四通市在洛河永桥以南，也叫永桥市。从记载可以看出，这是一个国际性的市场。北魏洛阳是一个开放性的城市，四通市附近，设有四馆接待四方客人。金陵馆接待南方客人；燕然馆接待北方客人；扶桑馆接待东方客人；崦嵫馆接待西方客人。外来客商愿意定居的赐给宅院，同样也是分类管理，南方客人居归正里；北方客人居归德里；东方客人居慕化里；西方客人居慕义里。

有关寺庙和市区，《洛阳伽蓝记》中有详实的描写。

北魏洛阳城虽然是在汉魏洛阳城的基址上建立起来的，但北魏洛阳城市规划与建设完全有新的举措，北魏"汉化"并不是简单地恢复或模拟汉魏制度，而是加入了新元素的一次发展。长期从事洛阳考古工作的段鹏琦先生认为北魏实现了洛阳城市布局的一次历史性转变。①

（六）隋唐洛阳城

20 世纪 50 年代以来，隋唐东都城作为重点遗址，考古学者对其进行了长期的勘察和发掘，结合相关的历史文献与资料，使我们对该城的平面布局、坊市形制、宫殿等均有了比较清楚的认识。

比较汉魏故城及二里头遗址、商城遗址等，隋唐洛阳城在规划布局方面的特点十分鲜明：

首先是城市主体大面积跨越洛河。隋唐洛阳是一个接近正方形的城池，北墙顺应山势有一定的倾斜，西南角则顺应洛河的河道伸出一角，城池东西平均宽约为 7000 米，南北平均长约 7300 米（城池的面积似乎没有北魏洛阳城大），城池的大部分跨过洛河，使得洛阴的面积超过洛阳，这在洛阳建城史上是第一次，在洛阳整个农耕文明时期的城建史上也是绝无仅有的。这既反映了水利与建桥技术的大幅度提升，也折射出隋唐的强盛。

其次是后宫的位置及其不对称的特点。隋唐洛阳城皇宫的位置建在了城池位置较高的西北部，皇宫以西是辽阔的禁苑区——西苑，禁苑围墙长 229 里138 步。宫城设在西北部似与城池的地形地貌有关，这里地势较高，在空间上居高临下体现的是皇权的至高无上。由于宫城设在了西北部，城池的中轴线也移到了西部——皇宫南门正对的宽达 120 米、贯通全城并且跨越洛河的定鼎门大街。都城的中轴线历史性地建在了西部，这在中国封建史上是耐人寻味的。

① 参见段鹏琦：《汉魏洛阳故城》，北京：文物出版社，2009 年。

非但如此，由于宫城在西，西城垣无城门，其它每垣三门。由于城市布局不对称，城门位置也不对称。这种不对称在中国封建王朝都城规划史上是比较特别的。对此，学者有不同的解释。

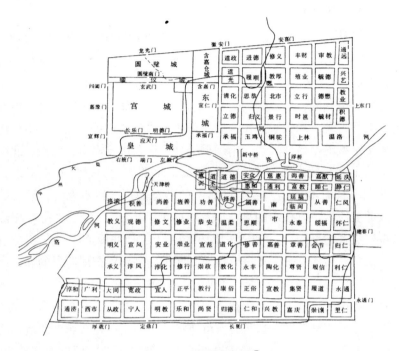

图 1-9 唐代洛阳图①

阎文儒较早地探讨了东都洛阳的形制及城垣建筑和城门形状，认为东都城把宫城、皇城设置在城中西北隅，并非是受到了外族的影响，而是由于自然地理北高南低的形势和政治上防守便利的需要所致，从而导致了洛阳城的不对称。宿白则认为这种布局是特意设计的，是为了下京城长安一等的做法。洛阳城的设计规划"既影响了当时国内新建和改建的地方城市，也影响了一些地方政权甚至邻近国家的都城建设"。董鉴泓认为建成的洛阳城，对最初的规划者来说，只是个半成品，它本来应该和大兴城一样也是东西对称或基本对称，但因汉代河南县城和洛河河床的存在，对称布局才未完成。贺业矩则从城市规划的角度，探讨了隋唐洛阳城总体规划和分区规划中的若干问题，认为洛阳城的布局已经是东西对称了。……傅熹年从建筑学的角度探讨了隋唐洛阳城的规

---

① 来源：《洛阳建筑志》，郑州：中州古籍出版社，2003 年。

划手法，提出坊与宫城和皇城之间存在某种模数关系，是中国古代都城规划中的一个重要特征，而洛阳城就规划中模数运用而言，明显比大兴（长安）成熟。随后，他又对这种规划手法的象征意义进行了阐述，认为来源于皇权至上，象征皇权统率一切，化生一切。①

第三，里坊制度更加完善、规范。洛河将隋唐洛阳城分为南北两个部分，北部有 29 个里坊，南部有 78 个里坊。里坊的形状比北魏洛阳里坊更加规则，除少数是 200×400 米的长方形外，大部分是 450×450 米的正方形。每坊有坊墙与其他坊、市相隔，坊墙高约 2 米，墙外有沟，深约 2 米。每坊、市都有隶卒或市令进行管理。相较于前代，唐代里坊的内部结构更为完善。唐代坊内是一字型或十字型的生活性大道，十字街道分称为东街、南街、西街、北街，由此划分出的 4 个区域内再设小十字街（即十字巷），形成了 16 个区块，其间还有"巷"、"曲"相隔，"巷"、"曲"的形态曲折，并不规则，最后的空间是一般人的居住区。方格形的里坊以及坊内十字街加"巷"、"曲"相隔，构成了城市棋盘式的格局。"百千家似围棋局，十二街如种菜畦。"② 市肆也设在里坊之内受到严格的管理。市由肆组成，同类商品必须归属所属的肆，严格区分不可紊乱。市的四面筑有围墙，开设市门，形成一个完整的商业区。隋唐洛阳城也有三个市区，最大的南市在洛河南岸，占地超过二坊的面积，内有 112 行，三千余肆，四壁有四百余店。北市在洛河北岸，占地一坊。西市在西北隅厚载门内，占地一坊。市区设在坊里，使得官府对市的管理更加容易。"市"的空间形态也都具有方正规整内向封闭的特征。"市"在一定程度上是市民公共活动的空间，具有开放的属性。但是在空间和时间上加以限制的坊市（四周围墙，中午开市，日落前闭市），使其开放性大打折扣。另一方面，里坊制度使城池的墙更加强化，城有城墙，宫有宫墙，府有府墙，坊有坊墙，院有院墙，城市不是路的划分，甚至可以说是墙的划分。因此，城池化的空间，各级别的墙及其与之配套的门的意义重大。各类的门使得封闭式的空间有了对外联络的孔道，也成为社会控制的主要设施。在审美意义上，门也成为主要的地标性建筑和审美的对象，门的规制、大小、高低也被赋予特别的意义。因此，里坊制度不仅仅是空间的划分，同时也是社会的划分。里坊制度的精髓在于对城市的控制，通过控制城市居民日常活动的时间和空间来取得稳定的社会秩

---

① 李久昌：《20 世纪 50 年代以来的洛阳古都研究》，载《河南大学学报》，2007 年第 4 期。
② 白居易：《登观音台望城》。

序。严格的夜禁制度更从时间维度强化了里坊社会控制的职能。唐律规定，里坊"昏而闭，五更而启"。对于违反夜禁的人要鞭挞二十，甚至有记载出现中使郭里旻因醉酒犯夜禁而被杖杀的事情。① 夜禁制使夜间城市坊外空无一人，"六街鼓绝行人绝，九衢茫茫空有月"。② 对唐代这种不人性的里坊制度，明代的朱熹甚为赞赏。

图 1 – 10　隋唐东都立德坊复原模型③

宋代以洛阳为西京陪都，也发挥着重要作用。近年来，在发掘隋唐洛阳城时，又发现宋代西京西城墙、宫城西墙、宫殿建筑及衙署庭园遗址，显示宋代洛阳城仍多有建设，维持着一定程度的繁荣。但一方面宋代洛阳城被隋唐洛阳城所包含，仅仅占据隋唐洛阳城的一角。另一方面，要恢复宋代洛阳城还需要考古发掘的支持。因此，对宋代洛阳城空间形态及其规划还需要进一步的探索。然宋代却是我国城市空间发生革命性变化的年代。宋以后，市的空间突破墙的重围，产生了开放的街市，真正市区的产生，使商业空间成为城市空间的一大参变因素。市虽然仍然是城的附属，却有显象表明，市在发挥越来越重大的影响，最终形成近代意义的城市。但是在洛阳，宋代城市革命的影响，我们只能在明清洛阳城里看到。

---

① 《全唐诗》卷 866～3，【秋夜吟】长安中鬼。
② 《旧唐书》卷 15。
③ 来源：洛阳都城博物馆展柜。

图 1 - 11　唐代洛阳宫城复原图①

二、明清——民国洛阳城

（一）"城"与"市"

明清洛阳城是民国洛阳城的前身。民国洛阳城又是今天洛阳老城的前身，其空间结构与布局直到 1950 年代没有什么太大的变化，甚至到了 1970 年代也没有根本的变化。因此，洛阳老城是笔者曾经见过的历史生态风貌保留较好的城池。1980 年代以后，现代化终于对老城进行了外科手术，老城的面貌逐渐丧失。作为宋代城市革命的结果，老城与前述的汉魏故城、隋唐都城等有着很大的区别。这个区别不仅在于城市级别方面，还在于城市空间形态的其它方面。虽然明清时期，洛阳已沦为中国城市的第三世界，要分析和研究这些变化，我们首先要阅读城池空间革命的背景。

中国的城市产生于夏代，前述二里头遗址即是这一历史出发点的佐证，又是典型的代表。夏代到春秋战国时代或许为中国城市发展的一个阶段。这一时期一个基本特征是"城"的意义重大。所谓"城"，是政治、军事的堡垒，城墙、宫殿是这种城池的形象代言。因此，在论述早期城池的形态时，张光直先生将城墙、宫殿、庙宇与陵寝、祭祀、法器、手工作坊和聚落作为早期城市的要素。从二里头、偃师商城遗址中我们可以看到这种城池布局的基本结构：

城墙、沟壕构成城池的边界和防御设施；

宫殿、庙宇、社祭构成城池的中心；

---

① 来源：洛阳都城博物馆展柜。

墓葬分布在城池的外围；

制陶及手工作坊分布在宫殿周围；

居民点在手工作坊的周围。

可以看出早期的城主要是为统治中心服务的，"市"所代表的商业开始是没有什么地位与空间的。生产力的发展、剩余产品的增加、人口的集聚使得商业的发展不以人的意志为转移。因此，城市的聚集效应必然会促进商业的发展。城市人口的巨增发生在春秋战国时期，因此，这一时期城市的商业也有了较快的发展。商业的发展导致市的产生，市依附于城，成为城的伴生物成长起来。原本西周时期城邑的规模是有礼法所限的，所谓"王城方九里公城方七里伯侯城方五里"，但春秋以后的争霸战争打破了这种礼法。战争离不开城池的攻守，城池必须提高自己的防御能力。这一方面要改善城池城墙与沟壕的防御能力，另一方面则要增加城市的体积与容量，提高城市自身的经济能力。城池的容量、人口的多少、粮食的储备、财富的蓄积等关系到城池的生死存亡。城池容量的扩大，人口的增加，必然促进商业的发展，从而提高"市"在城的地位。管子认为："凡不守者五：城大人少，一不守也；城小人众，二不守也；人众粮寡，三不守也；市去城远；四不守也；蓄积在外，富人在虚，五不守也。"[1] 从"市去城远"作为城池防御的一个弱点来看，似乎战争加速了城与市的一体化。非但如此，对于城池来说，"夫出不足战，入不足守，治之以市。市者所以给战守也。万乘无千乘之助，必有百乘之市。""市者，百货之官也。"[2] 在这里，"市"似乎成为提高城池防御能力的灵丹妙药之一。

实际上，与其说是战争促进了"市"的发展，不如说战争引发了"城"的社会功能的扩展，城不单是一个政治军事据点，而且是一个聚居的场所，商品交换的市场。于是，城与市成为相互依存的生态。城市诞生了。

但是这种状态下催生出来的"市"一定不会是自由的。相反，为了保证"城"的秩序与稳定，本应当享受自由或在自由状态下能够生长的市受到了严格的管控。城的作用是首位的，市的地位是附庸的。于是为了加强对市的管理，也为了加强对居民的管理，里坊制产生了。里坊制度的理论基础也许来自于管子。管子认为，"士农工商四民者，国之基民也。不可使杂处，杂处则其言咙，其事乱。""大城不可以不完，周郭不可以外通，里域不可能横

---

① 《墨子·杂守篇》。

② 《尉缭子·武议篇》。

通，……大城不完则乱贼之人谋，周郭外通则奸遁、逾越者作，里域横通则攘夺、窃盗者不止。"① 因此，要分而治之，进行封闭式管理。所谓"凡仕者近宫，不仕与耕者近门，工商近市。"② 管子的这些理论与实践发展到汉代成为里坊制度在全国推广。反映在城市空间方面，则是居民被封闭在以"里"为单位的坊墙之中。北魏时期，里坊制度得到完善，北魏洛阳城的坊有严格的管理制度，四面开门，每门置里正两人，吏四人，门士八人。日出开门，日落关门。坊墙间形成的道路使城池的道路系统构成方格形的路网，封闭的坊墙与道路构成中古时期的里坊院落景观与文化。反映在空间上，则是隋唐洛阳城和北魏都城那种棋盘式的城市空间元素。里坊制度在隋唐时期达到了它的高峰。水满则溢，事物达到了成熟的高峰自然会走向衰落。早在唐初，在西都长安、东都洛阳就已经开始挑战坊里制度了。到了唐代中后期，"诸坊市街曲有侵街打墙，接檐造舍等"③ 之类的记载散见于史料。作为里坊制度重要载体的坊门也"或鼓未动即先开，或夜已深犹未闭。"④ 帝王敕"京夜市，宜令禁断"。⑤ 而有令不行，有禁不止。城坊制体系在时间、空间和功能三个维度同时受到挑战。究其原因，里坊制度或许加强了城市的社会控制，但从根本上限止了商业的发展，而商业的发展是城市发展的重要内容。因此，随着生产力的发展，随着城市商业比重的增加，里坊制度的废弛是必然的。里坊制度解体于宋代，解体于东京汴梁是有事物内在规律决定的。宋代是中国经济史上商业发展的一个重要时期，这一时期"甚至被誉为中国古代商业发展史上的一次革命。而商业革命带来了城市突破式的变革，典型的标志即是城市的市与坊制的解体，街市的产生。""坊市的解体，街市产生或许可以恰当地称之为一次解放，不单是城市商业活动不再受时间和空间的限制，更重要的在于引发了城市的功能性质、物质要素、结构布局等方方面面的整体嬗变，由此，中国古代城市向前发展了一大步。"⑥

商业的发展，自下而上形成的街市主要有两种形式，一是行肆式，一是中心式。所谓行肆式是同行业店铺的聚集，最终形成某种专业市场和批发零售基

① 《管子·八观篇》。
② 《管子·大匡篇》。
③ 《唐会要》卷86《街巷》。
④ 《唐会要》卷86《街巷》。
⑤ 《唐会要》卷86《市》。
⑥ 田银生：《城市发展史专题之六》，http://ishare.iask.sina.com.cn/f/6813237.html。

地。所谓中心式是不同商业店铺的聚集，杂质多元、多样性的商业生态是其特征，酒楼、饭庄、茶坊、邸店、当铺、妓馆、寺庙、各类商铺等等将城市生态的多样性充分展现，而通过满足市民多种需求的商业设置，使得其一旦生成，即成为最聚集人气、最生动活泼的区段之一。

从城市空间结构与景观的角度而言，街市的产生改变了此前宫殿（官府）、里坊、道路的内部空间结构，形成了新的城市空间语法规则。其影响或许主要表现在以下几个方面：

一是对城市中心的挑战。过去城市的中心、核心主要在宫殿、官府，而街市的产生逐渐形成了自己的中心。城市形成了"城"的中心和"市"的中心，城的中心仍然在宫殿、官府，而市的中心则是商业最为繁华的街区，大多在由四门通道交叉构成的"十"字街区。城市中心由一个中心变成了二个甚至多个中心，虽然城的中心地位是可撼动的，但市民们更重视市的中心，这使得在空间发展的形态上，城的中心有所弱化，而市的中心逐渐得以发展并且强化。

二是平面形态的溃散。坊墙的打破使得限制在墙内的以里为单位的形态被突破，取而代之的是比较生动的街巷。相对于里坊，街巷构成的空间元素相对自由、活泼，商铺构成的街市和院墙构成的胡同小巷更加自然、多样、方便、宜居。即使里坊的方格形态得以保留，坊墙的被打破也使得街巷在相同的空间所蕴涵的意义大大改变。另一方面，商业的发展常常使市场，即交易场所向着更加方便、快捷的方向发展，于是城墙的外围，交通要道常常成为城池中溢出的市场。各城门或以东西南北"关"相称的城门外一带常常构成相应的专业市场，形成宋代以后中国城市的一大特色。

三是公共空间的产生。街市代替坊市，使得街道成为城市的公共空间。坊市虽然也是公共空间，但这个公共空间是受到严格限制的。因此，坊市的实质实际上是把城市空间分割开来。与此相比，市场化的街道却是相对不受限制的公共活动空间。"中国的街道式城市外部公共场所，为丰富多彩的城市生活提供了广大而随意的场地。"

四是城市景观的改变。鳞次栉比的商铺形成的大街和私宅院墙形成的胡同小巷，不同于坊墙构成的道路，城市街巷构成的景观也因坊墙的打破而更多样、更个性，甚至每条街、每个小巷都会因为不同的个体、不同的居民、不同的建筑形态、建筑材料、质地、不同的装饰、门窗、招牌而显示出不同的特色。同时，街巷还导致市井文化的产生与发展，催生了一个丰富多彩的城市社会。这也是张择端《清明上河图》的时代意义。同达芬奇的《蒙娜丽莎》不仅是简单的人物肖像一样，《清明上河图》是划时代的，是城市空间革命的产物。繁荣的街市，人气鼎沸的商业环境洋溢着一种狂欢的精神、解放的意味，同市坊制度下坊墙隔离与封闭的通道形成鲜明的对比。

（二）洛阳老城

第一，城墙仍是最重要的地标和构成城市空间形态轮廓的元素。

城区由约1400米见方的城墙圈成，构成与周围田野不同、比村落庞大而具有政治神权象征意义的人工环境。城墙永远是中国传统城市最重要的标志与建筑，没有城墙的城池在传统中国是不可想象的。城墙的周围还有沟壕或护城河，在城门处有可以收放的吊桥，与城墙一起构成一个完备的防御体系，使城市象征的皇权、政权愈发神圣、庞大、威严而不可侵犯。洛阳的城墙虽然在1939年由于抗战被拆毁，但沟壕和护城河还在，甚至沟通城门与护城沟壕以外的吊桥还在。四关的塑造及其所形成的区位观念至今仍然影响着城区的居民。

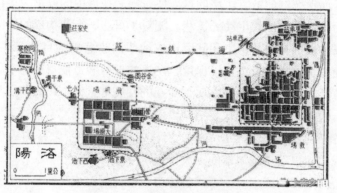

图1-12　民国时期洛阳城图①

第二，官府、庙宇仍然是城池政治、精神的核心。

城内以四门构成的四条通道，以城墙为边界形成四个方块。城区的魂之所在，即城市的核心部分和依据是官府和神庙。这些地方不仅占据了较大的空间，上好的风水宝地，同时也是城池中最为主要的建筑。由于其特殊性，既形成了当今城市所谓的地标，也形成了城池的基本框架。我们从清代城池图中仍然可以很深刻地感受到这一点。

_____

① 来源：丁文江、翁世泊、曾世英纂编：《中国分省新图》，申报馆发行，1934年第2版。

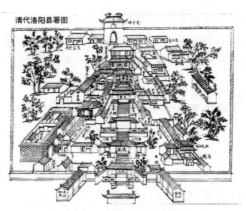

图 1-13　清代洛阳县署图①

图 1-14　金元洛阳城图②

图 1-15　清代洛阳城池图③

---

① 来源:《洛阳老城区志》,郑州:河南人民出版社,1989 年。

② 来源:《洛阳老城区志》,郑州:河南人民出版社,1989 年。

③ 来源:《洛阳建筑志》,郑州:中州古籍出版社,2003 年。

图中，河南府治与洛阳县治占据了最大的地盘，县治必须小于府治，并且居于府治的边上，形成大带小、老携幼的态势。洛阳人早就是这种礼仪的承载者和传播者，洛阳水席中连上菜也有规矩，所谓主菜与付菜，一大带二小，一个主菜要带二个副菜，而不用管宾客们究竟的喜爱。县治小于府治，却是仅次于府治的标志性的建筑空间，是官府所在。其它精神归宿与文化标志的文庙、城隍庙，及大大小小的各类寺庙分布城市的各个角落，从而构成某一街巷的主要建筑之一。

此外，城池外还有周公庙、潞泽会馆和山陕会馆。周公庙后来成为都城博物馆；潞泽会馆经修缮后成为洛阳民俗博物馆；山陕会馆、城隍庙等则为学校所占。古代的洛阳城与其它古代城市一样，除街市外没有专门的公共空间，被炸毁的福王府则成为青年宫，建有电影院和会堂，成为民众娱乐消遣的场所。今天它的前半部分已经成为广场。

第三，街市的生态业已形成与固定。

洛阳老城南北二门基本处在城池的中心线，东西二门偏南，由此由四门引出的道路在城池中心偏南的地方交汇，洛阳城市空间及其道路也由这个中心延伸出的东西南北四条大街所分割，形成四个方块。四条街中东西南三街也由于其交通的便利和是贯穿城池的交通要道这一便利条件，形成城池的主要街市。中心的十字街更是上述宋代城市革命后产生的典型的中心式街区，成为洛阳老城的商业中心。在这个形态中，政治中心——官府——被一定程度地弱化。

前述所谓宋代以后城市中心的溃散在洛阳也有表现。其主要集中在四门关口、城南和火车站附近。明清以来，洛阳城市商业的发展，使城墙的周围如墨入宣纸一样自然地"晕"出一部分，我们仅从名称就可以做出判断，比如"新街"、"贴廓巷"、"马市街"等等。当然这个"城晕"也是因为社会历史因素形成的，南部有洛河，在汛期，舟楫之利使南关一带传统上早就成为较为繁华的商业和下层商民们聚集的地方。1909 年开洛铁路的开通，使得城垣北部这个一向荒凉冷清的地方也围绕火车站建起了旅店、服务场所与商铺。商业的发展使四门关口成为中心式溃散街市的场所。这类的街市多为行肆式，即专业市场相对集中的地方。南关因接近洛河码头最为繁华，而西关由于是西部通往城池的门户，成为山货土杂较为集中的场所，东关一带则为车马市和回民集中谋生的地方，回民善于经商，因而，商业也较为发达。

行肆式街市也分布在城池的四处，如西大街古称木植市街，马市街西是盐店林立的盐店口街，阜安街原名炮坊街等等。中国传统商业手工业，虽然同行是冤家，却也有着同行聚居的风尚，这种特点在今天的许多城市也能看到。

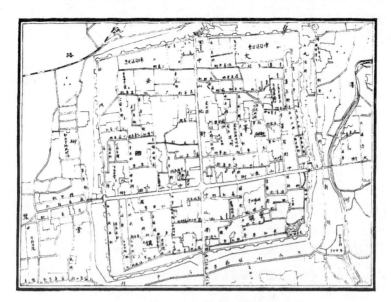

图 1 - 16　民国时期洛阳老城图 ①

第四，不规则街巷的自然感。

洛阳所谓九街十八巷七十二胡同已经完全没有北魏洛阳城、隋唐洛阳城里坊制下那种空间形态的严谨、规范，而是显得自然、生动、有生活情趣。我们从下面 1933～1945 年洛阳县的城池图中可以更清楚地了解城市的结构和社会风貌。

图中可以从东西南北四大街所划分出的结构中，在府治、县治及寺庙要点之外，看到城池更具体的纹理和更生动的一面。洛阳老城街道的命名各有其特色，很多同上述地标或官衙寺庙有关，如：

高明街：明代修有玉皇庙，玉皇有高大光明之称，故名。

同化街：旧有同王庙，称同王街，后演变为同化街。

神州街：清代修有神州奶奶庙，故名。

莲花寺街：旧有莲花寺一座，寺内有莲花池，故名。

义勇街：相传街端旧有大关帝庙一座，街名系取关羽之封号。

华章街：街侧原有华藏寺，取名华藏街。

---

① 来源：《洛阳老城区志》，郑州：河南人民出版社，1989 年。

一些与名人有关，如：

吴家街：相传汉洛阳吴太守居住该街，故名。
丁家街：相传清代有一丁氏朝官居住该街，故名。
毕宅后街：街前原有保驾福王朱常洵至洛的毕中堂家宅院，故名。

一些与价值观念有关，如：

敬事街：该街原有"周南书院"。

一些与地标特征有关，如：

马胡同：为清代"河南营"拴马处，故名。
半截胡同：只有半截。
校场街：旧时紧邻校场。
饮马街：旧有马市街去洛河饮马多经该街，故名。
马道街：明清时期，该街规定为通马车之道，故名。
四眼井街：因四眼古井命名。

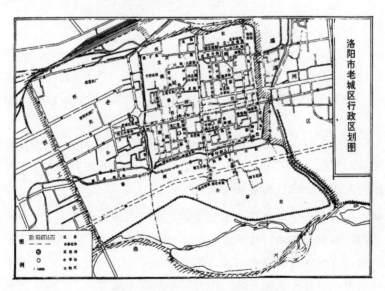

图1-17　1970年代洛阳老城图①

需要说明的是，洛阳老城虽然经过战火，尤其是抗日战争日军的轰炸和人

---

① 来源：《洛阳老城区志》，郑州：河南人民出版社，1989年。

民解放战争，其基本道路结构并没有发生变化。甚至到中华人民共和国建国后的1970年代，由于洛阳工业飞地落户在距离城市几公里以外的地方，旧城池的基本框架也没有发生大的变化。虽然官署、寺庙空间的性质发生了一些变化，但街道空间结构、城池的景观及其社会生态和市民的居住与生活空间、商民或市民谋生的空间没有发生变化。

（三）西工兵营

在城池之西，开创于袁世凯时期，扩展于吴佩孚时期的西工兵营后来也纳入城区的一部分，兵营虽然不同于传统意义上的城市，但相比较起来，更不同于传统意义上的乡村，因此，不仅在军用地图上将其标出，在一般的民用地图上，它也是按照城区标识出来。

1914年袁世凯屯兵洛阳，在城西五里修营房5000余间。1920年吴佩孚进驻洛阳，练兵备战，将袁世凯之营区由4000多亩扩大到8000多亩，营房增至12000余间，开辟机场、扩大操场面积，使西工有"十三座营房、八十余幢官兵宿舍"，洛阳西工成为一座兵城。①

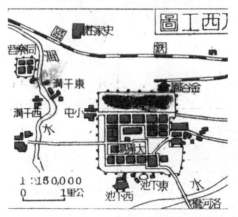

图1-18 民国时期洛阳西工地区图

1933年在西工兵营建立了中央陆军学校洛阳分校。30年代初，蒋开始用德国教官和战术训练军队，由于中央军校南京校址难以容纳，军校教育长张治中建议：在洛阳建立分校。1932年"一·二八"事变，国民政府迁都洛阳，将洛阳定名为行都。洛阳是九朝都会，又是战略要地，洛阳西工又有吴佩孚练兵留下的大片营房，利用该地创办分校训练军官最为适应，建议得到蒋的批

---

① 郭文轩：《世变沧桑话西工》，《洛阳文史资料》，第一辑，第59~61页。

准，并委派自己的同乡、校友祝绍周为分校主任，负责具体事宜。

　　图中建于袁世凯时期，扩大于吴佩孚时期的营房，对洛阳1970年代以前出生的人来说应该不陌生，从西工花坛到市二院，从唐宫路到后来的九都路之间布满了这样的营房，3831、0206等部队驻守在西工花坛附近的营房之中，后来成为5408工厂职工的宿舍。612所最初也占用了大量这样的营房。如今成为市中心繁华区域的王府井对面的时代广场，90年代前还保留着这种营房，并作为军事区而森严壁垒，这构成洛阳城市空间的一大特色。最为让人记忆的是洛阳市第二人民医院（如今的市中心医院），直到90年代初仍然沿用与保留了这样的病房，当然当时已是非常破旧。但"这些营房在当时是一流的工程。""青砖到底，起脊瓦顶，明柱走廊，条石台阶，雄伟坚固，布局严谨适宜。"①

图1-19　民国时期洛阳兵营营房②

图1-20　民国时期洛阳兵营③

　　①　孟恒昌：《我所知道的洛阳军分校》，《洛阳文史资料》，第五辑。
　　②　《洛阳建筑志》，郑州：中州古籍出版社，2003年。
　　③　来源：洛阳地情网，http://www.lydqw.com/Article/Detail/268。

三、传统洛阳城市空间的特点

（一）方形形态与对称布局

从二里头遗址一直到明清洛阳城，建筑在洛阳的传统城池有一个共同的特点，就是方形的城市空间形态。实际上不仅是洛阳这样一个长期的国家级的城市，在华北，在条件许可的平原地带，城总是方形的或类方形的。不仅宫殿、官衙是方形的，整个城池都是在方形的框架内以"十"字或"井"字式构建街道并划分里坊、街巷，甚至城的方正性与城市行政等级之间存在相关性。这同西方经济性城市的无章无循，无法可依，街道依河流走向而自然延伸，集市视贸易活动的需要而发展形成鲜明的对比。

关于方形空间，章生道在《城治的形态与结构研究》一文中讨论了它的美学意义。"就矩形城市而言，各边的比例从 1∶1 到 1∶4 的极端不等。不过典型的比例是近似于 1∶2 这个比例。按美学和视觉稳定性来说，近代心理学家普遍认为是最佳比例。取东西向比取南北向要常见得多。不完全矩形的城墙包括一条或几条曲边，一个或几个不成直角的角，以及一个或几个修圆了角。"① 但城市空间结构的基本内容是城市功能的空间配置。政治性城市空间是方形的，方形的城市空间也是政治的。这既是中国人传统的、正统的观念，也从哲学意义上折射出中国人皇权至上与天人合一的宇宙观、自然观。行政、政治性城市基本上是根据仿古主义、天人感应、皇权中心主义和伦理本位等宇宙观建立起来的。② 这一自然观和宇宙观形成了中国早期城市规划理论体系并一直延续下来。

关于这一点，法国的汉学家程艾蓝（Anne CHENG）先生作了很精彩的论述：

对中国人来说，方形空间意味着某个文明化了的区域，所以是社会化的区域，被四海环绕着，四海代表四种夷族居住的不确定的边疆。由诸侯环绕天子而构成的方形象征中国的政治空间，四方交会于独一无二的中心点，即天子。

……

对中国人而言，空间不是抽象的中立的单一概念，而是以两种主要形态呈

① 章生道：《城治的形态与结构研究》，王嗣军译，第 84～111 页，第 96 页。施坚雅：《中国帝国晚期的城市》，北京：商务出版社，2000 年，第 112～175 页。
② 程艾蓝（Anne CHENG）：《中国传统思想中的空间观念》，《法国汉学（人居环境建设号）》，林惠娥（Esther LIN）译，北京：中华书局，2004 年，第 3～11 页。

现：一种是宇宙空间，中国人称之为天，是圆形的空间；另一种是世俗的空间，中国人既称之为地也称之为人，是方形的空间。这两种空间虽然性质不同，却共同组成一个大空间，因为它们在无止尽的、多元而变化的关系网络里彼此呼应和对照：区位、方位、颜色等等的相通对照。

……

天圆地方是中国人的宇宙观，这种宇宙观还有着社会的政治的象征意义，圆是流动的，象征着天体同期性的循环运动，方则象征人间社会组织，具有阶级性围绕一个点动作。在中国人的世界观里，方圆象征性代表了人们的生活空间，这个空间的活动则由中国人所有的概念之中心——气——来推动。①

"天圆地方"是中国人长期积累的自然观、宇宙观。在这种宇宙观和天人合一观念的影响下，中国人的建筑空间，代表天的一定是圆形的，而代表人居的则是方形的。天坛是圆型的，而地坛则是方型的。从早期最重要的建筑明堂的形状也可以感受出这种观念的影响。②《大戴礼》云："明堂九室……上圆下方"；《授神契》说："明堂上圆下方，八窗四牖"。圆顶代表天，方屋象征地，正是"天圆地方"概念的具体体现。人居的环境，从城池、里坊、院落到房屋都是方形的。因此，"天圆地方"的理念从中国文明社会的早期就成为城市规划的主要指导思想。在这种思想指导下，城市规划建设就有了至少三个明显的特点：

一是方块区块的原则。无论是宫殿、官府，还是居住空间都以方块或类方块为原则。宫殿、官府自然是倡导天圆地方、天人合一这一正统观念的主导者，城市中的居民区也都以此为规划，我们从洛阳历代都城遗址中，从城池图中可以感受到这种规划。最为典型的就是里坊制度下的居住空间。宋代城市革命，里坊开放，但方块的居住空间并未改变。尽管中国封建社会前后期城市居住区的位置有差异，但居住空间并无变化，即一直是方块式的居住单元。这种居住区是由纵横交错的街道分割的，由于街道端直，并与城墙平行，它的形状也多为方形或矩形，圆形的几乎没有。在方块居住区内，又由许多小街道分割成大小不等的小方块。隋唐洛阳城的坊，先由"十"字街分割（皇城以南诸

---

① 程艾蓝（Anne CHENG），林惠娥（Esther LIN）译：《中国传统思想中的空间观念》，《法国汉学（人居环境建设号）》，北京：中华书局，2004年，第3~11页。

② 明堂始于周，"明堂所以正四时，出教化，天子布政之宫也。黄帝曰合宫，尧曰衢室，舜曰总章，夏后曰世室，殷人曰阴馆，周人曰明堂"。

坊例外）成四大块，再由"十"字街分割成16个小方块，居民在每个小方块内划分大小不同的院落，临街开门。院落的形状也多为方形或矩形。这一特点在明清洛阳城，即洛阳老城也能看到，只是不那么典型，而且随着街市的出现，居民的院落多以长条形、长方形为主，仍然没有脱离方型的空间形态，尤其是与居民密切相关的居室则更是以方形为标准形态。尽管这种居住形态看似单一，但这却是融入中国人文化基因的 DNA，具有超强的稳定性，一切不具备方形审美的居住空间一定被认为是不宜居的。有人说这同中国的木构建筑的特点有密切关系，实际上，即使今天钢混、砖混结构的建筑也一样。居住空间的方正性是考核住房的重要因素。这就是文化 DNA 的作用。

其次是街道的横平竖直、纵横交错，所谓端直形的街道一直是洛阳城池的主要形态。中国城市规划对街道设置十分重视，街道既是城内交通和城内外联系的必由之路，也是选择中轴线和分割不同功能区的界线，是城市总体布局的重要组成部分。没有街道的城市在世界上是不存在的，但各个国家对城市街道的规划则采用不同的方法，有圆形、斜形、弯曲形和端直形。中国城市从西周起，就采用端直形，即都城要"九经九纬"。中国都城中的街道大都采用棋盘式端直设置，很少有斜街，隋唐长安城、元明清的北京城都是典型代表。地方城市的街道设置虽不像都城那样严格，但端直设置仍为主流。这是因为中国城市的形状多为方形或矩形，街道设置与城墙平行最为方便。虽然洛阳老城也有不遵守这一规则的，但那只是在一些小巷，为僵化的城市空间加一点作料，城市街道的主流仍为南北向或东西向的端直形。而历代洛阳都城，破坏这一规则的街道则更难以存在。

第三是中轴对称原则。中轴对称也许起于周代，《周礼·考工记》所谓"面朝后市、左祖右社"，即是这种对称思想的具体表现。对称的概念虽然来自对人体对称的认识，但对称的出发点却是在于中国城市空间中心的确立。没有中心就无所谓对称，而中国城池的中心从其形成的那一刻起，就已确立。宫殿、庙宇就是中心。围绕这个中心，对称布局自然就有了基础，即围绕中心确立轴线。但早期的城池轴线似并不那么明确，如我们在二里头遗址、商城遗址、甚至东汉都城等同时期的城池遗址中所看到的，那里有关城廓的形成似并不固定，西城东廓等之类与后期城池空间相左的形态也存在。但由于种种原因，坐北朝南的尊贵，内城外廓的确立，使得这一问题在北魏洛阳的都城中得到解决。因此，北魏洛阳都城的中轴线已经非常明确，以后隋唐洛阳城虽然皇宫的位置并不在空间的中心，但轴线的形态仍然鲜明而不可动摇。此后即使在洛阳老城，虽然已经降格为中国城市的第三世界，其轴线仍然十分明确。先由连通四城门的通道划分南北、东西轴线，再由这个"十"字轴线（街道）将城池分割成四大块，形成东西、南北对称的格局。中轴线是传统中国城市规划与建设不可或缺的元素。

总之，《考工记》所载的"匠人营国，方九里"这种城池方形形态，不仅是中国人"天圆地方"宇宙观的具体体现，也培养和塑造了中国人的空间审美意识。在长期的发展中，城市方形的形态不断积淀并固态化。传统的洛阳城，不管是都城，还是府城，城池的规模、内在的空间结构发生过什么变化，但方形的形态和中轴对称的原则却是一脉相传的。从清乾隆四十四年《河南府志》中的周公营洛图和《永乐大典》卷九千六百五十一中的历代洛阳的城池图以及《考古学报》1955年第二至九期的洛阳汉魏故城隋唐故城实测图中我们可以很清楚地看到这个特点。①

不仅是洛阳，不仅老城，即使在今天所谓的后现代规划与建设的城市大都仍然遵循着方形和中轴线的原则。之所以强调这一点，是为了同后面将要论述的工业生产导致的条型带状的洛阳城作比较。

（二）以宫殿、官衙为中心的空间规划

国都是营建的，营建的城市则是政治的，这一特性规定了城市的空间规划必然以王宫、官衙为中心，以社稷庙宇为中心。

城因宫殿而兴建。从城市的起源来讲，城市源于王权的产生。城市与村落是两种不同性质的聚集形态。芒福德·刘易斯将原始村落喻为未受精的卵，没有雄性给它一套染色体，它不可能分化发育成为城市。社会生产力的发展，剩余价值的产生以及围绕剩余价值的争夺，产生了阶级，造就了王权。为了维护王权、保护剩余价值及其既得利益，保证王的安全，城与王宫产生了。"从分散的村落经济向高度组织化的城市经济进化过程中，最重要的参变因素是国王，或者说，是王权制度。"② 王权是城市起源的关键因素。所谓"筑城以卫

---

① 《永乐大典》刊有周王城图、后汉城图、曹魏城阙图、晋城图、后魏城阙图、金墉城图、魏都城图、后魏京城图、隋都城图、唐东都图、唐宋河南府城阙街坊图等等。《考古学报》1955年第九期载清道光四年庄璟绘《永乐大典》的图，并刊登了东周城址实测图、汉魏洛阳城实测图（第九期），隋唐洛阳城实测图（第二期）等等。另北京大学学报1956年第四期、《考古》1978年第六期等也刊有洛阳古代城池的实测图或复原图。限于篇幅和研究的重点，这里不再引用。

② 芒福德：《城市发展史》，宋俊岭、倪文彦译，北京：中国建筑出版社，2005年，第38页。

君，造郭以守民。"① 既然筑城为君，君所居住的宫殿必然成为城的出发点和中心所在。"王者必居天下之中，礼也"。② "古之王者，择天下之中而立国，择国之中而立宫"。③ "当然中心并不一定是城市平面的几何中心，而是指与其它元素结构关系上的中心地位。"④ 比如隋唐洛阳城，从几何图形看，皇宫处在城池的西北部，但就城池所形成的地形趋势、城池空间轴线、城池的重心来看，皇宫仍然是城池的中心——社会的中心、心理的中心和观念中的中心。多数情况下，这个中心与城市平面的几何中心是重合的。

从二里头遗址和偃师商城遗址的考古发掘来看，宫殿庙宇处于城池的中心。从有史料记载的西周洛阳王城的营建也是如此。不仅如此，周代将太庙和社稷挟于左右，宫殿位于王城中央最重要的位置，说明西周时君权已凌驾于族权、神权之上，此后，不仅宫殿的总体格局初步确认，而且宫殿（官衙）中心位置也固定下来。这成为包括洛阳城在内的中国古代城市的特点。"（真正的大城市在这里只能干脆看作王公的营垒，看作真正的经济结构上的赘疣）;"⑤ 若没有宫殿和庙宇圣界内所包含的那些神圣权力，古代城市就失去了它存在的目的和意义。⑥ 城市在这里——基本上——是行政管理的理性产物，城市的形式本身就是最好的说明。⑦ 在中国，古代的城是诸侯的住地，直到近世，它仍然是帝王其他高官要人的领地⑧，宫殿作为政治象征，居于支配地位，宫殿、衙署是所有城市的核心，商业活动或则限于城内区的市区，或则在城外进行，⑨ 政治、军事因素特别是政治地位的改变，导致城市空间结构规模的变动，这从反面佐证了政治空间的地位。

以宫殿为中心的方形空间是洛阳城市空间的基调，表现一是城市的营建都是从兴建皇宫和"城"开始，（后来成为营建官衙开始）；二是上述政治空间占据中心位置，所谓上风上水上阳的风水宝地都被宫殿或官衙所占；三是政治空间占据了很大的比例（东汉洛阳城表现的最为突出）。以后，历朝历代，洛

① 《吴越春秋》。

② 《荀子·大略》。

③ 《吕氏春秋·顺势》。

④ 田银生：《城市发展史专题之三》，http：//ishare. iask. sina. com. cn/f/6813237. html。

⑤ 马克思：《马克思恩格斯全集》，第46卷，上册，北京：人民出版社，1979年，第480页。

⑥ 芒福德：《城市发展史》，宋俊岭、倪文彦译，北京：中国建筑出版社，2005年，第53页。

⑦ 韦伯：《儒教与道教》，北京：商务印书馆，1997年，第62页。

⑧ 同上书，第58页。

⑨ 胡如雷：《中国封建社会的经济形态研究》，北京：三联书店，1979年，第254页。

阳或为都城或为府县，这个封建王朝的基本原则得到延续。即使在很早的商都和夏都遗址的考古发掘中我们也可以看出这个这特点，所谓的"城"主要由宫殿、贵族墓葬区和治陶区组成，而且年代越早这个特点越突出。空间的规模看似简单，但却与政治级别、政治地位有着直接的关系，这是中国古代城市的一般特点。由城而市，衙门以及有关建筑物和院落（包括孔庙、试场、城隍庙、公所与官邸）位于城市的中心附近。

从清代河南府（洛阳）的城池图中我们可以清楚地看出政治空间占主导地位的方形空间。城市是政治、庙宇的，又是方形的，若大的城池中只画出了政治和庙宇的空间，而民居和街巷则忽略不计，这既反映了绘图那个时代官衙、庙宇为中心的空间观，也折射出封建礼制、等级观，更让人对城市的功能一目了然。

（三）城墙的重要性

中国传统的城池，墙的重要性不言而喻。墙是一个系统工程，包括城墙、宫墙、府墙、坊墙、院墙等。从某种意义上说，中国传统的城市就是以各类墙体构成的空间区块，其中尤以城墙最为重要。筑城以卫君，墙（城）与宫殿不仅成为远古时期中国城池最为重要的建筑，而且成为中国城市不可替代的元素。在传统中国，没有城墙的城市是不可想象的。城墙成为古代中国城市工程最大、最具标志性、最耗费人力也最为重要的建筑之一。城墙的高大远非一般建筑可比，洛阳偃师商城城墙厚度约 16～25 米，残高达 2 米，[①] 汉魏故城遗址北墙墙厚 25～30 米。[②] 正因为有了城墙，我们可以通过考古，确定城池的具体位置与形态。城墙将划定的社会空间封闭起来，对外的沟通联系由城门，城门成为城墙体系中最为重要的元素。作为防御体系中的重要环节和薄弱环节，城门的建筑，先人赋予了更多的智慧。建筑城楼，增加了望预警和立体防御功能，建立吊桥提高城门的防御，同时将城门本身建成一个"城"，所谓瓮城，以加强城门防御的纵深和层次。一个城的城门的数量因城的大小而不定，一般小城三到四个不等，大城市则八个左右。都城和所有其它重要首府的城垣各要求有两座或两座以上的城门，县级的一般城市的城垣只要求有一座城门。

---

① 中国社会科学院考古研究所河南第二工作队：《河南偃师商城小城发掘简报》，《考古》，1999年第 2 期。

② 中国科学院考古研究所洛阳工作队：《洛阳汉魏故城初步勘察》，《考古》，1973 年第 4 期。

在 18 个省会中有 13 个超过 8 座城门，没有一个省会的城市城门少于 4 座。[①]洛阳历代都城的城门都在 12 个以上。而洛阳老城采取的是四个城门。直到 1954 年涧西工业区开始规划时，洛阳老城还保有土垣和护城沟壕。[②] 土垣是国民党军队临时垒起的，原有的城墙在抗日战争时期被国民党军队以无力保卫洛阳，以今后收复方便为由拆毁。

历史上，城墙的功能却是巨大的。城墙的功能主要有以下几个方面：

首先是防御功能。城市兴起的具体地点虽然不同，但是它的作用则是相同的，即都是为了防御和保护的目的而兴建的。[③]筑城以卫君，这是城墙最为主要的功能。城池的政治军事地位越高，其防御的意义越大，城墙也修建得越高大坚固。洛阳城在历史上长期作国都，即使沦入城市的第三世界，也由于其重要的战略地位——处在中原通往西部的重要通道，又居天下之中，因此，历史上向为兵家必争之地，天下无事则已，有事则洛阳必先受兵。因此，洛阳的城防系统历来坚固。中国城市的防御，以山川水系、地形障碍构成第一道防线，而第二道人工的防线就是城墙。在冷兵器时代，以坚固、高大、厚实的城墙领衔的包括硬楼、团楼、角楼和护城河、堑壕、吊桥、城门等系统的防御体系是十分有效的。这是形成易守难攻、以弱胜强、以逸待劳的重要手段与法宝。筑城以卫君是因为筑城能卫君。城墙作为防御体系不仅能护城，而且能驻军，城门一带常是军队驻守的场所，因而，城墙能够成为最为重要的军事要地、军事空间。同时，为配合城墙的防御，在城门相交的十字路口附近，即城市的中心附近，建立敌楼或钟鼓楼。击鼓报警，击钟楼时，高高的钟鼓楼增强了预警和防御力量的调配能力，因此，它既是民用设施，也是军用设施。洛阳的钟鼓楼合二为一。

其次，社会管理与社会控制功能。城墙不仅有对外防御侵略的功能，而且还有对内进行社会控制、社会管理的功能，是社会控制的重要设施之一。城墙以及各级别的坊墙、院墙等通过墙将城内居民限制在某一特定的空间，又通过严格的门禁对其出入进行有效的管理，以此对城里的居民实施有效的统辖。从美学观点来看，城墙把城市和乡村分割成截然不同的两部分；而从社会的观点

① 《城治的形态与结构研究》，王嗣军译，第 84～111 页，第 105 页。施坚雅：《中国帝国晚期的城市》，北京：商务出版社，2000 年，第 112～175 页。

② 洛阳第一档案馆，全宗 67，第一卷，"洛阳概况"。

③ 傅筑夫：《中国经济史论丛》（上），北京：三联书店，1980 年，第 323 页。

来看，城墙则突出了城里人同城外人的差别。① 城内通过墙和门被纳入有效的社会管理和社会控制的体系之中。因此，朱熹说："唐宫殿制度正当甚好，居民在墙内，官街皆用墙，民出入处皆有坊门，坊中甚安"。②

第三，社会区划功能。城墙及各级别的城中之墙不仅规定了城池的边界，限定了城池的范围与空间，而且还有着区分的功能。墙内和墙外，城内和城外，通过物理区划进行社会区划，将城内外、墙内外的人区别开来。同时，城门与城门之间的通道往往是城池中最为重要的通道之一。无论是四门、八门还是十二门，城门之间的通道，都构成城池区块划分的重要依据。城门的多少、位置深刻地影响着城池的空间结构与区块划分。这种划分影响、加强着城池的社会划分。

第四，审美与震慑的社会心理作用。城由墙构成，从而形成一个相对安全的区域空间。城墙体系的这种有用性，加上城的形态及其城门的建筑相对于城池中普通的建筑高大、讲究，使得城墙还有种审美的功能。城门楼形成中国城池最重要的对景，而角楼、硬楼和团楼等则形成别具特色的端景。对景与端景成为极具审美的地标和标志性建筑。同时，高大坚固的城墙，巍峨的城门作为王权的外在表现形式，不仅有种审美的功能，而且还有着威慑的功能。城墙本身就像一支军队，足以控制那些暴民，监视那些反叛分子，并能防止亡命之徒出逃。③ 其目的是要达到一切想犯上作乱的人们望墙而叹，望墙而退。通过坚固的工事，防止流寇和入侵军队的侵扰，不战而屈人之兵。

对于现代工商业城市来讲，城墙往往是现代城市发展的障碍，既影响城市的扩展，又妨碍城市的交通，同时，也占据了大量的城市空间，现代工商城市讲究的是寸地寸金，因此，破墙开路成为趋势。然而在历史的几千年中，城墙的功能与作用是不能忘却的。

（四）空间纳入礼制的框架

山川地理本来只有自然属性，但一旦被纳入到城池的范围就具有了社会属性。中国的封建社会是一个等级社会，等级社会是通过礼乐制度表现出来的，于是自然的空间概念被纳入到礼制的社会范畴，反映了封建伦理的空间秩序和内在逻辑。此时，被城墙框定的那部分自然空间就有了社会属性和等级结构。

---

① 芒福德：《城市发展史》，宋俊岭、倪文彦译，北京：中国建筑出版社，2005 年，第 72 页。

② （宋）黎靖德：《朱子语类》，北京：中华书局，1986 年。

③ 芒福德：《城市发展史》，宋俊岭、倪文彦译，北京：中国建筑出版社，2005 年，第 53 页。

空间的等级首先通过占据最为有利的位置来表现。所谓上风上阳上水的好地段往往被掌权者控制，成为高等级的空间。美国芝加哥城市生态学派曾引用自然生态的理论，将城市空间的形成纳入自由竞争的解释圈。像自然界通过自由竞争最后形成高大的树木、灌木、杂草、苔癣等等级层次的生态结构一样。城市空间通过自由竞争形成大型零售业、专卖店、批发商等空间占有秩序。中国封建的城市是规划的，在营建之初，就已经将最好的空间区位，即阳光充足、藏风纳气、地势优越、能避免水患等自然灾害的地方划给了城市的统治者，并以此为中心将整个城池的空间纳入到它的统辖之下。洛阳二里头宫殿、汉魏故城皇宫、隋唐皇宫等都可以做这样的解释。

其次，空间的等级还通过占有空间的大小表现。这里城池的占有空间的大小就已经是等级的结果。历代的统治者都按照城市的地位对城市进行规划、建设和治理。城市的行政地位越高，越受到统治者的重视，规划建设投入的资金、人力、物力也越大。① 自然所占有的空间也越大。城市是政治的空间，是营造的结果，因而是有等级的。虽然城市在空间形式上是平面的，但内容上却是等级的。城市是权力的象征，其既是权力机构的所在地，也是权力自身的表现。一方面，洛阳历代城池的大小与其行政级别存在着联系，国都、省会、府城、县治，洛阳都经历过，反映在空间则是由大到小。另一方面，在城市中，无论是私人，还是政府机构，占用空间的规模与其政治地位密切相关。空间的规模反映的是等级森严的封建伦礼，绝对不可逾越。地位越高的人所享有的地理空间便越广大。② 有特权的人享有特定的空间，这与经济无关，与金钱无关。宽宅大院是官宦的，密集的空间往往是地位不高的商人贫民的。在历史上城市很少自发地吸引居民，为了满足当权者的需要，很多居民居住在政治统治之下的指定居住地。空间是政治的，也是伦理的，在空间布局中必须反映上贵下贱的社会秩序。历史上作为都城的洛阳都有空间规模宏大的皇宫、王宫和与之相匹配的寺庙社稷，同样作为官署的洛阳城也有与之行政级别相对应的空间规模和庙宇城隍，空间规模与功能无关，与经济无关。正如史明正先生所述：城市规划既反映了儒家思想居主导地位的民族意识形态，也反映了国家的政治制度体系。儒家思想支持贵贱尊卑井然有序的国家结构。……在其城市布局中

---

① 何一民：《农业时代中国城市的特征》，《社会科学研究》，2003 年第 5 期，第 122～126 页。
② 史明正：《走向近代化的北京城》，北京：北京大学出版社，第 131 页。

便包含了这么一种上下贵贱的社会秩序观念。①

不仅居住空间的大小有等级，其道路、门禁等也有等级的区别，形成空间的主从关系。这种区别是以政治级别确立的，与工商城市因交通的需要规划道路的宽窄不同。《考工记》对此做了说明，"经涂九轨，环涂七轨，野涂五轨"。道路是分级的，这种分级不是后世所谓交通的需要，而是中心与边缘的区别，封建等级的区别。因此，这种道路的特点是主城宽，环城窄，城郊更窄。"环涂以为诸侯经涂，野涂以为都经涂。"按封建等级，城池的大小，城门的宽窄、多寡，城内道路的宽度有不同的礼制规定。因此，洛阳城池的遗址与以后的洛阳老城的规模都是这种规定的结果。

第三，空间的等级结构还通过建筑物的高低来展示。"追求官方建筑体形的高大应该是官方树立形象最早使用的方法。"因此，建筑物台基的高低、大小和建筑物本身的高低大小成为衡量使用者社会地位、等级的一个手段。宫殿、官府、民居、豪宅，其空间的特级意味是鲜明的。宫殿或官府通过建筑物的高大、占据中心位置（上风上水的穴），加上特殊的建筑形式和建筑形象、突出的与众不同或不许民间使用的色彩以及中轴对称的组合关系，将建筑所形成的空间塑造成中心、核心。其它建筑空间则通过占地的多少、台基、建筑的高低大小、甚至通过中轴线的运用显示出其在某一特定城池空间的等级地位。围绕着核心，顺延轴线，派生出方格网，官衙、庙社，宅第、市坊等等在空间上按序排列，城市空间的建筑元素的等级形态、城市空间的秩序、格局油然而生。因此，笼统地说，传统中国的城市是平面的。实际上，中国传统的城市不仅在空间的占有方面具有等级的规定，在高度方面也有不同的约束。城市的制高点总是宫殿、官衙或反映封建礼制、文化的寺庙建筑。商城遗址的宫殿不仅"择中而立"，而且处在遗址中较高的位置，并且通过抬高宫殿的台基进一步强化这种空间的等级意味与象征意义。以后历代，宫殿、官衙的建筑总是处在高处或抬高台基居于高处。在传统城池中，地位低的主人，其所占用的空间、建筑是不能高于地位高于自己的，这与经济无关。

第四，空间的等级结构还通过轴线的运用扩大中心空间的控制力、统治力，使城池的主要空间统一于中心空间，使空间的等级结构得以扩大，并得以强化。宫殿、官府不仅通过空间的中心、建筑的高大来突出其空间感的至高无上，而且还通过轴线的运用来塑造空间的核心感。中轴线的运用更加扩大了宫

---

① 史明正：《走向近代化的北京城》，北京：北京大学出版社，第 130~131 页。

殿、官府在空间水平方向的统治力与控制力。轴心不仅被成功地营造成为空间的核心，更以其核心的地位和轴心的向心力，将周边的建筑空间进行了等级划分。多数情况下，离轴心、核心越远的建筑空间其建筑地位越低，而轴线也由此成为城池的屋脊。

上述空间的位置、大小、高度、中轴线以及颜色，建筑的样式等都是分而论之的。中国人具有整体、宏观的思维，城市即是规划的。因此，在建设之初，城市的整体即已纳入了礼制的框架，西安、洛阳、北京等行政级别越是高的城市表现的越为突出。无论是建筑高度、样式、色彩、还是空间构造等，整个城市围绕着皇城，皇城围绕宫殿，宫殿围绕主体建筑（大殿），中轴线对着大殿的大门，其它城门楼、钟鼓楼、望楼等等都是宫殿建筑的呼应，而大面积的灰墙黛瓦民居则是其陪衬。整个城市就是封建礼制的空间表现形式，是遵守礼制的楷模和教科书。

（五）市的成长与局限

中国的城市起源于"城"，城市的空间逻辑也是按照"城"的逻辑进行建设的。从早期的二里头宫殿遗址和商城遗址我们可以较为清楚地看到这一点。中国城市所以称谓"城市"，而不是"市城"，说明城的意义重大。"城"导致了人的聚集，聚集的人口产生了交换了需要，交换频繁了就有了较为固定的场所，于是"市"发展起来。"市"从属于"城"。至少到了周代，市已经纳入了城市规划的编制，尽管对那时的市是"宫市"还是一般意义上的市有不同的见解，但到了东汉及以后建都洛阳的城池，市区已经占据了城市的一席之地。汉以后的洛阳直到隋唐，都保留了三个市区（里坊）。市的发展及其支撑其发展的商业、商人的发展对正在形成和不断加强的封建礼制是不利的，它不仅破坏礼制的结构——商业的逻辑从一开始就不是等级的，同时也不利于农耕社会的基础，因此，商业必然受到限制。反映在空间方面，就是"市"的限制与规定性，交易被安排在规定的时间、规定的地点进行。市从属于城，就要接受城的逻辑，按照城的伦理从事。然有一点是不以人的意志为转移的，市不仅在城中发展起来，而且逐渐成为城市的不可或缺的元素。有趣的是，今天的某某市，城的意义已经渐行渐远，并且被经济的功能所边缘化，被耳闻目睹的现实所格式化而失去意义。而在传统的中国，城市首先是城，然后才有市。城市的发展也是由于在城墙内或附近设市才发展成为城市，设市是城市的必备条件。

唐代以前，中国的市是被"双规"的，即在规定的时间与规定的空间进行。但商业发展的内在需要使得在宋代以后，市区突破了坊市的限制，胜利大逃亡，走向了开放的街市。开放的街市的人气极具吸引力，使得街市成为市民生活的中心，不同于"城"中宫殿或府衙的那个中心。市民有了自己的中心，城市的空间也就此留下了市区发展的烙印。城市的交通要道——往往是城内东西南北四条大街成交汇的"十字"街口，成为市区的中心。而四门关口——交通的要道则成为另几处繁华热闹的市区。

但是我们也应看到，生产方式决定生活方式。自给自足的小农经济，使得传统中国的城市不可能在商业方面继续进行更大的突破。不仅仅是意识形态与文化观念的制约，生产方式已从根本上制约了传统城市"市"的更加深入的发展。因此，宋代以后的街市从根本上讲，仍然是农耕经济下的衍生物，而非社会经济的主流。城市的消费性更加决定了市的有限性。所谓生产性城市的市场、百货大楼、超市等及更深层次的生产要素市场、金融市场、人才市场、技术市场等等都是工业社会以后的事情。街市维持的仍然是前店后铺、手工作坊式的商业运营模式，在大多数时间与空间也维持着日出而市、日落而息的市场规则。

反映在明清洛阳城，其情境在上个世纪是可体验的。方形的城市空间由城垣和护城河或沟壕包裹着，四个城市及其形成的东西南北大街将城分为四等分，东北是政治空间，西北是庙宇和文化空间，南部是商业空间，反映了北府南市的空间结构特色。洛阳处在洛河北岸的坡地，有千分之二至三的坡度，北高南低，洛阳又盛行东北风和西风，因此，北部特别是东北在他们看来是上风上水。南部空间地位低平，遇到水患，洪水最先威胁的是南部城区，但南部靠近洛河渡口，在船运占主导地位时，南部的商业一直很繁荣。甚至火车通车后，处在北门外的火车线路和火车站的出现，也没有改变这种传统结构。随着城墙的拆除，由城变市，北府南市的结构随着政府机构的抽离发生了些许改变，南部空间的地位得到了上升，体现了轻商贱商价值观念的改变，体现了以商品为中心，自由发展的意义。但城市正方形规制和街市的形态却从未被打破。空间结构往往有着很强的滞后性，它的打破势必造成城市空间结构的多样化，这不仅预示着城市功能的改变，而且更有着深刻的涵义。而不规则的城市结构甚至如洛阳在建国后带状城市在北方的出现，则从根本意义上巅覆了传统的城市宇宙观与自然观。

（六）寺庙空间的不可或缺

中国与外国城市的不同，核心在于文化的不同。文化的不同表现在建筑形式等显性的文化符号和空间秩序的内在逻辑等隐性的文化水印方面。不同文化、不同信仰的人们以自己的方式塑造自己的城市。文化不同的核心之一在于精神家园——心灵根据地的不同。中国的城市没有以清真寺为中心，也没有各种类型的教堂，但中国的城市却有着自身的鲜明的特点。城市既然为精神文化的生产地、传播地，就必然在空间上有所标的。各类庙宇和与此相关的宗教文化符号就成为中华城市的标志之一。在中国传统的农耕文明的都城，都有明堂和灵台，有皇帝祭拜天地的天坛和地坛。而在府县级城市，一般必须具备城隍庙、文庙、武庙、火神庙、财神庙等建筑，这五大建筑是一朝规定的，是按礼制的标准来建设的。① 城隍是城市的保护神，"城"即城墙，"隍"原指没有水的护城壕。这些寄托人们安全理想的建筑被人为神化，成为剪除凶恶、保国护邦，并管领阴间亡魂之神。随着城隍崇拜的深入，城隍又人格化，许多为国家民族立下汗马功劳的功臣名将或为地方百姓造福一方的廉吏贤哲，被奉为城隍神，城隍成为人间正义的主持者、生死祸福的主宰者。在传统中国，凡有城池者，就建有城隍庙。

文庙也称孔庙，是祭孔的场所。自汉武帝独尊儒术开始，中国的皇帝每年均会祭孔。上行下效，建制以上的城市都要建文庙，文庙成为地方官员和民众祭孔尊文的重要场所。

关帝庙就是为了供奉关羽而兴建的。三国时期蜀国的大将关羽不仅被神化为武圣人，而且是道德楷模、忠义的化身和精神寄托，关公圣像就是一个感天动地的忠义教案。关帝庙已经成为中华传统文化的一个主要组成部分，并与人们的生活息息相关。

火神庙，火之祖庙。火神是民间俗神信仰中的神祇之一，世界各国大都有火神的神话传说，中华各民族素来都有火神祭祀的风俗。汉族尊祝融为火祖，尧为火德王。火神庙的建设与火神爷的崇拜是为中华传统的一大特色。

财神是中国民间普遍供奉的一种主管财富的神明。中国人敬奉财神，希冀财神保佑以求大吉大利。吉，象征平安；利，象征财富。人生在世既平安又有财，求财纳福的集体心理与追求，使得财神庙成为城市不可或缺的庙宇。

洛阳历经都城、府县，上述建筑都有表现。从周朝的左祖右社，到东汉洛阳城的明堂、灵台，再到明清洛阳的各类寺庙，国家级的都城有国家级的精神归宿，府县级的府县有府县级的文化家园。而作为可感知的文化遗产，明清洛

---

① 张驭寰：《中国城池史》，天津：百花文艺出版社，2003 年，第 487 页。

阳城的庙宇更具感受性。如清代洛阳城池图所示，在方圆约 2 平方公里的城池内，散布着众多的庙宇，远不止 5 大建筑。庙宇占据了城池相当大的区位空间。其中主要有西大街的城隍、东大街的火神、散布的关帝、岳王庙、南大街的文庙、安国寺等。洛阳除上述庙宇外，还有周公庙、董公祠等具有地域特色的建筑。周公庙是祭祀周公姬旦的，周公不仅是杰出的政治家，儒家所推崇的圣人，更在传统上被认为是洛阳城的实际缔造者。董公祠则是纪念东汉史上为官洛阳的一个地方官，他秉公执法，不畏强权，惩治了湖阳公主的家奴，从而被洛阳百姓累世称赞。反映文化的交流和西方文化的影响，洛阳城周还有清真寺、东西会馆和 1920 年修建的北大街的教堂等①，虽然这些宗教寺庙建筑后来大部分被作它用，但其空间结构仍然存在。它们曾经是城市居民心灵的根据地、灵魂的归宿与寄托。传统城池总是寺庙文化的建立者、传播者、示范者和强化者，传统的城池中如果没有寺庙文化的空间似乎是不可想象的。城隍庙、文庙、各类的庙塔寺观，只有通过城市这个载体，才能更好地将所宣扬的精神理念发扬光大。寺庙的类型与种类及其集中程度甚至也成为各民族的城市以及城市与乡村的区别之一。

此外，在老城中，空间位置也是有属性的，这种属性不仅是自然地理的，更主要是文化的。阴阳五行、生老病死都在空间中被赋予了特定的位置，最为典型的就是城中的各门的意义被纳入到与五行和五方位（第五方位是中）有关的象征系统中。在明显的象征手法中，东南西北四门分别同春夏秋冬四季相联系。南门象征着暖和生，北门象征着冷和死。南门和南郊主民间盛典（主吉），北门和北郊主军事活动（主凶）。② 洛阳老城四关的景象不同，北关过吊桥不远，麦田坟冢一望可见，比较荒凉；③ 南关则是最为繁华的商业区，这即同南门外的洛河有关，也同文化心理有关。

① 《基督教传入洛阳的历史概况》，《洛阳文史资料》，第 1 辑，第 120 页。

② 参见《城治的形态与结构研究》，王嗣军译，第 84～111 页，第 105 页。施坚雅：《中国帝国晚期的城市》，北京：商务出版社，2000 年，第 112～175 页。

③ 董存熙：《近代洛阳商业漫谈》，《洛阳文史资料》，第二辑，第 37～38 页。

第二章

方形的突破与带状城市空间的形成

洛阳的历史上，有五个城池遗址和一个城池遗存。这六个城池跨越了三千多年。城池的位置虽有所变化，但其基本的空间形态和内部的空间肌理、空间结构、内在逻辑、审美伦理、宇宙观等等方面却是一致的。方形结构，以宫殿、府衙为中心，城墙为地标，所谓左祖右社、面朝后市。1949 年建立的中华人民共和国大规模的工业化建设规划，才使得洛阳的空间形态与城市内部空间肌理发生了根本的、彻底的、革命性的变化。这个变化的起因是国家重点工业项目的落户与工业区的形成。"一五"期间，国家 156 个重点项目中，7 个落户洛阳，其中 6 个集中在后来的洛阳涧西区，加上"二五"期间建设的洛阳耐火厂，十大厂矿的集中及其以"撇开老城建新城"模式的筹建，使得传统的洛阳城市空间发生了革命性的变化。

洛阳城市空间的变奏也就此展开。

一、厂址的选定与涧西工业城区的形成

（一）影响厂址选择的因素

"一五"期间，国家 156 个重点建设项目中，有 7 个先后落户洛阳，洛阳的城市化建设也由此有了跳跃式的发展。作为一个城区面积约 2 平方公里，人口 6.7 万的传统城市[①]，体量比自身还大的工业飞地的降落，其"落点"及其与旧城区形成的新的城市空间结构不仅对洛阳的城市空间产生重大影响，同时也对洛阳的社会产生深远的影响。

工业化与城市化相伴，有计划的工业建设必然导致有计划的城市化。工业建设任务的不同，导致了 20 世纪 50 年代国家不同的城市发展规划与计划。

---

① 　洛阳市城建局编：《洛阳历代城池建设》，1984 年。

1952 年后，国家发展了之前提出的"变消费城市为生产性城市的方针"，提出"建设社会主义工业城市"。1954 年 6 月，建筑工程部召开的第一次城市建设会议上明确了城市建设的目标是贯彻国家过渡时期的总路线和总任务，即为国家工业化、为生产、为劳动人民服务。城市建设要与工业建设相适应。具此将城市的发展进行了分类：重点项目安排较多、有重要建设的新工业城市；扩建的城市；可以局部扩建的城市；一般中小城市。① 把重点集中在有重要工程项目的工业城市，并将住宅、市政、各项生活服务设施与生产设施相配套进行城市建设。工业结构的不同、产业性质的不同、自然环境的不同也必然产生出不同的城市空间结构。

洛阳作为有重点工业项目的地方，需要加强建设，旧城市、传统文明留下的空间体量、空间结构、道路桥梁、沟堑城壕、城门吊桥、生活服务设施等，根本不符合工业建设的需要。因此，"一五"时期重点工业项目的建设，从某种意义上讲也是新城市建设，或旧城区在道路、市政、生活服务、供电供水、排污泄洪等方面进行工业化改造。同时，工业生产的集中也导致了工人住宅的集中，因为工业建设需要的劳动力不是现有城区所储备的，而是需要外地进入的，特别是高素质、有技术的劳动者。因此，住宅区的建设也纳入工业建设之中。由于新兴的人民政府没有资金积累，在工业建设与城市建设上自然倾向于工业建设，尽量减小城市建设的开支，把有限的资金用在工业建设上。因此，许多工厂都建在城市的四周，改造利用旧城市，造成城市空间的扩展，这种城市的扩展表面上看，是城市的扩大，老城市仍然是城市的中心，城市移民如同过去一样在城市的周围，城市仍然发挥着政治的功能。而从空间构成上看，却是城市功能与性质的重大改变，甚至彻底改变。因为它是按照工业理性的观念规划构建，与此相冲突的旧的空间结构将被解构，因此，这种变化不是量的扩大，而是质的改变。"现代的城镇往往就是传统城市的所在地，而且看上去它们似乎仅仅是旧城区的扩展而已。但事实上，现代的城市中心，是根据几乎完全不同于旧有的将前现代的城市从早期的乡村分离出来的原则确立的。"②

洛阳则或有不同，它的改变不是从旧城开始的，而是一开始就把工业建设放在城外，采取"撇开老城建设新城"的办法。在《中国当代城市建设》③

---

① 《中国当代城市建设》（上），北京：中国社会科学出版社，1989 年，第 50～51 页。

② （英）吉登斯：《现代性的后果》，田禾译，南京：译林出版社，2000 年 7 月，第 6 页。

③ 《当代中国的基本建设》，北京：中国社会科学出版社，1989 年，第 50～51 页。

和戴均良先生主编的《中国城市发展史》① 中都将洛阳同包头、株州等列为新建的城市，而将太原、西安、郑州列为大规模扩建的城市是有道理的。洛阳的工业建设和工业移民与老洛阳产生的分离与隔离，形成了相距 8 公里的两个城市空间，一个是传统的，一个是工业的；一个是市民的，一个是移民的。这也是洛阳与包头、株州不同的地方。为了将两个城区整合在一起，在两个城区的中间地带，移植了老城区的政治功能，又吸收了一些工业厂矿，形成一个混合的城市区，这样，彻底改变了洛阳的城市空间结构，使得按传统自然宇宙观营造的方形城市变成了带状城市，东西绵延 15 公里，而南北平均宽度则只有 3 公里。并且这只是表面的，深层的是这种结构是按照工业更改规划、营造、建设的现代工业城区，它改变了洛阳延续几千年的宇宙观和自然观。在工业化、城市化的语境下，在"二元"对立的思维中，洛阳相对独立的的工业城区，是对农业传统城市空间结构的示范。

现代的工业企业（对厂房、交通、设施的要求）无法架构在旧城之上，但现代的工业企业建设却要依赖旧城。因此，"一五"期间扩建的城市大都形成了以旧城区为空间中心，"摊大饼"似的空间扩张形态。洛阳的工业建设也不例外，最初的规划也是围绕旧城市的四周进行。1953 年，国家计委组织一机部、建工部和洛阳地方政府等部门，在勘察的基础上，提出了西工、白马寺、洛河南岸和涧河西岸四个建厂地址。② 其中作为主要选项的前三个都是围绕旧城的。但洛阳最终却选择了涧西，形成独特的"撇开老城建新城"，然后由两城向中心靠拢、填空补缺的空间发展形态。由此，洛阳空间的变奏也更加强烈，革命的意味更浓厚。这里既有洛阳地形地貌和经济自然的因素，更有着深刻的历史文化的原因。

定居洛阳的工业有着鲜明的特点：一是工厂规模大，用人多；按规划第一期（从 1956 年开工到 1960 年以前），一拖要达到 13500 人，洛阳轴承厂要达到 4900 人，洛阳矿山厂达到 5000 人，洛阳热电厂达到 700 人，洛阳铜加工厂达到 4000 人，总数达 28100 人③，加之 1957 年新建的耐火材料厂和从山西迁来的另一个"一五"重点工程柴油机厂，用工总数超过三万。第二期（1967 或 1972 年前）分别达到 18900 人，6900 人，8000 人，1000 人和 6000 人，用

---

① 戴均良主编：《中国城市发展史》，哈尔滨：黑龙江人民出版社，1992 年，第 385 页。

② "洛阳市建委工作 1954 年总结，"洛阳市第一档案馆，全宗 67，卷 1。

③ 洛阳档案馆，洛阳总甲方办公室，全宗第 69，第 1 卷，"洛阳市涧西区载总体规划简要说明"，第 23～27 页。

工总数达40800人。到70年代末，洛轴、洛矿、洛铜职工人数超过一万，一拖甚至超过了三万，仅7个大企业产业工人总数达9万多人①。二是产业主要集中在机械制造行业、建材、有色金属加工等重工行业；三是兴建的时间集中。最初是一拖、洛轴、洛矿、热电厂四个厂矿同年规划、设计、开工兴建，接着在二三年内，又有柴油机厂、耐火材料厂等几家工厂跟进。如此短的时间内进行多家巨型工厂的建设是当时时代的特色，造成了建设与投资的双重压力。但另一方面，这使得城市空间的规划与建设有的放矢，工业移民，即产业工人集中到来，既在数量上占据了优势，又不容易产生先来后到的欺客的行为与心理。同时，由于这些工厂同属于重工业，生产的产品都是生产资料而非生活资料，因而在空间上便于规划建设，并典型地反映出重工业空间布局自身的特点。按照美国学者莱斯利·J·金和雷纳德·G·戈拉兹的观点，工业城市空间的特点是：1. 主要为城市本身服务的工业（如食品加工）和与消费者密切联系的工业，集中在市中心（或中心商业区）；2. 主要为本地市场生产、使用市内生产原料的工业和为非本地市场生产、生产价值昂贵产品的工业杂乱无章地分布在城市各处；3. 为非本地市生产、需要交通费用的工业，集中在滨湖地带；4. 拥有广阔市场、生产笨重产品的，运输费用高昂的工业坐落在面对主要市场的都市边缘。② 美国学者是从市场经济的角度做上述总结的，但其中反映了工业理性的基本特征与规律。工业虽然没有像商业那样追求交通位置的至高无上，但重工业的原料与产品都是外向性的，重工业的特点要求必须要考虑运输的便利与运输成本，从而近可能地靠近铁路。另一方面，要尽可能地使工厂的铁路专线不形成对城市的分割，影响工人和市民的日常生活。同时为提高运输的效率，必须考虑建设便利的公路网。因为市民不是他们产品的直接消费者，因而，重工业企业没有必要靠近原有的城市，甚至为了避免污染与拥挤，会与原有城市保持一定的距离。但与原城市有一定距离后，工人的居住与通勤就会有问题，居住在城内，必然加重交通负担，甚至使交通处于瘫痪，更主要的是实际大幅度延长了工人的出勤时间。因此，在规划重工业时，远离老城市的工厂，必然要将工人住宅区规划进去，这样加大了其占地空间，更成倍地加大了其投资成本，结果是产生了工业城区。如果这个城区够大，而又远离

---

① 《洛阳市涧西区志》，北京：海潮出版社，1990年，第105页。

② （美）莱斯利·J·金和雷纳德·G·戈拉兹：《城市、空间、行为：城市地理学诸因素》，普林蒂斯出版公司，转引自韩召颖：《城市、空间、行为：城市地理学诸因素》评价，《城市史研究》，第九辑，天津：天津教育出版社，1993年，第159页。

老城区，就会造成城市断裂。洛阳涧西工业区由于大工业的集中，使之真正成为一个工业城市而进行全新的城市规划。同时，工业企业对水的消费很大，因而工厂的选址不仅要求水源充沛，而且要求靠近河岸、湖滨，特别是在以蒸汽为动力的时代。我们仅从洛阳矿山厂一厂的用水就可以看出工业对水的需求。

表 2 - 1　矿山厂逐年耗水计算表①

年度	生产污水/日	生活污水/日
1956	7.5 立方	6.475
1957	78.05	40.49
1958	88.97	80.77
1959	96.97	114.19

表 2 - 2　矿山厂逐年耗水计算表②

年度	生产用水/日	生活用水
1956	55.5	6.475
1957	133.75	32.89
1958	330.67	73.17
1959	338.67	306.59
消防用水	108（持续三小时）	
防火备用水	280	

矿山厂逐年耗水计算表（一机部第三机器工业局洛阳矿山厂筹备处，驻京办事处"洛阳矿山机器厂提供厂外工程参考之水电数据，54.11.10.③

工厂建设需要大量的水源，天然的河流为最，地下水源为次，因为河流不

---

① 洛阳档案馆，洛阳总甲方办公室，全宗第 69，第 1 卷，"洛阳涧西工人住宅区规划定额（草案）说明"，中央建筑工程部城市建设局拟定。

② 洛阳档案馆，洛阳总甲方办公室，全宗第 69，卷 1，"矿山厂逐年耗水计算表（一机部第三机器工业局洛阳矿山厂筹备处）"，驻京办事处"洛阳矿山机器厂提供厂外工程参考之水电数据。"

③ 同上。

仅供水，而且还能成为工厂废水的廉价排放所。就水源来讲，洛阳有伊洛河和其支流涧河与瀍河，就水源的丰沛来说，自然是伊洛河为佳，（洛阳古代的城池都选在洛水北岸建城，因而才有了"洛阳"之名。）但就用水方便而言，地下水又优于河水。"这里应首先考虑用地下水，他的优点是投资经济，水质好，安全施工方便。……洛阳地下水既多且好，"① 与传统农业社会不同，工厂既利用河流，又摧残着河流。"工厂场地要求座落在滨水朝阳区，因为在生产过程中需要大量的水供给蒸汽锅炉，还要冷却水，制造必要的化学溶液和染料。尤有甚者，河流和运河另有其他重要用途，它们是最便宜也是最方便的倾倒所有污水和污物的场所。把河流改造成污水和阴沟是新经济特有的功绩和技艺。结果是，毒害了水生动物生命破坏了食物，弄脏了水，不能在水中洗澡了。"②

洛阳工业区空间的定位，除了要考虑临水、靠铁路等纯空间因素外，还受到洛阳自然与历史的影响。洛阳是历史上著名的古都，在洛阳建城的三千多年时间里，至少先后有十三个朝代在洛阳建都。这十三个都城没有选在同一地址营建都城，而是根据当时政治经济的需要和生产力发展水平，特别是取水用水等水利技术的发展水平选择了不同的城址建都。③ 但有一个共同点——沿洛河而建，而且都处在"阳"地，即洛河的北岸、邙岭的南坡。使伊洛河盆地的中心地带，洛河北岸这块不大的沃土上留下五个大的城池遗址。这五个大的城池遗址几乎覆盖了涧河以东的风水宝地。（见图）另一方面，由于洛阳处于黄土高台地的末端，又是古都，作为十三个朝代的国家级城市，周围布满了历朝历代的帝王将相、王公贵族的墓穴，在邙岭向阳的坡地，高出地面的大大小小的墓冢星罗棋布，常被一些人当作"卡丹"地貌。因此，就这个意义上来讲，在洛阳进行大规模的工业建设是一个值得商榷的问题。洛阳的工业建设，地下的问题和历史文物保护的问题是一个不容回避的问题。正是基于这个认识，在洛阳工业区规划时，先后拿出了四套方案，将洛阳周围可用于建设的用地与空间进行了充分的比较。

（二）涧西方案的确立

1953 年，由国家计划委员会组织一机部、建工部和地方政府等有关部门，

---

① 洛阳第一档案馆，全宗 67，第 10 卷，"两年城建工作总结"。
② （美）芒福德：《城市发展史》，宋俊岭、倪文彦译，北京：中国建筑出版社，2005 年，第 472 页。
③ 段鹏琦：《洛阳古代都城城址迁移现象试析》，《文物与考古》，1994 年第 4 期，第 40 ~ 49 页。

在勘察的基础上，提出了西郊（西工）、东郊（白马寺）、洛河南岸和涧河西岸四个建厂地址。

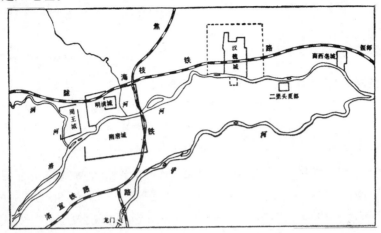

图 2-1　洛阳历代城址变迁示意图①

　　或许在一个历史文化名城建设重工业本身就存在逻辑上的两难，紧临老城的东部白马寺选厂区，选厂面积约 12.4 平方公里，地势平坦、北高南低，土质条件符合，地下水位为 7~9 米，② 在环境方面较为合适。因为它既处在洛河的下游，又处在老城的下风，（洛阳盛行西风与东北风，当时的气象资料对风向、风速都有所考虑，其中东北风的比率约是 13%，西风的比率是 12%③）工业对城市的污染最小，而且这一地区的自然条件也非常适合建厂，北边是铁路，南边是洛河，工厂可以建在这一空间南部的河畔，既方便取水，又处在下风，在小环境中，对可能的工人住宅区环境污染最小。但是，由于它处在汉魏故城遗址之上而且古墓众多，上述优点变得微不足道。洛阳带古墓众多，号称"无卧牛之地"，所谓"生在苏杭，葬在北邙"，古墓的发掘和迁移将占用大量的时间、精力和财力，"在洛阳建厂应特别注意发掘古墓问题，因为古墓深在地下六七米至十米处形成地下空洞影响地质必须发掘填实"④，"在群众认为古墓较少地区进行勘探，结果在 155400 平方米之内发现确定面积及时代的 460个，另可疑探孔 117 个。古墓最密处 10000 平方米内 240 个，最终"因古墓过

---

① 来源：《当代洛阳城市建设》，北京：农村读物出版社，1990 年，第 8 页。
② 洛阳第一拖拉机厂档案馆，53 永，"洛阳拖拉机厂筹建工作报告"。
③ 洛阳第一档案馆，全宗 67，第 10 卷，"洛阳概况"，第 250 页。
④ 洛阳第一拖拉机厂档案馆，53 永，"洛阳拖拉机厂筹建工作报告"。

多影响地质，推延进度，据部批示停止该区工作。"①

　　西郊（即西工）方案，距离洛阳城最近，仅2公里，西至涧河、南至洛河及西工军事区，东接洛阳城厢，北跨陇海铁路，总面积为9.2平方公里，具有白马寺方案中同样的优点和可规划的空间构架，而且，西工一带靠近当时的西工火车站，有利于货运的编组。与涧西方案相比，拟定的工厂区与铁路之间没有涧河分割，可以紧靠铁路。西工又曾是袁世凯、吴佩孚屯兵的军营，后来成为国民党中央军校洛阳分校的校址，1938年，又成为国民党航空军校的所在地，留有机场等建筑和上千间营房可供使用，可节省不少的开支，小街一带也有一定的商业设施，② 紧靠老城，空间上对城市今后的扩展保持了较高的自由度，便于老城于新城的整合与协调，但这里是隋唐故城的遗址，并交错叠加的需要进一步探明的周王城的遗址③，因此，"文化部反对在该处建厂加以地下情况复杂，否定了西郊厂址。"④

　　洛河南部方案，洛阳老城南部的洛河南岸一带，距离洛阳约5公里，地势平坦，坡度约0.2%以下，选厂面积9平方公里，地下水位较高，在4~7米左右，该区为隋唐故城南厢及南关，⑤ 东有伊河，南部靠山，是洛阳的"两河流域"，土地非常肥沃，历史上是一片良田，（对农田的保护使得洛阳在整个20世纪的城市化发展中，都未能跨越洛河，将洛河划成规划师和决策者心理上的红线）。洛阳古代的建都史上，随着生产力的提高，特别是水利技术的提高和城市规模的扩大，北魏和隋唐都曾跨越洛河构建城池，而拟定的厂址则是有隋唐故城的延伸，相对"洛阳"来说，"洛阴"一带的地下文物保护和墓地迁移的压力相对小些。水源也最为充足合适，但这里地势相对较低，处于两河之间，有水患的威胁。跨越洛河宽达几百米的河床不仅需要建设公路，更需要建设铁路桥梁，这是一笔很大的开支，并且桥梁的建设需要一定的时间。国民

---

　　① 洛阳第一拖拉机厂档案馆，53永，"洛阳拖拉机厂筹建工作报告"。

　　② 郭文轩：《世变沧桑话西工》，政协洛阳市委员会文史资料研究委员会编：《洛阳文史资料》，第一辑，第58~78页。

　　③ 洛阳第一档馆，全宗69，第1卷，（58页）一机部汽车工业管理局通知转知关于洛阳周代"王城"地区保留地段问题：汽基字383号，转来中央文化部（54）密发字第156号函称：关于王城的北墙以北地区，经我所电讯验洛工作队：因该地区未经勘探，不明情况，估计工程地区，宜置300米以外。

　　④ 洛阳第一拖拉机厂档案馆，53永，"洛阳拖拉机厂筹建工作报告"。

　　⑤ 同上。

政府时期（1937 年）修建的跨河的"林森"桥，在 1943 年，由于日本侵略军西进，洛阳吃紧，第一战区司令部属工兵十三团将桥炸毁①。由于没有铁路桥梁，洛河成为天堑，南岸的建设特别是公路网的建设又将形成障碍，总之，耗资费时不符合快速工业化，迅速扭转我国工业布局和建立完整工业体系的政策。同时，就城市规划而言，铁路的分割对城市的发展与空间的合理也十分不利。因而，"十一月下旬开始，又将力量逐步集中在洛阳涧河以西厂区。"②

涧西选厂区西起谷水镇，南接秦岭山，东和北以涧河为界，总面积 20 平方公里，地形平坦，土方量小，自然排水坡度千分之三，③ 土壤承载力为 1.35 ~ 4.83 公斤/平方米，地下水位在 10 米左右④。土壤承载力和地下水位符合建厂要求，建设工厂与住宅有足够的土地可供使用，紧靠陇海铁路，便于接入专线，特别是由于村庄大多沿涧河和洛河而生，村庄较少，搬迁任务小，"该区中部约 4 平方公里左右没有发现古墓"⑤，洛阳古都的建设基本上没有在这个区域，因而是一片理想的建厂区。自然条件符合，涧河东绕，临近铁路，单就自然与经济意义来讲是块发展工业的风水宝地。但至少有两点不利的地方：一是涧河处在传统洛阳城的西部，即处在洛阳的上风头（洛阳盛行西风与东北风），对东部建设老城不利，对处在本区南部的住宅区也不利。二是作为污水排放渠道的涧河在老城的上游汇入洛河，对下游老城居民的生产生活造成一定的影响。就人居环境而言，这个选址不是十分理想。国家卫生部曾提出异议（并在方案确立后提出了改进的方案）。⑥ 环境保护的问题在设计上是通过修建排污管道或沟渠将污水排到旧城区下风下水的瀍河加以解决，但由于资金的问题最初建成的工业区的污水还是排到了涧河。由于工业建设的压力，环保的投入不够，最终造成了涧河的污染汇入城区上游的洛河。三是距离老城 8 公里，与老城有着较大的空间隔离，这里建城，容易造成城市的断裂。虽然在规划上照顾到了新城与老城的联系，而且很快在中间区域建设了一个城区，但实际上的确形成了城市空间的断裂，使这个

---

① 洛阳城市建设志编纂办公室：《洛阳历代城池建设》，1984 年，第 43 页。

② 洛阳第一拖拉机厂档案馆，54 永，"洛阳拖拉机厂筹建处 1954 年基本建设工作总结"。

③ 洛阳第一档案馆，全宗 67，第 1 卷，"洛阳涧西工业区规划说明"。

④ 洛阳市第一档案馆，全宗 67，第 10 卷，"洛阳概况"，第 250 页。

⑤ 洛阳第一拖拉机厂档案馆，53 永，"洛阳拖拉机厂筹建工作报告"。

⑥ 洛阳市第一档案馆，全宗 69，10 卷，"国家卫生部对洛阳涧西区初步规划的意见"。

新建的工业区与老城区有着明显的区分，这个区分由于自然、社会、文化等边界的形成而得以加强。

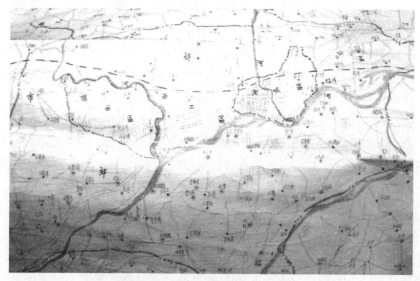

图2-2　洛阳涧西区规划位置图①

二、颠覆传统城池空间的带状城市空间的雏形

（一）撇开老城建新城的洛阳模式

20世纪50年代重点工业项目落户的城市工厂选址的不同，构成了不同的城市发展规划。我们可以拿郑州、西安做一个比较。

郑州也是"一五"期间有大型企业落户的城市之一。郑州在1904年时还是一个小镇，人口不过2万，② 在所有封建王朝构筑的岁月里，郑州几乎一直是默默无闻的处在洛阳和开封身影之下，仰慕着它们的辉煌。1904年修建的芦汉铁路是郑州好运的开始，这实在应该感谢张之洞。根据《清史稿·交通志》的记载，京汉铁路的修建以及决定这条路不走开封而拐个弯儿走郑州与张之洞的极力主张有着密切的关系。京汉线的修与不修，是按直线与方便走开封，还是走郑州，张之洞的建议起到了很大的影响。③ 但使郑州受益更大的是其与陇海铁路的交汇。1909年12月完工，全长184公里，

---

① 洛阳市第一档案馆，全宗3，263卷，市新区规划图。
② 《当火车奔向郑州》，《大河报》，2005年12月20日B13版，厚重河南。
③ 《清史稿·交通志》。

后来成为陇海铁路一段的汴洛铁路与京汉铁路的相交，确定了郑州中国的"十字路口"的地位。无论这种说法是否准确，一个不争的事实是，从此，郑州因火车而"火"了。铁路枢纽的位置，导致外部的移民大量拥入，城市人口迅速增加，城市地位也因路而升，郑州具备了迅速发展的内外动力。但郑州真正的大发展是在 1949 年以后，有计划的工业和行政移民也发生在 1949 年以后。1950 年代以后，作为中国铁路最重要的枢纽之一，新任河南省省会，郑州的发展是爆炸性的。体现在空间方面，一是商业空间占据着城市的中心；二是工业空间占据半壁江山，成为国家重要的纺织工业基地；三是政治空间的加强。1952 年河南省省会从开封迁入郑州，使郑州市的政治空间变得越发举足轻重，而政治经济地位的提升，使郑州由一个小城市开始了向大城市的过渡。四是铁路空间的强势与分割。郑州铁路枢纽拥有 14 个车站，其中 3 个特等站：编组站——郑州北站（当时亚洲最大的铁路编组站），客运站——郑州车站，货运站——郑州东站。枢纽内还有 2 个机务段、3 个车辆段、2 个电务段以及车务段、工务段、列车段等。郑州枢纽成为了全国最重要的铁路枢纽之一。

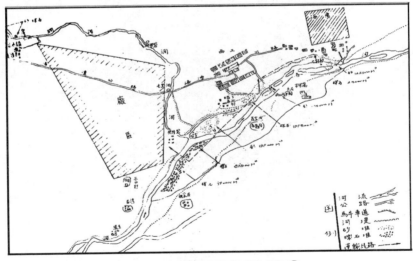

图 2 - 3 洛阳涧西区规划位置图①

---

① 洛阳市第一档案馆，全宗67，卷1，"洛阳市涧西区总体规划说明本"。

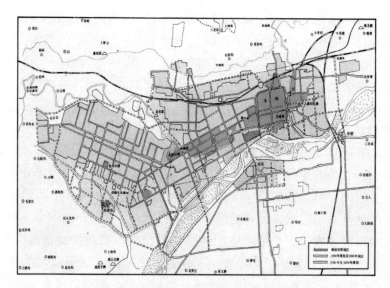

图 2-4　洛阳市城区分期规划示意图①

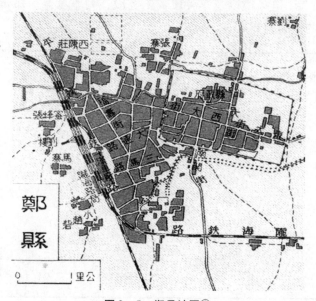

图 2-5　郑县地图②

---

① 《洛阳当代城市建设》，北京：农村读物出版社，1990 年。

② 来源：丁文江、翁世灏、曾世英纂编：《中国分省新图》，申报馆发行，1948 第 5 版。

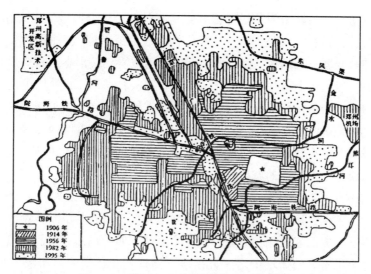

图 2-6 郑州市建成区面积扩展示意图①

从图中我们可以看出，郑州仍然以老郑县县城为中心，摊大饼似的向四面扩张。作为铁路枢纽，郑州的空间不可避免地打上了铁路的烙印。以京汉铁路为分割线，京汉线以东北部主要是行政、文化区，迁入的河南省政府、文化机构和大专院校集中在此，南部沿陇海路则是工业区和仓库。京汉线以西是大工厂集中的区域，其规划多少有些类似于洛阳的涧西工业区，反映了受苏联影响的共同特征和时代的共同特点。沿建设路，一字排开分别是国棉一厂、三厂、四厂、五厂、六厂，厂区在北，生活区在南。但一方面其以轻工业为主体，有机构成低，技术含量低，女工多构成不同的工业移民结构。另一方面，这一区域又是市委、市政府所在地，仍然充当着行政的职能，其空间功能划分与结构不像洛阳涧西工业区那样纯粹。作为省会城市和独特的交通重镇，郑州的城市空间规划不可能像洛阳那样单纯，而是趋于多样化，尤其是商业空间和行政、文化空间的规划是洛阳所不具备的，而相对集中、整体摊大饼的空间发展形成了郑州城市空间规划的特色。

虽然京汉铁路与陇海铁路将郑州的城市空间进行了分割，但总体上郑州仍然形成了以老城市为中心向四处扩张的空间结构。一方面，工业企业不是唯一影响郑州城市空间规划的因素，另一方面，工业企业的轻工业性质，相比较与

---

① 来源：楚天骄、陆其明：《建国以来郑州市的城市化地域》，《地域研究与开发》，1998 年 7 期，第 49 页。

重工业企业，其与城市的关联度相对要高一些。由于与旧城区距离相对较近，更容易与其它新建的商业企业、行政机构一起完成新旧城区的融和。实际上，传统的郑县老城，虽然在空间分布上我们还可以看到其形态，新郑州城仍然以其为中心。但总体上讲，无论文化、空间，郑县县城早已被解构了，除了二七纪念塔四周的街道，传统城区已被四周的新建城区包围。由于新建城区的体量远远超过传统城区，在文化、景观、建筑等各个方面他们都远远超越旧城区，旧城区被日益庞大的新城区所淹没，面临着被改造被解构。从某种意义上说，郑州可以说是一个更新的城市。

我们还可以看看西安，西安也是"一五"时期重点发展的工业城市，西安也是一个古都，历史文化名城，在这两个方面，西安与洛阳有着很好的可比性。但西安一方面老城保存完好，在整个近代，西安仍然是西北重镇，陕西省的省会，全国著名的大城市之一，在这方面远优于已落入城市第三世界的洛阳。① 抗日战争时期西安遭到的破坏远要比洛阳轻微些，一方面，西安古城的功能远较洛阳城强，另一方面，西安古城移城它建的情况远没有洛阳这样突出。这使得西安的建设仍然以老城为中心，古城墙之内仍然是全省的政治、文化中心，省市政府机构的所在地，古城在空间上没有被解构或重组，仍然是空间上的中心，而且这种空间上的中心其意味和象征也是强烈的，这是其不同于洛阳的地方。空间传统城市中心的保留，使得城市的结构以老城、以古城为基点扩张。西安的工业围绕着这个古城建设，东部是纺织城，南部是重工业区和文化区，西部也安排了一些工业企业，同郑州不同的是西安的都城不但仍然是政治文化中心，而且老城的空间结构仍然保留，并且通过保留城墙而保有明显的边界。洛阳的都城城市空间虽然也得到了保留，但其功能却已发生改变，其政治中心地位迁移丧失。另一方面，西安的工业企业相对于洛阳来说是分散的，分布在城市周围，工业空间对旧城的影响不是靠拢，而是包围。这种空间结构对西安的社会心理也存在着深刻的影响，至少这种分散的空间形式对工业移民的生活环境构成相对于洛阳来说，来得不是那么集中与强烈，文化上的优越感不是那么张扬。

---

① 19世纪末，西安作为省会，其城池的面积是4.94平方公里，而洛阳则仅有2平方公里，不到西安的二分之一，更主要的是西安不仅是省一级的城市，而且是整个大西北的中心。见章生道：《城治的形态与结构研究》，王嗣军译，施坚雅主编：《中华帝国晚期的城市》，北京：中华书局，2000年，第99页。

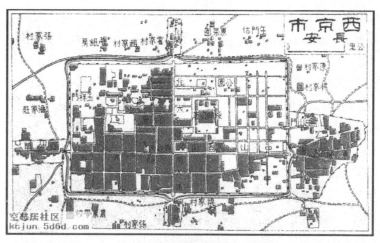

图2-7　1930年代的西安市图①

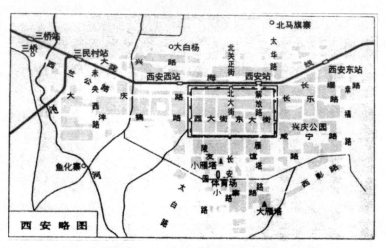

图2-8　1970年代西安市略图②

　　还有另外一种情况，比如郑州的上街工业区。这个工业区虽然行政上隶属于郑州，但与郑州有着40公里的空间距离（铁路距离），中间还隔着荥阳县城，由于远离郑州市区，工业区与郑州市的联系存在着空间的困难。因此，上街工业区虽然也形成了一块"工厂的飞地"，但由于空间以及当时交通传媒技术的制约，形成了一个"光荣的孤立"的工业区，无法对主体郑州市区的建设产生直接的影响。

①　来源：丁文江、翁世灏、曾世英纂编：《中国分省新图》，申报馆发行，1934第二版。
②　来源：中国地图册，北京：中国地图出版社，1974年。

洛阳就有所不同，从旧城区中心到涧西工业区中心大约 8 公里左右，不远不近，远不至于割断日常联系，近则不至于非常方便。这种空间距离产生的城区与城区之间的关系是微妙的。而且，由于新城区与旧城区的距离，导致新城区不能依赖旧城区的商业和生活服务设施，必须另起炉灶，而旧城区由于与新城区有一定的距离，而不至于立刻被送上手术台，使得旧城区的空间结构得以保留，市民的心理归宿依然存在。这样两种空间结构的并存不仅显现出洛阳城市空间的特色，也深刻影响了洛阳城区空间的进一步发展，并对洛阳市区空间的整合产生了特殊的影响。旧城市空间和空间结构的存在减小了工业新城区对其的冲击，这与郑州被新城区包围吞噬其空间结构的情况不同，与西安等旧城区空间的重构与转换，却保留其功能也不同。西安旧城区仍然是强势的，这种强势同其政治功能的保留有极大的关系，也同其商业中心的保留关系密切。郑州旧城区保留了其商业的中心，却失去了其政治的中心。新建的省政府机构和市政府机构分别处于城区的东西两侧，加之旧城区的规模太小，因而形成了不同的空间结构。洛阳旧城区得以保留，但由于旧城与新城之间空间的距离，使得城市必须相互靠拢，新规划的城区决定不再向谷水西发展，旧城区与新城区之间的空间被定为发展区。作为空间与规划的中心，旧城区的政治功能西移，迁入了这个发展区，并通过商业中心、文化中心的建立，将其建设为城市的新中心。而涧西工业区与老城分别规划一个副中心，形成东西长 15 公里、南北宽约 3 公里，涧西、西工、老城三大块的带状条型、多中心开敞式的城市格局。与 50 年代"一五"计划其它重点发展的城市，尤其是西安等历史文化名城相比，洛阳没有采取单一中心，即以老城为中心、摊大饼式的发展模式，也没有采取多中心由近及远的正常发展模式，而是在距离旧城中心 8 公里以外的涧河的西边新建工业区，再逐渐与老城连成一个完整城市的做法，从而形成了所谓的"洛阳模式"。

　　（二）方形城市空间的突破

　　洛阳模式的优点：首先，有效地利用和保护了旧城。"据 1955 至 1959 年不完全统计，老城为支援洛阳建设的外来人员安置住房 27635 间，约 41 万平方米，节省不少临时建筑费用。"更主要的是保护了旧城。洛阳的老城是明清时期的建筑遗产，新工业区安置在老城之外，使得老城没有建设负担，街道可以不拓宽改造，车辆可以不穿越老城，避免了旧城改造而产生的拆迁、安置、以及由于城区拓宽改造而产生的所谓"聚焦"效应，使旧城陷入"面多加水，水多加面"的恶性循环。① 这种做法使得洛阳在上个世纪末还基本保持了旧城市的空间结构与建筑景观，也保留了老城的社会功能与历史文化以及城市独有的文化记忆，客观上保护了旧城。尤其值得提倡的是这种为保护古城遗址和文物而采取的"脱开老城建新城"的理念，为今后的古城镇建设提供了有益的参考。其后，平遥、周庄、南浔、同里等文化名城、名镇，都采取了这种模式。

其次，新区可以充分利用，所谓"一张白纸可以画出最美的图画"。新区的建设布局不受原有建筑的影响，依照先地下、后地上、先厂内、后厂外、先重点、后一般的程序，建设工厂、基础设施和住宅，使新区一次成型。

第三，对财力与行政资源也是有效的节省。改造旧城不仅花钱、费力、费时，也费事——众多的拆迁、安置等社会问题需要解决，既浪费行政资源，降低工作效率，同时还可能造成旧城文化建筑的破坏。很多旧城改造的城市在这方面是有教训的，如北京长期实行的是以改造旧城为主导的城市规划，但建设部门怕"麻烦"、"花钱"、"耽误时间"，而且"最主要的困难，是拆迁与安置居民问题。旧城内大部分地区建筑密度与人口密度过高，改建时须拆除建筑物与迁移居民的数目很大。据粗略估算，建筑一百平方公尺的七层楼房，需拆除旧房屋十八万至二十万公尺，迁移居民大约二万至三万人。这不仅要解决迁移居民的居住问题，而且要影响其中许多人的职业问题（如手工业者、商贩等），这是一个重大的社会问题。"② 因此，"到1953年底，新建筑在城内的仅占三分之一。""有三分之二建在了郊外，最远的离天安门16公里。看来不符合'城市的扩建应由近及远、由内向外的紧凑'原则。"同时，"建设单位申请建筑用地，往往要求用地大，地点地形合适和风景好，还要省事：不折房，不垫土，土地拿过来就能用并且要保留大片发展用地。"北京市建筑事务管理局局长佟铮对此提出了批评，改造旧城的原则在实际执行中却导致北京城的建设既城内又城外，复杂而混乱。

与此相比，洛阳的新区建设完全可以"甩开膀子干"。

第四，保留了城市的多样性。老城以传统的工商业为主，新区以机器化工业为主，西工区则以行政和文化中心为主，各个城区构成功能完善相对独立的

---

① 方可：《北京会被迫迁都吗？》，《经济参考报》，2002年2月22日。

② 《国家计委对于北京市委＜关于改建与扩建北京市规划草案＞意见向中央的报告》，1954年10月16日，《建国以来的北京城市建设资料》（第一卷，城市规划），北京建设史书编辑委员会编辑部编，1995年11月第2版。

城区。多中心的城市有如多样性的生态环境，是城市良性发展的理想状态。同时，新城由于是以工业为主导而规划建设的，功能明确。这使得空间结构可以合理规划，从而减缓了单一中心城市由于城市中心承担的多重功能而导致的人流聚集，交通拥堵，有效减缓了交通的压力。实践证明：工作地就近居住是减少交通，保护环境的第一选择。而单纯住宅郊区化带来的"卧城"往往形成居民摆钟式的移动，使城市始终处在动荡状态，不仅生活不便，也加大了交通流量，影响城市环境。

第五，这种空间结构为将来城市的发展留下了广阔的发展余地，并为大都市"单中心＋环路"的"摊大饼"式城市模式的困境提供了参考和解决问题的思路。

"摊大饼"式城市模式自然有其优越的地方，但其优越性似乎与其规模成反比，优越性因城市的扩大呈递减效应。如北京长期实行的是以改造旧城为主导的城市规划，以旧城为中心，以新区包围旧城，同心轴向外蔓延的生长模式，即"单中心＋环路"，从一环发展到六环。但是单一的中心，使旧城长期承担着商业、办公、旅游等功能，大型建筑不断涌入，从 20 世纪 80 年代起北京期望通过建设环城路，解决市内交通的问题，提出"打通两厢，缓解中央"的口号，但直到今天的五环，中心区的交通并未得到有效的缓解，最根本的原因只有一个——单一中心与复杂的功能。

疏解中心区的人口压力，一直是北京的目标。为此，北京甚至在远郊建立了回龙观居住区，规划人口达到 30 万，它的人口规模相当于一个城市，但它的功能却只相当于一个住宅楼——居住。为了就业，居民必须起早贪黑往返于交通之中，这既加重了交通负担，使再好的交通在某一特定的时间也难以负担，同时也加重了生活的成本和时间成本，影响了居民的生活质量，造成心理压力。

东京的实践为"摊大饼"亮出了黄牌。东京也是"单中心＋环线"（日本人称之为"炸面饼圈"）的模式，由于中心区功能越来越强，东京曾出现了严重的交通拥堵，政府不得不投巨资加以解决。现在东京四通八达的地铁与地面铁路覆盖了整个东京，而且与首都圈内其它城市直接相连。虽然比起公路交通快捷、环保，但东京的大气污染、噪音等交通引起的污染仍然十分严重，以至于被市民抱怨为"工作者的地狱"。而且每日在进出市区的地铁里被挤成沙丁鱼的样子，使他们很难感到这竟是一个经济水平一流的城市。①

因此，"单中心＋环线"的模式同样使城市功能过度集中于市中心区内，这不但使历史文化名城的保护陷于被动，同时还带来交通拥堵、环境恶化等一系列问题。研究表明，从环境容量着眼，北京市区"摊大饼式的蔓延发展已经不能继续。"

北京的这种单中心发展模式，是20世纪50年代由苏联专家以莫斯科规划为蓝本帮助确定的。但莫斯科本身因城市功能过于复杂而带来了交通、生活等问题，因此从60年代起莫斯科开始制定新规划，把原有的单中心结构改成多中心结构，并将连接市郊森林的楔形绿带渗入城市中心。

多中心结构成为城市发展的另一个方向。

1999年9月与2001年6月，贝聿明两次访问北京，均提出北京应该向巴黎学习，实现新旧城市分开发展。②

贝氏认为，"1950年，北京失去了一次很好的机遇。政府放弃了梁思成等学者提出的新旧城分开建设的发展模式，而是简单地以改造古城为发展方向，在这个过程中，拆除城墙修建环路，使城市的发展失去了控制与连续性。这是错误的。"③

向巴黎学习，巴黎1965年根据"有机疏散"理论，提出了以下措施：

（1）在更大范围内考虑工业和城市的分布，以防止工业和人口继续向巴黎集中。

（2）改变原有聚焦式向心发展的城市平面结构，城市将沿塞纳河向下游方向发展，形成带形城市；在市区南北两边20公里范围内建设一批新城，沿塞纳河两岸组成两条轴线，现已基本建的有埃夫利、塞尔杰、蓬图瓦兹等5座新城。

（3）改变原单中心城市格局，在近效发展德方斯、克雷泰、凡尔塞等9个副中心。每个副中心布置有各类类型的公共建筑和住宅，以减轻原市中心负担。

（4）保护和发展现有农业和森林用地，在城市周围建立5个自然生态平衡区。

原来巴黎也是向多中心、带状城市发展。"洛阳模式"的理念，正是这种

---

① 王军：《城记》，北京：三联书店，2003年，第33页。

② 王军：《城记》，北京：三联书店，2003年，第17页。

③ 王军：《城记》，北京：三联书店，2003年，第20页。

空间语法与理念的实践。的确洛阳不是北京，在体量上、规模上，洛阳与北京无法相比，洛阳的车流量如果达到北京的数量也会出现问题，但是理念没有大小之分，尤如都江堰，技术虽然落后，但其中透出的设计思路却是当今最为先进的。控制空间，可以分流车流，而多中心、带状空间结构可以为单一中心城市结构的城市问题提供解决思路。

三、对城市空间的影响

撇开老城建新城，巨大的工业飞地落户涧河西岸，对洛阳的城市空间乃至对洛阳的社会产生了深远的影响。

（一）颠覆了洛阳城池传统的方形结构

涧西工业区的建立，改变了洛阳市的空间结构，洛阳由传统的典型的方形城市，变成了带状的城市。

洛阳建城以来，无论城址如何变迁，其空间结构总是方形的。方形的空间不仅是祖制，所谓"方九里""九经、九纬，"（《周礼·考工记》），更是传统中国人深层自然观、宇宙观的体现。宇宙为天，是圆的，人生活的空间为地，是方的。圆是流动的，象征着天体同期性的循环运动，方则象征人间社会组织。对中国人来说，方形空间意味着某个文明化了的区域，所以是社会化的区域，被四海环绕着，四海代表四种夷族居住的不确定的边疆。由诸侯环绕天子而构成的方形象征中国的政治空间，四方交会于独一无二的中心点，即天子。地坛为方形，方形象征帝国领土和政治的统一，四方诸侯定期来此坛重申他们对天子的效忠，封地的典礼也是从坛中取出一把土，然后把它递给受封的诸侯。因此，这种祭祀不仅具有宗教意义，也具有社会意义和政治意义。①

因此，方形的城市空间是政治的，这既是中国人传统的、正统的观念，又从哲学意义上折射出中国人皇权至上与天人合一的宇宙观、自然观。在中国政治性强的城市总是方型的，而不规则城市空间无论什么原因其政治地位一定不是很高的，近代由于经济与商业发展需要形成不规则的城市是政治功能降低、经济发展的表现。

最初涧西工业区的规划方案中也有方型的，最终选用的也是类方型的，但两个城区中间有 6 公里的"空白"，城市有了断裂，为了城市的一体化，中间的"空白"很快成为新洛阳的"发展区"，从而形成两点向中间靠拢的空间发

---

① 程艾兰：《中国传统思想的空间观念》，《法国汉学》，北京：中华书局，2004 年，第 5～7 页。

展趋势。在"一五"期间许多重点发展的城市都以老城区为地理空间的中心，"摊大饼"似的向四处扩张的时候，洛阳却从两边向中心靠拢，逐渐形成了一个南北宽仅 2.9 公里，东西长达 15 公里的带状城市。

　　这种改变又带来了深刻的社会影响：第一，方型空间的被打破，意味着传统宇宙观的巅覆。新的洛阳城市是一个以经济建设、以工业化为核心的城市，这个观念透过空间结构的调整与改变展现出来，来得比许多仍以传统城区为视觉中心、空间中心，既而保存了行政中心、文化中心的其它扩建城市更迅速而彻底。因此这种空间结构的改变是对以政治为中心的城市的挑战，从这个意义上讲，其更具现代性。第二，为了加速城市的整合，方便新城区的沟通，也为了减缓老城区空间的压力，地、市一级的党政军部门即城市的行政中心从传统的老城区中移出，老城区成为纯粹的商业城区。这同许多"一五"期间扩建的城市不同，西安、成都、武汉等城市其空间的中心、地理的中心仍以老城区为中心，老城区仍然充当着行政中心和文化中心的空间责任，从而导致老城区为适应工业的发展而进行或小或大的手术。洛阳老城由于带状的结构失去了空间的中心，并且由于空间中心的丧失也失去了行政中心和人们心理的中心。这最终使得洛阳有了两个中心、多个中心，老城区被边缘化，地位下降，但同时也使老城区得以较少变动而得以保存。第三，加重了城市交通的压力。整个城市由一条路贯穿，特别是涧河的阻隔，使两个城区仅靠一个宽 20 米的桥连接（虽然中州桥的承载力"能过六十吨的汽车与坦克[1]"），无法形成方便快捷的环形交通体系，也使得城市今后的发展受到交通的制约，加大了城市的断裂。带状城市总是没有方型或圆形城市便于安排交通。虽然涧西工业区和西工区区域内构成了环状的交通，但两个城区的结合在整个 20 世纪 50～60 年代却只有一座桥。两个超过十几万人体量的城区（以后更是发展到几十万人的几个城区），仅靠这一座宽不过十多米的桥是远远不够的。城市交通系统像大型动物的骨架，没有发达的交通系统，城市就像没有骨架的大象，不能将上吨的肌肉整合在一起，城市将破碎为二三个城市，而不是一个统一体。[2] 由于 1950～1960 年代，洛阳涧西工业区与旧城区的联系不多，城市也远不如以后那样的一体化，从而形成了功能完善、相对独立的城区。

---

① 　洛阳市第一档案馆，全宗 67，第 1 卷，"洛阳市建委工作 1954 年总结"，第 7 页。

② 　郑也夫：《城市社会学》，北京：中国城市出版社，2002 年，第 133～134 页。

（二）形成了功能完善、相对独立的城区，构成了迥然不同的城市景观、社会结构和城市文化符号系统

两个城区由于距离6公里，有着较大的空间隔离，容易形成相对独立、个性鲜明、相互对比的两个城区，由此加大了城市整合的难度，实际上也一定程度上形成了城市空间的断裂，使这个新建的工业区与老城区有着明显的区分，并且这个区分由于自然、社会、文化等边界的形成而得以加强。

一个区域的形成，有自然边界、社会边界、行政边界、文化边界，甚至经济类型也可以划分边界。洛阳涧西工业区的特点是这五个边界统一在一起，郑州、西安等工业区，或是工业与行政混合，或是没有明显的自然边界，或是相对于旧城区来说工业区比较分散。洛阳却是十分集中，工业区几个边界的重叠强化了城市社区的独立。首先是明显的自然边界，自然边界是最外层、最显性的边界。涧西处在涧河的西部，涧河源于豫西山区的观音堂一带，自西向东流淌了百余公里，到洛阳画了一个不规则的弯弯曲曲的圆弧，向南汇入洛河，在伊洛盆地上做了一个南北向的切割，留下了自然的划痕。历史上，洛阳的城市很少跨越涧河以西。① 涧河虽不宽，河床宽度不过几十米，不象长江、汉江对武汉和襄樊的切割，但由于涧河是一条深约 10~20 米的 U 型深沟，因此，地理上的切割作用还是很显著的。这种地理上的切割，使之又不同于一般意义的建新城。另一方面，由于洛阳是一个古都，具有很深的文化积淀、很强烈的文化认同，因此，虽然到了上个世纪中叶，传统洛阳的经济不很发达，但却有着一种中庸平和外表下的难以撼动的内核。如同海里的冰山，露出水面的一小部分看似弱小，水平面下却有着巨大的根基，因此，外来的尽管是先进的文化要想根本改变它是很难的。这也就导致了在外在显性的自然边界之上又有了文化边界。这种文化边界又因为行政区划（一九五四年，洛阳成立了涧西区）、工业经济类型的不同以及居民的不同，形成了社会边界与经济边界，加强了这种分割。五种边界的重合，强化了移民城区的边界。沿涧河的五女冢、同乐寨、东涧沟、西小屯、七里河、瞿家屯、兴隆寨等几个自然村，又强化了这种分割，这些自然村在四五十年后仍然以城中村的形式存活着，走过了去农业化、城市化的道路。

涧西工业区是按照城市规划兴建的，并且一开始就具有一定的规模，工业

---

① 能见到的记载只是在洛阳周王朝初创时，王宫的很小一部分跨过涧河以西，隋唐时，隋炀帝在此建立了供其郊游玩赏的西苑。

区内住宅、商业、文化教育、医疗、市政设施齐全，形成了功能完善的独立的城区。同时，计划经济年代，施行的是条块管理，涧西的大企业无一不是省或国家直管，这是造成分割的深刻的社会因素。国营企业体制更强化了这种管理形成的社区断裂。

因此，空间的分割是意味深长的。这折射出了城市功能、城市性质、城市文化的改变，同时也折射出社会转型与工业社会的强势。显而易见的是这种分割使洛阳在不同的空间形成了两种文化符号系统和文化识别，赋予洛阳鲜明的个性。

一个是历史遗存的洛阳，有着长长的根系，是作为国家政治体系中的一个节点和遗产，强调政治作用的城池。经济上，传统的手工业和商业是其基础。一个是新建的洛阳，作为国家工业化战略的一个基地，经济意义是其核心，现代的巨型工厂构成了它的主色调。

一个是由老字号招牌、旗幌、拥挤繁华的街道、嘈杂的叫卖声构成的商业文化和商业场景，由城墙、鼓楼、吊桥、官衙、庙宇和四合院构成的建筑符号，由东西南北大街划分的低矮的密集的大屋顶和胡同小巷构成的曲折婉转、错落无序的空间，传统的街巷命名更赋予了它久远的历史印记。一个是由烟囱厂房、机器的轰鸣声构成的工业场景，由厂房、烟囱、水塔、较现代的生活设施构成的建筑符号，由宽阔笔直的干道以及干道两旁的树木、供电线路和排水系统划分的立体的、整齐划一的楼房及规则街坊构成的空间，道路的名称透露出现代国家的概念。

在社会结构方面，老城区以家庭和邻里的初级群体为主，群体关系一般有着长幼尊卑的纵向关系。人定位于家庭，成员间经常的长期的交往与互动形成密切的人际关系，人们生活在熟人社会中。因而在社会整合和社会控制机制上，习惯习俗和礼仪起着决定性的作用，一些说不清道不明、看不见摸不着的潜规则起着巨大的社会控制和社会整合作用。社会组织的制度和纪律无用武之处，政府的法律和规章主缩进半格要起辅助作用。工业区则以工厂、分厂、车间、工段、班组等社会组织为主，群体关系有了科层制的特点，人定位于单位，定位于组织，业缘关系替代血缘和地缘关系发挥着重要作用。组织中的制度与纪律发挥着巨大社会整合与社会控制作用，在社会中，法律、法规的作用明显。

在人口结构上，老城区人口结构自然形成，年龄与性别比相对正常，没有出现开埠城市以及洛阳新城的失调，① 1949 年市区的性别比为 94，1950 年为 97，在 1953 年以前，女性甚至多于男性②。年龄结构呈金字塔形。③ 工业区由于产业工人集中，性别比例失调，男性比例大大高于女性。年龄集中在劳动年龄，结构趋于年轻化。

家庭结构，老城区以大家庭为主，三世同堂，父母兄弟同居于一个四合院内，形成一个联合家庭。职业构成，由手工业、商业，在城市的四周存在着半商半农的居民构成。新城区则以核心家庭和单身轻工为主，家属楼和集体宿舍为主要居住形式。

居民生活方式主要体现在日常的衣食住行和婚丧节庆上，反映着洛阳独特的风俗习惯，衣食住行文化心理保有传统的方式。同质的人口遵守着相互的传统习俗与道德，讲着相同的方言，社区更具传统性。而新区则由不同地域、不同生活习惯、不同亚文化群的产业工人构成，最终形成了以便于沟通的普通话为主体，不同的方言共存的城市文化，使其更具现代城市性。

尽管这种对比有过分强调差别的因素，而且这种对比在"一五"期间扩建的其它中西部城市中都有表现，但如此鲜明的、以空间集中的形式展现于一个城市的两端，洛阳却是较为典型的。这不仅形成了洛阳城市空间的特色，也影响到城市社会、城市文化的方方面面，并对洛阳城市的发展产生了深远的影响。

（三）对城市环境的影响

由于工业区处于城市的西部，位于紧靠洛河的旧城区的上游，因此对下游老城居民的生产生活造成了一定的影响。就人居环境而言，这个选址不是十分理想，但工厂空间的中心地位决定其经济意义大于其它意义。而且，环境保护的问题在当时也提了出来，设计上是通过修建排污管道或沟渠将污水排到旧城区下风下水的瀍河加以解决，但由于资金的问题最初建成的工业区的污水还是排到了涧河。由于工业建设的压力，环保的投入不够，最终造成了涧河的污染汇入洛河，使下游的旧城区受到污水的威胁。20 世纪 80 年代，特别是 90 年

---

① 1928 年，上海、北京、天津、广州、南京平均性别比为 154.《中国经济年鉴》，1933，转引自戴均良编：《中国城市发展史》，哈尔滨：黑龙江人民出版社，1992 年，第 368 页。

② 洛阳市统计局编：《洛阳奋进的四十年》，一九八九年七月，全市总户数与总人口，第 236 页。

③ 1953 年人口普查，洛阳市 0～14 岁人口占总人口 35.86%，接近成年型。20～44 岁的人占 33.68%，1964 年第二次人口普查为 37.62%，无市区内资料，故仅做参考。《洛阳市志·人口志》，第 564 页。

代以后，城市环境的问题受到更多的重视，甚至有了"否决权"，工业区的规划要让步于生活区。同洛阳空间相近的兰州就出现过类似的情况，兰州的西固区是兰州工业集中的城区，距离兰州市中心20公里的黄河上游，黄河水进入兰州时，还是二类水，而流经兰州后，水质变成了五类，因此，一些污染严重的企业存在着搬迁的问题。洛阳的情况要好些，机械加工业对水的污染要小些，洛阳水源较为丰富，旧城区的居民并不直接饮用洛河水，而是地下水，河流的污染对地下水的影响要小些。另一方面，从规划来讲，洛阳将工业区的污水通过管道和大明沟、中州渠，排到了洛河旧城区下游的支河瀍河里，减小了对城区的污染。河流的纵横和地下水源的丰富，这是洛阳自然条件优于兰州的地方。没有造成兰州西固工业区那样的环境威胁。但空气的污染是存在的，也是一直未能很好地解决的。这直接导致了洛阳空气污染，特别是盆地的环境，在农业时代有着藏风聚气的好风水，但对工业文明来讲，排向天空的废气也由于藏风聚气而汇集，成为盖在洛阳头上的"帽子"，导致对居民生活质量的威胁。在规划时，为了防止企业生产过程中排出的混入空气中的有害的废物对居民的影响，在厂区与住宅区、厂区与厂区之间设有防护林带，市区内规划了充足的绿地公用绿地采用较高的定额，人均10平方米。[1] 通过林带来减小污染，规划了长5600米，宽200米的林带，使工厂与住宅区隔离，工厂与工厂之间也规划了500米的林带，这些规划，最终被住宅或工业用地紧张而占用，最终加大了污染。20世纪末，一些工业开始搬迁，但涧西工业区的空间得以保留。

（四）对洛阳城四周郊区空间的影响

洛阳涧西工业区位置的确立，使得新城与老城相距几公里，为了避免城市的断裂，两城区中间的"郊区"迅速成为发展的区域，并成为带状城市空间的中心。但涧西区对郊区的影响主要不是这些，也不是指其郊区预留的工业发展区，而是由于移民的到来，引发的郊区空间产业结构的转变。这虽然是在城市建成区之外，但却是工业建设带来的直接后果。因为几年间到来的十几万人的蔬菜、水果、甚至公共墓地等成为移民生活不可缺少的。洛阳按北京当时的菜田用地定额，即每32人一亩菜田。这样涧西区加上老城区是370000/32/15＝770公顷。这样根据当时条件将菜园分为两块，一块在洛河北岸，沿洛宜路，一块在洛河南。

水果在洛阳是以苹果、梨、桃为主，每亩产量苹果大年为2000～3000斤，

---

① 洛阳第一档案馆，全宗67卷，第1卷，《洛阳市涧西总体规划说明书》，第40页。

小年 1000～2000 斤；梨大年 1800～2000 斤，小年 1000～1500 斤；桃大年 3000～4000 斤，小年 2000～3000 斤，这样共需要 344 公顷果园。果园按现状及将来发展的可能，分为谷水镇北，东马沟两处。同时，为了城区绿化，又需要建设苗圃、绿地共 145.28 公顷，苗木 141900 株，街道树 42400 株。墓地 48 公顷。① 这样产生了一个专门为城区特别是移民而存在的"菜篮子"的郊区空间，深刻影响着洛阳市未来空间的变化与发展。

（五）导致独特的城中村现象

城中村现象在中国的城市空间扩展过程中司空见惯，但城中村集中在市中心却是洛阳的特点。由于涧西工业区的建立，使老城与新城之间的发展区成为新城市的中心，而这个城市中心，却是农田和军营交错的空间。这最终导致了城中村和军事空间处于城市中心的独特现象。

最具特色的则是市中心百货大楼的边上就是城中村。在整个市中心区，分布着西小屯、金谷园、东下池、西下池等城中村，一直到 21 世纪初仍然存在。另一方面，由于城市西工市中心一带是近代袁世凯、吴佩孚的军营和国民党的军校，并一直作为军事空间使用。因此，在市中心花坛的两侧是作为军事空间的军营，而且沿洛阳市中心大道、贯通洛阳的中州路两侧，都是军营或军事空间，这些空间有些被转为工业用地，但相当一部分一直作为军事用地，或与国防工业相关的军工科研用地。位于市中心的洛阳市中心医院，原是中国人民解放军第 64 预备医院，1955 年改为洛阳市第二人民医院，成为民用设施。② 但大部分军事用地一直到 20 世纪末仍然保留，成为洛阳市空间发展的一大特色。

---

① 洛阳第一档案馆，全宗 67 卷，第 1 卷，"洛阳市涧西区总体规划说明书"，第 131 页。洛阳市人民政府建设委员会，1954 年 10 月 25 日。

② 《洛阳市西工区志》，郑州：河南人民出版社，1988 年，第 334 页。

第三章

城市空间结构的革命

　　撇开老城建新城，客观上使洛阳老城得到一定时间的保护，洛阳老城区因为没有工业建设而马上做大规模的外科手术。但不幸的是在此后洛阳城市的发展中，新工业基地的伦理与审美最终强加于传统的农耕文明的城区，导致传统城区空间的解构，复建的所谓传统民居或建筑已经不是那么回事了。空间结构变了，功能不能不发生变化，重建的所谓传统已经是旅游经济意义上的传统，而非文化或人类学意义上的传统了。尽管如此，我们仍将要探讨城市空间构成、城市空间结构对城市发展和生活在其中居民的影响。

　　空间构成或空间结构是一个城市的骨架，不同类型的城市有着不同的空间结构，传统农业文明的城市与工业化后工业文明的城市在空间结构上有着鲜明的差别。我们所说的景观的城市化应该包括空间结构的内容，因为空间结构是景观的"底子"，不进行一些大的手术，在传统的空间结构上是很难展现工业城市景观的，即达到所谓"景观的城市化"。城市空间的构成及其变迁需要一个过程，特别是农业文明的城市空间结构向以工业化主导的城市空间结构的变迁。在这个过程中，居住在其中的人们往往受到它的限制与整合，在适应与习惯的过程中，形成特定个性。但另一方面，人们又可以按照某种标准和目的去改变它，改造它。因此，城市总是处在不断地改造与更新过程中，其版本总是在不断地改进，而大的升级总是经过一定的积累。在稳定的封建社会里，空间的改变是缓慢的，战争与灾难毁掉的城市，人们往往在同一理念，同一自然观、价值观上建立新的城市，总体在一个版本中。进入工业文明以后，城市成为人类活动的主要场所，城市的变迁由于工业化的步伐而加速。城市的现代性、景观的城市化总是通过城市空间现代元素的置换而逐步实现，最终改变城市结构的性质，完成城市化在空间方面的变迁。洛阳城市景观的城市化是由于大型工业项目的集中落户，工业城区的形成而迅即得到改变。"撇开老城建新城"使得洛阳工业城区的空间结构与景观城市化水平有了跳跃式的发展。不仅在经济类型上，而且在空间结构与建筑景观等方面，洛阳已经成为一个新兴的具有城市景观的工业化城市。

城市空间的构成及其所形成的城市景观是城市的特色之一，不仅是城区与城区相区别的标志，也是城市与城市相区别的标志之一。城市的发展变迁不仅仅是人的，也是空间的、设施的、建筑景观的。芒福德说："城市的作用在于改造人。"① 这种改造不仅是社会对人的改造，也是环境、空间结构及其景观对人的改造、启发与影响。空间对城市社会、对城市居民的影响潜移默化，如春风化雨，润物无声。

一、洛阳涧西工业区的空间结构

由于意识形态与经济体制的因素，在城市空间构建中，强调只能以苏联的模式进行城市的建设与规划。"苏联已经了四十年的建设经验"。因此，"一五"期间规划建设的城市，在空间布局和城市空间结构上被深深打上了前苏联城市规划模式的烙印。其特点是：1. 几何图形规程，城市中心突出。2. 市中心由巨大的建筑围成广场，几条主要的大道从中心向外辐射。3. 强调城市土地功能分区与弱化社会空间分异。4. 为了减轻人口压力和环境的恶化在大城市地区周围建设卫星城，城市的开敞空间通过郊区公园和绿化来实现。②

洛阳涧西工业区规划设计也是在苏联专家的指导下完成的，"经苏联专家亲自不倦地指导（总体规划也同样在专家指导下进行），五次提出意见。"③并且得到了苏联专家的称许。④ 这已被认为是一条成功的经验，"向苏联专家学习请教，在我们五个月的工程中一再证明了这个问题，在旧中国时代我们无系统工业建设，更无完整厂外工程，仅有的一点殖民地工业中各种设计规划全是英美资产阶级的一套，而新中国必须参考苏联，规划必须遵照苏联社会主义原则，各种设计必须参考苏联规范，具体的工作方法亦都随时请教专家，没有

---

① 芒福德：《城市发展史》，宋俊岭、倪文彦译，北京：中国建筑出版社，2005 年，第 122 页。

② 顾朝林：《城市社会学》，南京：东南大学出版社，2002 年，第 136 页。

③ 洛阳市第一档案馆，全宗 67，第 1 卷，"洛阳市涧西总体规划说明书"，第 26 ~ 27 页。

④ 洛阳市第一档案馆，全宗 67，第 1 卷，"洛阳市涧西总体规划说明书"，第 76 ~ 132 页。1953年建工部城市建设局成立了洛阳城市规划组，先后提出 40 多种方案，国家规划组何瑞华的综合方案为佳，得到了苏联列宁格勒国家城市设计院建筑师巴拉金的赞赏，1954 年 9 ~ 11 月完成第一期工程的详细规划。依据：1. 国民经济发展规划、国土规划和区域规划为依据，2. 地区历史、地理和自然资源情况，保证规划的现实性。另见《洛阳当代城市建设》，北京：农村读物出版社，1990 年。

专家的指导，我们会走弯路。"① 在这种背景下，洛阳工业区的设计规划，必然打上时代的烙印。

我们先看工业区空间结构图。

总体来看，这是一个符合工业理性的、有着社会主义计划经济工业空间典型特征的规划。由于涧西工业区撇开了旧城区新建，建设布局不受原有建筑的影响，可以统筹安排，合理布局，使新区建设能完整的一次形成。这是洛阳涧西工业区显著的特点之一，并最终形成了洛阳涧西工业区别具特色空间结构，甚至有了"洛阳模式"之誉。②

图 3 - 1　洛阳涧西区空间结构示意图

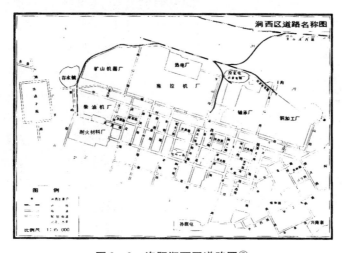

图 3 - 2　洛阳涧西区道路图③

涧西工业区的工厂自西向东一字排开，从洛阳矿山厂开始，依次是洛阳拖

---

① 洛阳第一档案馆，全宗第69，第一卷，总甲方："洛阳市涧河西工业区厂外工程的基本情况与问题"，（一机部汽车工业管理局拖拉机制造厂北京办事处）1954 年 7 月 31 日（第 81 ~ 82 页）。

② 《洛阳当代城市建设》，北京：农村读物出版社，1990 年，第 64 页。

③ 来源：《涧西区志》，北京：海潮出版社，1984 年。

拉机厂、洛阳轴承厂、洛阳铜加工厂。由于涧西工业区在东西向上已经与旧城区有了许多的距离，因此，规划原则不再向西发展。这样，晚于五厂建设的河南柴油机厂、洛阳耐火材料厂就设在了城区最西部矿山厂的南部，在空间上对西部形成围墙般的关闭之势。当我在绘制上述示意图时，发现厂区尽然自然地形成了一个"厂"字形，而对照实际图我发现它更象一个汉代隶书的"厂"字，甚至还形成了蝉头和雁尾。这也许是巧合，是否预示着洛阳涧西工业区在洛阳城市发展过程中，特别是洛阳城市空间形成过程中的地位如同汉隶在中国书体成型中的地位。

这种空间结构的特征是：

1. 工厂集中在区域的北部，顺山沿河靠铁路形成一排，工业用水、排污集中在一条河流上，铁路编组和专用线可以统一使用，供热供气线路管道可以合理安排，节约资源。科研院所区（从西向东依次是耐火材料研究所、洛阳工业学院、拖拉机研究、医学院（七二五所）、第四设计院、第十设计院、有色金属研究院、轴承研究所等），依山临路，集中在区域的南部形成一排。生活区和商业区集中在中间（住宅空间延伸到了商业娱乐空间的部分，商业区的西部仍然是街坊，从经 5 路开始，依次是牡丹公园、上海市场、工人文化宫，间隔一个城中村，李村的生活区，然后是文化广场和广州市场），动静分离互不影响。

2. 生产区、生活区、科教文化区合理划分，生产区在北，生活区在中，商业区在紧靠生活区的南部，科研文化教育区又在商业区之南，功能分区比较合理。职工（包括科研文化区的居民）无论是上班通勤，还是购物娱乐，都处在最优的位置。住宅区分为大小 76 个街坊，每个街坊由 10 多幢楼围成，并由街坊道路分割成相对独立的长方形的居住空间①。住宅既靠近工厂，又邻近商场，日常购物及福利设施设在街坊内，公共施设设在区域中心，节省工人路途的时间和体力，减轻城市交通流量，设计规划反映着工业理性的合理、科学。

3. 由于工厂在北，处在上风，为了避免工厂污染对居民区造成危害，在工厂区与生活区之间规划了 5600 米长，200 米宽的主要由高大的树木构成的防护隔离绿带。绵延 5 公里的林带，同厂区与厂区之间规划的 500 米的林带以

---

① 长方形的结构被认为是美观而规划的，实际也符合审美心理和中国人的审美习惯，但具体的建筑结构有成方形的。洛阳第一档案馆，全宗 67，卷 1。

及沿河的绿化、沿山绿化、沿路绿化相配合，形成独特的绿化空间（但是 60 年代中后期，特别是"文化革命"的几年间，由于用地的紧张，以及规划约束力的丧失，特别是政府管理的缺位，绿带被逐渐吞噬）和绿带城市。

4. 道路进行了合理明确的分工。连结工厂即工厂之间的货物运输走各大厂门前的公路，货运走厂北部的专线铁路，或走工厂之间北向的货运公路。客运即职工与西工或旧城区的联系走纬二路或纬三路（涧西人将之称之为 1 路和 2 路，因为纬二路、纬三路曾是 1 路、2 路公共汽车的营运线路，多少年来，公路的名称发生了改变，公交车营运线路也发生了改变，但 1 路、2 路以及后面提到的 8 路的称呼一直延续下来）。连结科研院所和大专院校的纬四路则被规划和修建成艺术干道。经 1、经 2、经 3、经 8 四条经路贯穿生活区，分别直通铜加工厂、轴承厂、拖拉机厂和矿山厂大门，区域内次干道和街坊路也经纬分明。基本上形成了货运走北，职工上下班走南，厂与厂之间的运输以及与西工联系走东西，道路分工明确，许多年来，涧西的交通事故少，交通拥挤与堵塞情况少，交通噪声对生活区影响小，保证了生活区的幽静、卫生和安全。

二、洛阳工业区空间的特点

（一）以工厂为中心

以工厂为中心是典型的第二产业城市的特点，是脱胎于城池化空间的工业城市新的发展趋势与方向。这既不同于第一产业以政治空间为中心的模式，也不同于第三产业以中央商务区为中心的模式。

城市的不同功能对空间都有不同程度的需求，但哪项功能需求最重要的问题是一个文化定义的问题。在我国古代，政治控制与军事防御是城市最重要的功能，因此，与政治、防御有关的社会活动就要优先安排，这往往占据了城市很多空间和理想位置。在西方商业社会里，高度分化的商品交换功能是首要功能，因此，商品销售活动优先占有了城市内的黄金地段。重要的城市功能会优先使用城市的土地空间，不重要的功能只能在余下的空间中选择。我国"一五"期间，城市的首要任务是为社会主义工业服务，建设社会主义工业城市，因此，洛阳涧西区作为工业基地，自然以工厂为中心进行建设。"工厂成了新的城市有机体的核心，生活的其它每一细部都附属于它。"[①]

---

① 芒福德：《城市发展史》，宋俊岭、倪文彦译，北京：中国建筑出版社，2005 年，第 517 页。

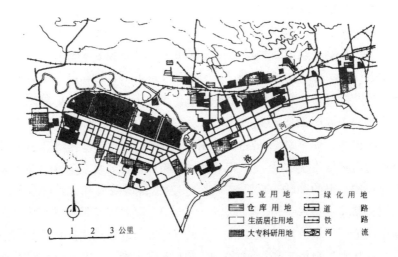

图 3-3 洛阳城市的空间肌理①

首先，洛阳涧西工业区城市规划的编制是以有利于工业发展为主要依据的。进行城市规划工作，首先应明确城市建设是与伟大的工业建设密切联系着的，因此，城市建设应为工业生产服务，并应考虑到它的整体统一性。② "先确定工厂，规划就有依据，应当工厂在先，规划在后，规划应服从工业、满足工业的要求。"③ "建厂不确定，就根本谈不到城市建设，建厂确定后，城市建设才能考虑"。④ 因而涧西区可以说是因厂而城的。确切地说，"城"是不准确的，这并不是因为新建的城区没有城墙，是开放的，更是因为它没有按传统模式出牌，它不是营造一个城池，而是建设一个工业基地，认识到这一点我们就可以很清楚地看到这个新建城区的空间特点了。

虽然工厂位置位于城区的北部，不居空间的中心，但一切是为了方便工厂建设。《洛阳涧西区总体规划说明书》显示，总体规划分三个阶段，第一阶段为厂址选择阶段，第二阶段主要解决经济发展，第三阶段为建筑艺术处理及规划工程配套阶段。工厂的建设是城市建设的经济依据，并且决定城市的性质与规模。⑤ 由此可以看出工厂空间的意义与过程。工厂之所以没有在中心，是因

---

① 来源：《当代中国》丛书编辑部：《当代中国城市建设》，北京：中国社会科学出版社，1990 年。

② 洛阳市第一档案馆，全宗 3，"洛阳市建委工作 1954 年总结"，第 18 页。

③ 洛阳市第一档案馆，全宗 67，第 10 卷，"关于城市建设问题"，第 225 页。

④ 洛阳市第一档案馆，全宗 67，第 11 卷，"洛阳市城市规划修改计划"。

⑤ 洛阳市第一档案馆，全宗 67，第 1 卷，"洛阳市涧西总体规划说明书" 第 26~42 页。

为工厂应当沿河靠铁路以方便工业原料与产品的运输，方便工业生产所需要的用水和污水的排放。同时也是为了不使工厂造成城区的分割，更是为了方便产业工人的生产和生活。这同政治空间为中心的空间观形成了鲜明的对比。就人居和建都而言，洛阳古都的建设基本上没有在这个区域，谷水和洛水泛滥曾对周王朝的王宫构成巨大威胁，谷洛斗将毁王宫①，不符合古人建城的观念，就工厂建设来说，这里却是一块理想的区域。自然条件符合，涧河东绕，临近铁路。但至少有二点不利的地方，一是涧河处在传统洛阳城的西部，洛阳盛行西风与东北风，即处在洛阳的上风头，对东部建设老城不利，对处在本区南部的住宅区也不利。二是涧河在老城的西部几公里的地方汇入洛河（号称七里河），处在河的上游，工厂对涧河的污染对下游老城居民的生活造成一定的影响，就环境保护意义的人居环境而言，这个选址是十分不理想的。但工厂空间的中心地位决定其经济意义大于其它意义，而且，环境保护的问题在当时也提了出来，并通过其它方式加以解决。② 因此，涧西工业区的确立本身说明了工厂空间的重要性。

其次，以工厂为基准，工厂起到了一锤定音的作用，工厂的位置确立了城区的位置与规划。

传统城市的构建都是从政府机构的定位开始规划建设的，城市路网、院墙分割了城市的空间，使得城市在面积不大的空间中形成丰富多彩的空间结构，而核心是政府机构和宗教社祭场所。涧西工业区是由于工业而形成的城区，因而，工厂成为营建的核心，厂建到哪里，路修到那里，接着是住宅跟上，然后，在住宅区内或附近修建商业区、文化娱乐区。在洛阳涧西的规划与建设中，由于工厂地位的未确定或工厂位置的变化，而导致的生活区、特别是道路规划的改变并不鲜见。③

公路如此，其它也一概相同，工厂建设使得仓储空间这个在传统城市中甚至不存在的空间变得不可或缺，铁路编组网也要围绕工厂进行，这成为新区空间一个新的特色。住宅都围绕工厂，商业围绕住宅。

第三，就占地面积而言，涧西工业区工厂占据了大量的空间，在规划的

---

① 《国语·周语下》。

② 洛阳市第一档案馆，全宗3，第196卷，第26～42页。

③ 在洛阳第一档案馆，总甲方办公室卷中，有多处有关厂门或工厂建设的变更，引起市区道路的变更，从而引起街坊住宅区的变更的记录。

15 平方公里的土地中，工厂用地占据了 5 平方公里，生活用地占 10 平方公里，① 占全区总面积的三分之一。而在建筑面积中所占比重更大，即使到 1985 年，在整个建筑中，工业建筑达 3041623 平方米，占全区各种房屋总面积的 42.%。②

（二）经济性质的功能划分

传统城市也强调空间划分，即所谓"左祖右社，面朝后市"，这与中国古代城市的政治属性密切相关。西方的城市不是政治性的，而是工商业的，在城市的属性方面，由于工商业的中心地位，西方城市以工商业行会为其特色。③ 进入工业革命以后，土地资源、空间成为竞争的对象，因此，西方的空间结构总体是自由竞争的结果。这种结果表面上看也形成了鲜明的功能划分，但是他们的功能划分的背后却是资本最大化的结果并由此形成社会区分。这种社会区分将最不利的空间给予社会最低层的群体和最不利的行业或产业，我们可以查阅一些西方城市的结构图以及伯吉斯的"同心圆"、霍伊特的"扇形"和哈里斯与厄尔曼的"多核心"等模型同洛阳涧西工业区的空间进行对比。

从英国城市结构环状图中我们可以看出，其城市中心是商业区和仓库，再外一层是工厂区和工人居住区，外层是中产阶级住宅区，最外一层才是上层阶级住宅区。芝加哥学派的城市区位图也同样，西方城市的中心是商业区，居民最集中，土地使用最密集，也是环境最差的区位，而最外层则是环境最优，条件最好的富人区，这是一种强调城市社会分层、社会分化的空间结构。在这种空间结构中，低层的工人阶级的地位从其居住空间中得到了反映。"由于这样拥挤，往往是丈夫、妻子、四、五个孩子，有时还有祖母和祖父住在一个仅有一间 10 ~ 12 英尺见方的屋子里，在这里工作、吃饭、睡觉。"④

对于西方城市的这种空间结构，城市生态学的理论认为是竞争的结果，城市各阶层对土地的竞争与植物对空间的竞争相似。植物通过自然竞争形成了阔叶树——矮灌木——草本植物——苔藓这样的空间结构，阔叶树占据了最好的空间，能够最大程度地吸收阳光，然后依次定位，最后是空间地位最不利的苔

---

① 工业用地 4.68 平方公里，居住用地，10.平方公里（108 页），长宽比为 7.5：1. 洛阳第一档案馆，全宗 67 卷，第 1 卷，"洛阳市涧西区总体规划说明书"，洛阳市人民政府建筑委员会，1954 年 10 月 25 日，第 112 页。

② 《洛阳市涧西区志》，北京：海潮出版社，1990 年，第 29 页。

③ 胡如雷：《中国封建社会的经济形态研究》，北京：三联出版社，1979 年，第 249 ~ 255 页。

④ 恩格斯：《英国工人阶级状况》，北京：人民出版社，1956 年，第 63 ~ 64 页。

薛。自然生态的特点之一就是竞争性，通过竞争整合有限的资源，然后各得其所。占统治地位的植物对该区内植物类别、数量、分布产生影响。它制定了游戏规则形成一定的秩序与结构。在生态学者看来，人类社会也一样，城市空间的位置即区位（Position）是一种重要的资源。城市中心区位发挥着自然界中阔叶树的统治作用，空间结构的形成是自由竞争的结果，并在竞争中整合。这种竞争导致了按支付能力分化出不同的城市社会空间。

因此，西方社会的空间与其说是功能的，不如说是社会的，其根源是社会的和政治经济的。正如法国人文马克思主义者列菲弗尔所论述的："空间是政治的，排除了意识形态或政治，空间就不是科学的对象，空间从来就是政治的和策略的……社会效益空间，它看起来同质，看起来完全像我们所调查的那样是纯客观形式，但它却是社会的产物。空间的生产类似于任何种类的商品生产"。① 资本已将空间转化为一种商品，资本主义通过占有空间以及将空间整合进资本主义的逻辑而得以维持存在。

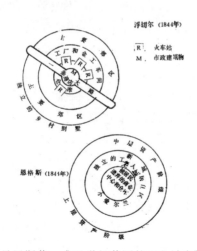

资料来源于理查德·丹尼斯著：《19世纪英国的工业城市》剑桥，剑桥大学出版社，1984年，第82页图重绘

图3-4 城市结构环状示意图②

① Lefebrve, H. reflections on the political of space, in R·Peet（ed.）Radical Geography, Chicago: Maaroufa Press. 1977, p34.

② 转引自任云兰：《英国城市化的起因及影响初探》，《城市史研究》，第二辑，天津：天津教育出版社。

1. 中心商业区　2. 轻工业批发区　3. 低级住宅区　4. 中级住宅区　5. 高级住宅区
6. 重工业区　7. 外层通勤者区　8. 郊外住宅区　9. 郊外工业区　10. 通勤者住宅区

图 3 - 5　城市区位结构图

　　列菲弗尔对西方城市空间的实质进行了批判，而西方城市空间的形成却是在资本主义自由竞争的基础上，以资本的地产投资的形式构建的。它的特点是强调城市空间的社会分化，而弱化土地功能的划分。商业占地不多，但集中在市中心，工业则根据其性质处在不同的空间（一般来说，处在城市的周围），而住宅及其它"人造环境"、集体消费空间则存在着社会的分化。高收入者一般在城市空间的外围，因为距城市越远，空间的可利用性越高，居住面积越大；低收入者分布在城市的中心或其它空间地位不利的地带，空间紧张，人口密度高，住房环境恶劣；中等收入介于两者之间紧邻高收入者住宅区。这些我们不仅从同心圆、多核心模型中可以看出，我们也可以从哈威的"人造环境"、卡斯泰尔的"集体消费"的论述中阅读出来。

　　洛阳工业区的空间功能划分既不同于传统的洛阳城，也不同于西方城市，其不强调社会分异，而强调生产与生活的空间功能的划分。而且不仅区域进行了空间划分，道路也根据其用途进行了分工，即货运干道、客运干道、艺术干道、通勤干道、街坊路等，每种类型的道路按其功能和流量进行了合理的分工。这种划分完全是功能性的，而西方城市空间的划分则是社会性的，它使得劳动工人处在最不利的空间位置，折射出工人社会地位的低下。涧西工业区空间结构的功能划分，从重要性上看，强调了工厂的空间位置，以工厂为重心。但其空间结构却是以住宅区为中心，工厂区在北，商业区在商，是从方便产业工人，即工业移民的生产生活考虑的。在整个空间中，没有高低贵贱之分，只有区位的不同，甚至连街坊都建设得统一化。从工业移民的生产生活考虑，折射出的是工人地位的提高，劳动者的受重视，而这种空间设计及其理念必然影响到居住在其中居民，影响到居住在其区域之外的旧城区的居民。

功能划分的另一个优点是方便生产生活。涧西工厂的一个特点是工厂规模大，工人多，第一拖拉机厂、轴承厂、矿山厂、铜加工厂职工人数都超过万人，一拖在 60～70 年代接近 3 万，70 年代末超过了 3 万。① 如此众多的产业工人怎样合理地安排才不至于造成拥挤和交通堵塞自然显得很重要。涧西工业空间的功能划分，使七个大厂矿集中在沿铁路、滨涧河一线，便于企业之间的合作，又使得居住的区域对应的一字排开，形成东西长而南北窄的空间结构。东西主要与区外相接，不是日常生活的主要组成部分，南北是工人通勤和日常消费的主要组成部分，南来购物，北往上班，南北窄使得工人便于安排生产生活，减少交通。直到世纪末，涧西区一直是洛阳市交通压力最小和交通事故最少的区域之一，直到今天，我们仍可以直观感受到涧西主要干道——中州西路的畅通与快捷。这一方面与涧西区空间功能较为单一有关，另一方面，也同合理的空间功能划分有关。② 解决城市拥挤最有效的途径就是把工业区、商业区跟居住区联系起来，平行排列，妥善安排，以便工人能就近（步行或骑自行车）上、下班，如果我们把大部分人都推到各种交通工具上去，公路就会不堪重负从而大大影响效率，并人为地造成交通的洪峰与断流。这种空间结构的合理性使每日通勤穿梭于其中的产业工人深受其影响，其现代性应当会相应提高。

洛阳涧西工业区空间划分，体现了英国社会活动家霍华德（E. Howard）"田园城市"的梦想。19 世纪末，霍华德根据英国大量暴露出的城市病，提出了关于城市规划与建设的思想，其思想反映在 1898 年出版的著作《明日的田园城市》一书中。③ 田园城市是"为了安排健康的生活工业而设计的城市；其规模要有可能满足各种社会生活、但不能太大；四周要有永久性农业地带围绕，城市的土地归公众所有或托人为社区代管。"田园城市包括城市兼有城市与乡村的优点，因此，包括乡村与城市两个部分。四周有永久性的农业地带围绕，城市居民经常可以得到新鲜的农产品供应；控制城市的规

① 见《洛阳拖拉机厂志》。

② 洛阳人民警察学校学员曾做过交通流量的调查，由于涧西南北车辆流量小，交通堵塞较西工区繁华段少得多。交通事故见洛阳市公安局事故科的记录。作为从事公安教育工作多年的教师，我了解许多人愿意或不愿意到涧西区当交警的理由。无论什么理由，涧西区的交通秩序好是公认和可直观感知的。

③ 1898 年 10 月第一版名为《明日：一条通向真正改革的和平之路》，二版起改名为《明日的田园城市》。

模，使城市居民可以方便接触自然。这种城市规划的思想对城市规模、城市布局、人口密度、绿化带等问题的解决有很大的借鉴意义，并对后来的城市规划理论产生了很大的影响，他的观点得到了刘易斯·芒福德的称赞，并对其进行了浓墨重彩的评述。①

此后，美国著名建筑学家伊利尔·沙里宁（E. Saarines）为缓解由于城市过分集中的弊病，他在霍华德思想基础上提出了"有机疏散"的城市结构的观点（1942年）。他认为这种结构既有符合人类聚居的天性，便于人们过共同的社会生活，而又不脱离自然。城市是一个有机体，其内部秩序实际上是和有生命的机体内部秩序一样生长的。有机疏散的两个基本原则是：把人们日常生活和工作的区域，作集中布置；不经常的"偶然活动"场所，不必拘泥于一定位置，则作分散的布置。日常活动的交通量减少到最低程度，并且不必都使用机械化交通工具，日常生活应以步行为主。往返于偶然活动的场所，较高的车速往返。他认为，不是现代交通工具使城市陷于瘫痪，而是城市的机能组织不善，迫使在城市工作的人每天耗费大量的时间、精力往返旅行，且造成城市交通拥挤堵塞。②

洛阳城市规划的设计者及其小组，特别是苏联同行或指导者是否受到这个设计思想的影响，我没有研究，这里不便评价，但洛阳涧西工业区的规划设计与沙里宁的观点却有异曲同工的妙处，就工业理性来讲，洛阳涧西区的空间结构是经典的。

（三）以工厂为纲的路网体系

传统城市虽然也有自己的路网体系，但传统城市的路网往往以城门之间或城门与宫门、府门之间的联络为主轴，道路的依据主要是行人与车马，道路的功能主要是城内的联络，对外是封闭的。而工业区的道路则不同，虽然也强调人的交通，但更强调机动车的交通，因此，对道路的要求有变化。工业城区的道路是开放的，虽然重视区内的交通，但不排斥区外的联络，因而是开放的。同时，工业伦理的道路体系不仅是道路，不仅将道路划分为人行道、非机动车道和机动车道，而且将城区电路、排水、通讯、绿化等功能吸收，形成新的路网体系内容。区别最大的也许是工业区

① 芒福德：《城市发展史》，宋俊岭、倪文彦译，北京：中国建筑出版社，2005年，第527~536页。

② （美）伊利尔·沙里宁（E. Saarines）：《城市：它的生长；衰退和将来》，（1942年）顾启源译，北京：中国建筑工业出版社，1986年。

的道路是以工厂为主轴。

工业区的路网密布，核心或基本依据仍然是工厂，最基本的道路是通往工厂，或由工厂通往周边。工厂是道路的起点与终端，工厂成为城市道路的纲领。工业生产，原料与产品运输及工人的通勤，要求建立四通八达、快捷有效的路网体系，这种路网体系，背离了传统城区以官府、市为核心的原则，并且以汽车为载体的公路交通也完全超越了传统城市的街巷那种以人和马车为主体，城市道路与建筑之间的比例低到了西方人认为不正常的程度的道路交通概念体系。它使得工业城市道路表现为：宽阔、平整、顺直、开放。工业区东西向的骨干路纬一、二、三、四路中，纬一路是厂与厂之间的货运路，纬二路是强调与区外联系的发挥综合功能的主干路，纬三路是客运路，纬四路是强调绿化、美化，兼具审美功能的联贯高校、设计院的所谓艺术路。作为南北向骨干的径路中，长春路、天津路、长安路、重庆路、武汉路都是直接通往厂门的，是径路中最为宽阔的，这充分反映了道路的经济功能。住宅区中的路网按当时的设计仍然与骨干路相通，深入骨干路的体系之中。由于人行道、绿化、照明等的要求，使得道路往往要达到 60 米的宽度。[1] 同时形成以四纬八经为骨架，横平竖直、经纬分明、纵横交错的路网。骨干路宽达 14 米以上，道路红线宽达 50～60 米；次干道 10 至 12 米，道路红线 30～40 米；街坊路一般 7、8 米左右，道路红线 25 米。道路在这里不仅发挥着交通的功能，而且还有着诸多其它的功能，一是绿化功能，路两侧街道树 42400 株。[2] 二是地上地下管线功能，路的两侧大约间隔 30～50 米矗立着水泥电线杆，承担着供电线路的功能，路下和路两边又是雨水和污水的排放渠道。三是划分城市空间的功能。纬一路划分了工厂区与环境保护区，纬二路划分了生活区与工业区，纬三路划分了生活区与商业娱乐区，纬四路则划分了科研文教区与商业娱乐区。众多的经路，则起到划分街坊的功能，几乎每一条经路都区分了不同的街坊。

---

① 华揽洪：《重建中国》，李颖译，北京：三联书店，2006 年，第 18 页。
② 洛阳第一档案馆，全宗 67 卷，第 1 卷，131 页，"洛阳市涧西区总体规划说明书"，洛阳市人民政府建筑委员会，1954 年 10 月 25 日。

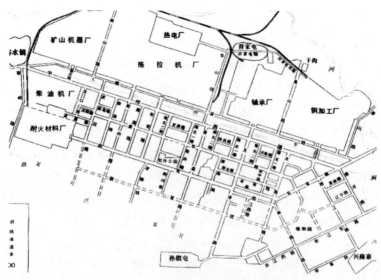

图3-6　涧西区的路网①

表3-5　洛阳涧西工业区道路修建②

道路建筑	时间	宽（米）	长（米）	绿化
纬一路	1954	7	5881	
纬二路	1956			法桐
纬三路	1957	7（两侧人行道宽各6米）	3784	法桐
纬四路	1956 1958	北车道，南北车道各宽10米，人行道3米 南车道，南北车道间绿化带15米	3397 3456	法桐等
延安路	1956 1958	北车道，宽7米，路肩宽各3米，南车道，两侧绿化带1.5米，人行道各3米	1267	法桐油松
经八路	1957	东西道各宽6米，人行道3.5米	207	其它
经七路	1957	7	1107	法桐
经六路	1957	7，路肩宽各3米、2米宽绿化带，人行4.5米	1106	其它
经五路	1957	中州路以北，各宽6米，车道间19.5米的绿化带，人行道各宽3.5米，人行道外各宽14.75米的路肩。中州路以南各宽7米，两侧各有21.5米宽的土路肩	1107	多种树木

① 来源：《涧西区志》，北京：海潮出版社，1984年。

② 根据洛阳市第一档案馆，洛阳城市建设委员会的档案和洛阳市建设局的档案中，1955~1958年工作总结编制。全宗67，（11卷，16卷，18卷）全宗65，（第5、21卷）。

道路建筑	时间	宽（米）	长（米）	绿化
经四路	1957	7，人行道各宽3.5米，	900	法桐
经三路	1956	东宽7米，西宽6.5米，中间为绿化带，人行各宽3～5米。	2307	多种树木
经二路	1956	7	951	法桐
经一路	1956	各宽8米，路间12.9米绿化带，中州路以北，宽7米	751	多种树木

（四）公共与环保空间的重视

工业城区空间的另一个特点就是其占相当比例的公共空间与绿色空间，这也是传统洛阳城所不具有的城市空间。老城的公用空间主要是街道、庙会、胡同、小巷，这只能说是半公共空间，虽然没有具体的数据支持，但老城区私人空间占据相当大的比例应当是没错的。绿化也主要是私人自家的事。这种私人空间占据优势的空间结构势必对居住这一区域的居民的社会观念产生深刻影响。

而就绿化和环境来讲，西方工业化初期对此并没有足够的认识，正如芒福德所说，那时，怕尘怕烟受不了噪声，是一种娇气，并且认为这是工业的必然代价，理所当然。另一方面，资本家对利润的追求，使得他们根本不关心，也不愿花费金钱与精力去考虑环境问题。对环境的关心是学者们的事，因此，工厂环境的状况是十分糟糕的。恩格斯在《英国工人阶级的状况》中有着这样的描写。在拥挤的城市，许多人是贫穷的爱尔兰人，他们住在狭窄、潮湿、阴冷、空气不畅的地下室。"晚上，鸡宿在床柱上，狗、甚至马也和人挤在一间屋子里面"。[1]英国早期的工人生活状况调查也印证了这一点。因此，工厂城市的发展是畸形的，没有章法的，混乱、肮脏，到处是垃圾和工业废料，贫民窟是那时工业城市的写照。也正是在这种状态下，西方人才反思工业给城市居住环境带来的危害，进而在空间规划采取措施的。

在中国沿海早期的城市中，即工业移民的来源地，其城市布局也没有足够

---

① 恩格斯：《英国工人阶级状况》，《马克思恩格斯全集》，第2卷，北京：人民出版社，1995年，第315页。

的环境空间与公共空间。当时的工业大多在沿海通商口岸，主权的不完整特别是城市主权的不完整，使得地方政府也不可能对工业区进行科学的规划。工人，作为无产者，生活在社会的最低层，其生活状况连同其工作环境都是十分悲惨的。

　　1949 年以后，中国政府在进行工业化时，不只是提高了工人阶级的地位，也重视其工作环境和生活空间。在工厂区确定后，卫生部就工人工作环境和生活空间的规划提出了异议，并希望通过一定的措施降低危害，这样，涧西区的绿带就规划了出来。这个绿带是很有想象力的，也是非常壮观的。从最西部的矿山厂到最东部的铜加工厂，在连接几大厂矿大门的建设路与连接住宅区的纬二路（中州路）之间宽 200 米，长达 5600 米的地带植树造林，形成一条绿带。以此将工厂区与住宅区隔开，形成对住宅的绿色保护，并绿化带的中间开挖了一条排污用的水渠。树木号称地球之肺，城市的绿带自然成为城市之肺，它对调节由于几大厂矿造成的环境、特别是空气的污染作用是巨大的。虽然后来（很可惜）随着建设的发展，建设与住宅用地的紧张，这条规划的绿带陆续被学校、辅助工厂、文化体育施设和居民住宅所占据。但这种空间结构得到保留，而这种空间设计、规划，后来成为空间的遗址，昭示着其深刻的不同于传统空间的含义。除了这种具有典型意义的绿带外，沿路绿化、沿渠绿化、沿河绿化、沿山绿化以及公园绿化、广场绿化、街坊绿化等等，将绿化作为空间去经营，反映了城市的现代性，也影响着人的现代性。对于这样一个社区，芒福德认为最好的名字可以是叫做"绿带城镇"①。

　　传统城市没有公共空间，传统城市的公共场所一般是庙会和街道，居民相聚在庙会和街道。中国传统城市缺乏公共广场与公共园林，因为并不需要它们，居民自己的私人庭院，虽小却开阔朝阳，他们更喜欢自家的庭院。

　　但是在工业区却不是这种情况，生产的组织性与社会化大生产改变了产业工人的生活方式，也塑造了不同的社会空间。在这个空间中，由于社会接触越来越广泛，公共空间迅速扩展，而私人空间则随着生产方式与生活方式的改变而变得狭小。住房是工厂的，如果将其纳入私人空间，那么这个空间人均仅有

---

①　芒福德：《城市发展史》，宋俊岭、倪文彦译，北京：中国建筑出版社，2005 年，第 528 页。

4 平方米。① 居民的居住空间十分狭小，成套的住宅往往被二到三家合用，住房的紧张使得许多过去为集体宿舍设计的住宅成为家庭住宅。这样水管房、厕所都是公用的，橱房设在走廊里，私人空间十分狭小。公用空间却是十分宽敞的，居民楼与楼之间相距 50 米以上，这对大部分是三层住宅的楼房是十分舒适的。楼与楼之间的绿树，是居民特别是孩子们活动的公共空间。在住宅区的公共空间之外，各大厂门前规划了广场，拖拉机厂厂前广场 4.85 公倾，轴承厂前为 2.05 公倾，矿山机器厂为 1.5 公倾，区中心广场 13.25 公倾。② 这些广场既是通道，也是工人集会或公共活动的场所。虽然实际的公共建筑由规划的人均 11.36 平方米降到了 7.1 平方米，但仍然超过了私人空间，而人均 10 平方米的绿化空间、人均 15.56 平方米的道路广场使得新建的涧西工业区的公共空间占据绝对的优势。除街坊外，道路广场、绿化、公共建筑等公共空间占据57.4%，街坊也基本上是公共空间，真正属于私人空间的仅是人均 4.5 平方米的住宅，与公共空间相比，这是一个微小的数字。这种公、私空间的转型与改变是耐人寻味的。

表 3 - 2　洛阳市涧西区人均用地定额规划及修改表③

项目	住宅街坊	公共建筑	绿化	道路广场	合计
规划	$33M^2$	$12 M^2$	$19 M^2$	$12 M^2$	$76 M^2$
修改	27.2 (42.4%)	11.36 (17.8%)	10 (15.6%)	15.56 (24.2%)	64.12 M2
实际		7.1	10		

（五）住宅空间与工作空间的分离与集中

城区住宅的统一规划是洛阳涧西工业区空间非常典型的特色之一。工厂的

---

① 按规划，涧西区人均住房面积近期 4.5 平方米，中期 6 平方米，远期 9 平方米。1955 年，《中共中央关于厉行节约的决定（一九五五年七月四日）》，（见《社会主义教育课程总文件汇编》，第一编，北京：人民出版社，1103 ~ 1104 页）和国务院电报，都要求在基本建设中贯彻 "重点建设，全面节约" 的方针，降低非生产性建筑和生活标准，以积累更多资金，加速社会主义建设。国务院电报指示，近期居住定额标准一律按每人 4.5 平方米计算，根据这一精神，洛阳涧西区的建设人均公共建筑由 12 平方米降到 7.5 平方米，实际由 9.9 平方米降到 7.1 平方米，人均住房减到 4.5 平方米，不考虑中远期发展，到 1964 年实际人均住宅不到 4 平方米。见洛阳市第一档案馆，全宗 67，第 1 卷，"洛阳市涧西总体规划说明书"，103 页；全宗号 67，第 13 卷，"涧西规划修改说明书"，"洛阳市城市规划修改计划"；全宗 4，第 83 卷，"洛阳市涧西区职工住宅的调查材料"。

② 洛阳市第一档案馆 全宗 67，第 1 卷，"洛阳市涧西总体规划说明书"，第 76 ~ 132 页

③ 同上。

集中导致产业工人生产生活的集中，而涧西区功能的纯粹同样导致了住宅区的纯洁：整齐划一的工人住宅区。这种整齐划一是由道路和街坊共同完成的，道路按主干道、次干道、街坊路编排，街坊则按同样的结构、同样的形式就位。它构成了涧西工业区不同于其他地方的一大特色。

《洛阳涧西区总体规划说明书》对"西方资产阶级城市自由竞争高楼与贫民窟的污水成沼、蚊蝇丛生疫病流行"进行了比较与批判。西方通过自由竞争形成的城市空间形成了鲜明的城市社会分化的特色，而功能区分则从属于社会的区分。恩格斯在《英国工人阶级状况》中对曼彻斯特新区做了这样的描述："东一排西一排的房屋或一片片迷阵似和街道象一些小村庄一样，乱七八糟地散布在寸草不生的光秃秃粘土地上。……街道既没有铺砌，也没有污水沟，可是这里却有无数的猪群，有的在小院子里关着，有的自由自在地在山坡上蹓跶。"① "私"街是一砖厚的尺房子，也算好在短期租约届满，一切归还地主以前要倒塌下来的。

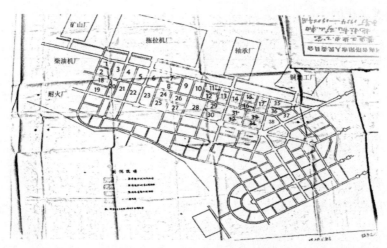

图 3 – 7　洛阳涧区工厂与住宅区域图②

街坊如图所示，由西向东 1～76 个街坊整齐规则的排列，空间结构皆为方形，这种空间结构一致、建筑一致的街坊的意义不仅在于工业移民的集中——由此而产生的归属感、认同感而排拆来自不同地域所产生的隔离，更使得街坊

---

① 恩格斯：《英国工人阶级状况》，北京：人民出版社，1956 年，第 53、96～97 页。

② 洛阳第一档案馆，全宗 3，第 268 卷，街坊号码及厂名是笔者根据档案中另一张图（由于手绘很粗糙）填上的。

的位置成为一种社会识别和话语体系。在整个涧西区,人们以1路、2路、8路来标识横向的道路,以几号街坊来确定空间位置,涧西区外的人们,包括洛阳老城和西工的居民们一般不清楚其空间位置。由于居住是以方便生产生活进行的划分,即以所属工厂的位置进行的划分,而不是以贫富或社会、政治、经济地位的高低进行的划分,因此,这些以阿拉伯数字标注的街坊又有了另外的意义,人们只需要了解其居住的街坊,实际上就基本了解了其所属的工厂,空间位置成为了一种社会识别。但一旦纳入了这个体系,就更加强化了其认同感与内聚力,这些由空间造成的特征和社会、经济、文化的因素相混合,构成了涧西区工业区的生活面貌。整个城区10万多人,[①] 以这种统一、集中整齐的方式居住。

划分街坊的道路如图所示,横平竖直,经纬分明,将城市空间,特别是生活空间划分成一个个矩形的街坊,这里我们可以看到北魏在洛阳形成的里坊制的影子,看到传统都市的方形的棋盘式的整齐划一的空间结构。

最后这种空间结构反映着工业理性与审美。从上述以大厂为中心、重视公共空间,到以效率和成本为依据的道路面积与功能划分,特别是街坊的规划整齐划一,无不透视出工业社会标准化、规范化的价值与审美趋向。这一切与老城区的空间形成了鲜明的对比,这种不同场景、不同道具、不同舞台更加显现出涧西工业区(相对于传统城)空间革命的结果。在这里,我们第一章所述的传统洛阳城区的特色,除端直的道路与轴线的运用外,其它都已被革命,洛阳也因此成为内外兼修、地地道道的工业城市。

三、工业空间结构对洛阳城市空间的塑造与影响

(一)塑造了洛阳市工业城市的空间结构

涧西工业区的空间是以工厂为重心的空间结构,这种空间结构不仅有使用功能,而且还有一种象征的功能。空间功能与所象征的社会价值结合成一体,成为城市文化体系的重要组成部分。空间的象征价值对社会活动的分布有三个方面的影响:凝聚作用、恢复作用和抵挡作用。空间可以与一些社会价值结合成为影响社区内社会活动独立的变量。工厂空间通过本身的象征和社会价值,使其成为维持居民的向心力,进而促进了工厂区内社会的稳定和团结。空间可

---

① 洛阳市第一档案馆,全宗3,第263号,"洛阳市涧西区人民委员会(民政字第6号),有关行政划分几个问题的请示",称涧西区目前1955年已近十万人口,预计在十、十一月分可能达到12万人。1973年,涧西人口达168777,见《洛阳市涧西区志》,北京:海潮出版社,1990年,第366页。

以成为一种工具，让共有某种文化或价值的人群居住。以强化归属感。①

这种空间遵循不是自由竞争所形成的区位序列，如同麦吉斯同心圆模式所描述的那样，也不是传统空间规划所形成的社会阶层彼此隔离的模式。这两种模式虽然在根本上有着很大的不同，但相同的是，最好的空间地带被竞争中的胜者富人或权利的掌握者官僚所占据，社会下层人的生活空间被极大地忽视。有钱或有权可以享用较大的空间，而一般市民和劳动者则只能在人口稠密、交通拥挤、环境恶劣的空间居住生活。城市空间的分配是不平等的。

涧西工业区的城市规划、街道的铺设和空间的使用不是满足帝王的权力，不是象征统治阶层的至高无上，不是应合"礼"制的需要，不是资本自由竞争的结果，而是工业生产的需要，是更有利于生产生活，"为了建社会主义工业城市"。涧西工业区整体规划在空间上体现的是工业理性与审美伦理。这种从满足政治权威向满足经济发展、满足工人、居民需要的转移，以空间这样一种非语言文字符号象征的形式体现出来，供人们认识与品味。旧空间秩序不再是神圣的，它应该让位于工业建设，让位于工人生活生产的需要，让位于公共事业。规划是为居民的劳动、休息、生活和文化活动创造最便利的条件，因此就必须有远大的社会主义思想和对居民，首先是对劳动人民服务的高度关怀，以政治经济的头脑与艺术的技术社会性相结合，将一个古老而陈旧的消费城市建设为一个经济适用美观的社会主义工业城市。②

（二）促进洛阳市城市空间结构的现代变迁

洛阳涧西工业区空间结构的建立，完成了由传统农业社会向近现代工业社会在空间上的跨越。在传统的城市中工业化，一般是通过对旧城市的改造、更新进行的，通过旧城区大大小小的手术，对传统农业文明的城区进行置换，最终完成传统空间向现代空间的跨越。正如哈威所论述的那样，人造环境的特点就是其存在的长期性，要改变它比较困难，在空间上是不可移动的，而且经常要大量投资。因此，这是一个逐渐过渡的过程。而洛阳涧西工业区则撇开了旧城区，新建一个工业城区，将复杂的问题简单化，在短短的十几年、甚至几年间，一步完成了传统空间向现代空间的跨越。这种空间结构不但自身趋于合理适用，而且为将来的发展留有红线，留有余地。这是一种以强大的工业和资金

----

① 蔡禾：《城市社会学》，广州：中山大学出版社，2003 年，第 49～53 页。
② 洛阳市第一档案馆，全宗 67，卷 1，"洛阳市人民政府建设委员会工作 1954 年总结"，1955 年元月，第 18 页。

做后盾，以科学的理性为依据构建的现代的城市空间结构，其意义超出了空间建构的本身，客观上形成了对旧城区的示范。后来涧东的西工区、老城区的规划建设与改造"是在涧西规划示意图的基础上，进行修改补充形成的。"①　同时，空间结构也参照涧西模式，西工地区工业布置基本上和涧西相同，顺陇海铁路自西向东布置了棉纺织厂和玻璃厂，从东站接一铁路专线，数厂共用。设置在老城区的建机厂和印刷厂也一样，工厂在北，生活区在南，中间有防护林带，各厂住宅就近结合，与厂区平行发展，便于职工上下班。道路也以主干道，艺术大道和货运道及街坊路区别，市中心建设广场和绿化区，处处显示着"涧西版本"的特征。由于城区位置、自然条件、特别是功能的不同，这种临摹不一定都很成功，有许多地方是值得商榷与推敲的，但这种神似与形似的某种结合，却形成了以后发展的西工区甚至整个洛阳市空间结构的特征。因此，从这个意义上讲，工业城区的构建又是示范性的，为旧城区的改造提供了一个可供参照和效法的榜样，这不仅是对洛阳的旧城区，对其它旧城区也同样。通过这种示范，使旧城区杂乱无章的城市空间趋于合理化。空间成为模仿的榜样。

（三）加强了居民的城市意识和公共意识

如上所述，洛阳老城等传统城市不重视公共空间，私人空间较为发达，而涧西工业区是按照新的工业社会的理念设计建设的，在计划经济时代，其公共空间更是得到了前所未有的重视。公共空间的扩大是工业革命以来现代城市发展的一大趋势，公共空间的扩大，使公共秩序、公共规则等一整套现代城市的规范系统产生并发展起来。城市是大家的，在公共空间中必须要考虑到社会需求，通达快捷的交通建立在遵守交通规则的基础上，干净整洁的街道建立在遵守公共卫生的基础上。公共领域是大家的要靠大家来维护，这些看似简单的理念，在老城区，在以私人空间占据优势地位的区域却不一定那么简单。在老城区的车速远远比不上工业区，这主要可以归结为道路状况，但与道路状况相关的还有现代城市意识与公共意识。交通规则的遵守都是以尊重公共空间的理念产生的，空间条件会影响到市民的公共意识。

城市建设应当以公共空间为主，私人空间应当遵守某些规定。"住房建筑不能侵占公用空间，妨碍公共设施或阻碍交通"。②　新区相对街巷宽阔得多的

---

① 洛阳市第一档案馆，全宗67，"洛阳市城市规划概况"，第80页。
② 史明正：《走向近代化的北京城》，北京：北京大学出版社，第94页。

公路，两边预留的红线即体现了现代城市的发展眼光和长远打算，也告诉人们必须为将来可能的工程保留余地。红线内的土地是不能占据的，一切新的工程必须向建筑权力机关提供详细的建筑计划，以取得认可才属合法。总之，这些空间的结构及其规划告诉人们，个人利益必须服从公共利益，公共利益必须服从国家利益。这在公有制和计划经济条件下，显得尤为突出。

宏大的、多处的公共空间为人们提供了一个场所，使涧西工业区比其它城区更有可能借此以群众集会的形式表达其对政治信仰、价值理念的追求和社会的舆论。尽管这在 20 世纪五六十年代是以一种从上至下的方式灌输和宣传的，但广场作为人们集会的空间，成为培育新世界观并以此达到统一的重要场所，承担了城市社会整合和提高认同感的功能。

此外，公有用地、广场、公共设施、道路、城市景观等本身的公共性和所象征的各种社会价值，成为维持社区成员向心力，成为促进工业区居民的交流、沟通、认同的教具。无论是来自华东，还是来自东北，无论是来自广州，还是沈阳，在空间上大家没有社会的分异，不以中心与边缘进行移民地域的划分，没有空间地位的差异，由于生产的需要，由于工厂的归属与上下班的方便，大家混居在一起，成为邻居或街坊，更由于大家共同享有一个街坊、一个通道，一片绿地，一个广场，拥有同一个商场，进同一个合作社、理发店，在同一个菜市场买菜，享受同一条供水供电系统等等，使人对同一空间产生了归属感与认同感。由于这种空间能满足居民社会生活中的各种功能需求，也为了使空间的这种功效最大化。这种归属感与认同感同单位制的整合共同作用，并得到不断加强，促进了社区内社会的稳定和团结。因此，涧西工业区这种整体空间设计与构成成为一种工具，形成了工业区居民共有的文化或价值，形成了空间边界。而这种边界反过来又加强了内部的整合、认同与归属，使得不同地域的工业移民没有产生其它一些地方所产生的那样强烈的文化上的隔阂。这也不是简单意义上的空间的接近就能形成社会互动那么简单的解释，尽管空间的上的接近是人们某种价值的重要体现，是人们之间社会互动的必要条件。①

（四）提高了空间运用的效率

洛阳涧西区空间结构的另一个影响就是效率。效率一是体现在合理的功能划分，以降低行动成本，住宅区职工的就近居住正是这种逻辑。二是要通达顺畅，这既要求交通方便，道路体系完善，又要求路径的直线化，以节省运行时

---

① 蔡禾：《城市社会学》，广州：中山大学出版社，2003 年，第 49～53 页。

间。直线对物质、能量和信息的流动是高效的，现代社会，无论是公路、铁路、排灌渠或是通讯线路，都追求直线。这与传统观点是不同的，天人合一、效法自然是中国人根深蒂固的观念，传统的风水说除了追求气脉的完整性和连续性外，还追求曲折和起伏。无论是山脉、水流或是道路，都以曲折起伏为妙，只有回环曲折、跌宕起伏，才会产生生气，才会蓄积生气。这是有科学道理的，以水流来说，曲折蜿蜒的形态除了有其美的韵律外，至少可以增加物质的沉积，有利于生物的生长，减少水灾等等。但是这种传统的审美理念在效率的追求面前都被拉直了。四通八达、横平竖直的道路反映的正是工业审美伦理，因此，拉直的背后自然是工业理性在支撑。三是道路体系的要求，这是一个城区效率的体现。公路系统对人们的居住生活产生了更大的影响，它使城市社区之间、城市与周边乡村之间建立了更为密切的联系，使经济生活进入到更为纵深的地区，过去相对分割的区域因为公路联系起来，这大大提高了生产运输、产品供应（销售）和社会交往的频率与效率。

第四章

景观的城池化与城市化

撇开老城建新城，使洛阳的旧城得以保留，新城则可以放手按照工业化的需求进行规划建设。这样，洛阳由于工业建设形成的非典型的城市空间，却有着两个典型的城区空间结构。一个是传统城池的遗产，保留了传统城池空间的结构与面貌；一个是工业城区的创建，以工业伦理与审美，开拓了新的城市空间。两个城区空间的分立、共生、对比构成洛阳城市的一大特色。结构是内在的，外在的是建筑景观，建筑景观加强了内在结构差异，内在的结构反过来更加加强了景观的对比，这是城市空间可感知的最为生动的一面。

如人们所熟悉的传统的城市与工业化的城市其区别是显而易见的。而将这两个城区溶入一个城市却是洛阳的特点。与北京、西安、南京、开封等古都和"一五"期间重点发展的成都、太原、武汉等历史文化名城市不同，建国以后，洛阳的城市建设不是以老城市为中心进行改建扩建，而是"撇开老城建新城"，在西距洛阳城8公里之外建设了一个新的工业基地的洛阳，形成了所谓的"洛阳模式"。这在建国初期的城市建设中是一个不多的范例。其原因一是洛阳自古就有移城新建的传统。洛阳历史上大的遗址有五个，这一点同开封的"城摞城"不同。二是洛阳虽为古都，但在经济中心东移、沿海开埠和行政地位下降的共同影响下，已经衰败。城池很小，边长只有1400米，[①] 城区人口仅6.7万人。[②] 旧城改建难以规划，同时又有拆迁困难。三是正因为洛阳历史上有移城重建的传统，因此，城市的扩建将遇到文物古迹的保护问题。这是一个无法两全的问题，因此，撇开老城建新城是明智之举，梁思成的建议在北京没有开花，在洛阳却结了果。从某种意义上讲，我们的古人，即传统造成

---

① 洛阳市规划区原状图（1954年实测图）、老城图（1971年洛阳市测绘洛阳市万分之一地形图）
② 洛阳市城市志编纂办公室编：《洛阳历代城池建设》，第46页。

的文物古迹迫使尊重历史文化传统的今人将新城移到了文物古迹保护相对较小的洛阳涧河以西建设。① 依托老城新建工业基地，老城没有废弃，这样使得洛阳有了二个城区，中间相距8公里。洛阳又一次成为一个复合的城市。关于复合城市，章生道认为有五类，一类是为达到各族隔离而筹建的，如北京。第二类是在河流或运河的两岸沿河集合城市，如武汉、襄樊、重庆等等。第三类城市是由省府或府县两级衙门构成的复合城市。不留首县的衙门，这里需要做一些解释，中国王朝一般的管理方式是等级高的官府设在兼做等级低的地方首府之中。这样，省会也是府城或县城，几乎所有的府城都兼做县城。但也有例外，如凤阳府、惠州府等。第四类是一个行政城市及其商埠组成。如汉口与汉阳，光化与老河口等。第五类是由于城址变动造成的。出于各种原因，放弃一座作为行政首府的城治，而在附近另选风水宝地构筑新城。在两个聚落留下来成为现有城市的地方，成为双子城，一"新"一"老"，一个是首府，另一个则不是。② 洛阳的情况多少与上述四、五类有些区别，因为两个城区不是一般意义上的"新"、"老"，而是存在着巨大的差别，一个是工业社会的城市或按照工业理性建设的城市，另一个则是农业社会遗留的传统城市。从经济类型、社会构架、城区建筑物理环境、城市主体居民及其社会心理二者都有着明显不同，"二元"正是这个城市的特征。这种二元不是一般意义上"城"与"市"或乡与城的二元③，而是工业社会城区与农耕社会城区的二元，两个相对独立的、自成体系的城区，一个传统的，一个工业基地的。二元有两极对立的意思，以这样的角度分析，更能展现洛阳空间城市化的过程与特色。

一、传统城区建筑景观的特点

（一）残破的城垣，失修的沟壕

直到洛阳涧西工业区开始建设的1954年，洛阳仍保留着残破的城垣，"现城周为土垣，垣外为3～4尺深的壕沟，宽约十余公尺，"④ 从外部进入洛阳城的第一景观就是残破的城垣。明代修的城垣，李自成攻克洛阳后被毁掉，清朝初年，又加以重修，在清朝二百年间，曾有七次大型修缮，垛堞峻立，坚葺可观。在1939年国民革命军第一战区司令部以"坚壁抗战，便于以后反攻克

---

① 洛阳历史上还没有城池建设建在涧河以西，尽管这里修建过供玩赏的园林。

② 章生道：《城治的形态与结构研究》，王嗣军译，施坚雅：《中国帝国晚期的城市》，北京：商务出版社，2000年，第84～111页，第100～103页。

③ 何一民：《农业时代中国城市的特征》，《社会科学研究》，2003年第5期，第124页。

④ 洛阳第一档案馆，全宗67，第10卷，"洛阳城市建设参考资料：洛阳概况"，第250页。

复"为由下令拆毁①。土垣是在旧城墙的遗址上由国民政府河南省第十专员公署征集10万多民工修建的，目的是为了阻挡人民解放军解放洛阳。② 尽管热兵器时代，城墙的防御作用已大大下降，特别是一战时期堑壕的阻挡和杀伤力，已经使城墙落伍。但在中国40年代的战争中，城墙仍然是防御体系中的重要一环，围绕城墙展开的激战是惨烈的，这也造成了城墙的破坏。但城墙进入新中国后，已经失去了其军事意义，因此，残破的城墙和失修的沟壕成为景观中的一道特色。（城门外的吊桥更是标志性的景观之一。永久性桥梁的修通，宣告了吊桥的终结）

图4－1　上世纪三十年代的洛阳城③

图4－2　1939年航拍的洛阳城④

---

① 洛阳市建设志编纂办公室编："洛阳历代城池建设（初稿）"，第43页。
② 洛阳第一档案馆，全宗旧（3），第13卷，
③ 来源：洛阳地情网。http：//www.lydqw.com/Article/Detail/268。
④ 来源：洛阳博物馆。

图 4-3　老城区鸟瞰图①

（二）有价值的、有意义的纪念性建筑

20 世纪 50 年代初，由于战争，洛阳城内传统意义上有文化价值的建筑已经不多。建于明代的福王府，清代河南府在抗日战争中被炸毁。解放战争的炮火使得一些建筑遭到不同程度的破坏（洛阳两次解放）②。钟鼓楼、城隍庙、文庙、关帝庙、孔子问礼碑、文峰塔以及山陕会馆和潞泽会馆等等建筑却得以保留，这些遗存构成了洛阳历史文化的容器和记忆。这些建筑通过各种艺术形式、各种神物形象，把封建统治者自身脆弱的能力同这些神物的强大联系起来。③ 那本是是统治者的精神工具和归宿，也曾经左右着市民的文化心理并成为精神依赖。庙里供奉的神，既是一种神化的自然力量，也是死人的鬼魂或者先人的灵魂。④ 但这些纪念建筑已被它用，如城隍庙成为县政府，潞泽会馆成为监狱，山陕会馆改为中学，安国寺成为一中的校址，昭示着这些由旧传统留下来的文化符号体系所象征的意识形态的瓦解。但庙会却以商业的形式留传下来。庙会有些类似现代的公园活动，融文化、商业、社会和娱乐活动于一体，通常是每年、每季或每月一次，有的甚至更经常一些。人们前往庙会购买东西，交换百货，会见亲朋，观赏各种演出或传统戏剧，品尝各种各样的地方性小吃和土特产品。⑤ 有些庙成为商店，如位于十字街附近的"火神庙"，后来

①　来源：《洛阳建筑志》，郑州：中州古籍出版社，2003 年。

②　邱行湘：《洛阳战役蒋军被歼纪实》，《洛阳文史资料》，第三、四辑，第 118~136 页。

③　芒福德：《城市发展史》，宋俊岭、倪文彦译，北京：中国建筑出版社，2005 年，第 71 页。

④　程艾蓝（Anne CHENG）：《中国传统思想中的空间观念》，《法国汉学》（人居环境建设号），林惠娥（Esther LIN）译，北京：中华书局，2004 年，第（3~11）5 页。

⑤　史明正：《走向近代化的北京城》，北京：北京大学出版社，第 135 页。

就成为老城最大的老集商场。①

图 4 - 4　定鼎堂②

图 4 - 5　建国前的洛阳老城 ③

---

①　《洛阳市·商业志》，郑州：中州古籍出版社，1990 年，第 90 页。《洛阳建筑志》，郑州：中州古籍出版社，2000 年，第 17 页。

②　丁一平摄。

③　来源：洛阳地情网。http：//www.lydqw.com/Article/Detail/268。

图4-6 周公庙①

图4-7 潞泽会馆②

（三）店铺林立与商幌招展

不论从哪个城门进入洛阳老城，沿城门直行，就到了洛阳的商业中心十字街。这里有着典型的传统城市的繁华与喧嚣。"城内东、西、南、北四条大街，各业商铺，鳞次栉比。"饮食和生活服务店铺多设立在十字街的周围，③南北大街多为京广杂货、绸缎、布匹店铺；东大街则以古玩文物商店为多，西大街是交通要道，集中了较大的饭店、旅栈、照相和浴池行业。④此外南关一

---

① 丁一平摄。

② 来源：丁一平摄于2005年10月。

③ 董存熙：《近代洛阳商业漫谈》，《洛阳文史资料》，第二辑，第35～40页。

④ 《洛阳市·商业志》，郑州：中州古籍出版社，1990年，第17～18页。

带也非常繁华。招牌抢眼、商幌招展、车水马龙、人烟辐凑。十字街以外，老集、东、西、南三关一带也是行栈林立，交易频繁。东关是进入洛阳的东大门，骡马行、车行、铁器、杂货等聚积形成闹市，西关土布、棉花、山货土产云集，南关最为繁华，贴廓巷、马市街一带成为豫西的"超级市场"，车马喧嚣、人声嘈杂，"小商贩沿街串巷，叫买声不绝于耳，"行人"更是熙熙攘攘，摩肩接踵。"① 但总起来说，洛阳仍处在传统经济的汪洋之中。虽然有铁路，也有人通过铁路发了财成了富翁，② 帝国主义的入侵使洛阳的商业也受到了冲击，如"五四"运动时，仅毁掉的日货招牌就有3700块，③ 这反映了帝国主义经济入侵的影响。但这些对洛阳传统的经济并没有决定性的影响。建国后，中国共产党把消费性城市建设成生产性的城市的方针虽然发生了一些变化，但洛阳没有质的改变。在城池内的市民仍然以传统的手工业为主，传统的手工业与传统的商业又是一对孪生兄弟，前店后场式的生产销售模式是主要的类型。手工业的生产主要满足市内居民的需要，市内没有多少工业气息，商业主要是转运和店铺业，铁路运来的商品虽然早已进入洛阳市场，但土特产占了很大的比重。老人们津津乐道的记忆中的繁荣景象，和一些饮食服务业有关，如"真不同"、"万景楼"、"合盛栈"等等。

图4-8　老城西大街④

---

① 董存熙：《近代洛阳商业漫谈》，《洛阳文史资料》，第二辑，第37页。

② 马宗申口述、马玉骏整理：《我所知道的"梁财神"》，《洛阳文史资料》，第二辑，第61页。

③ 郭勉之遗稿、谢琰整理：《"五四"运动洛阳动态纪实，》，《洛阳文史资料》。

④ 来源：丁一平摄于2005年4月。

图4-9 1960年代老城街道①

图4-10 街道景色②

---

① 根据2009年10月建国六十周年洛阳图片展旅游局提供的图片翻拍。

② 洛阳信息港——洛阳BBS → 社会关注 → 史话河洛 → 河南府，http：//bbs. ly. shangdu. com/ dispbbs. asp？ boardid = 37&Id = 1703782&page = 3

（四）有人气的大街与回转的小巷

图 4 - 11　老城的街巷①

　　沿街进入小巷，却是另一番景色。洛阳老城旧有"九街十八巷七十二胡同"的传说，据建国前调查，洛阳约有 138 条道路。② 胡同、小巷并不取直道，而是取法自然，曲折蜿蜒，狭窄而宁静，对此，在老城长大的姚先生曾以非常怀旧和留连的语气导出了他对这一景观的看法。"沿巷的街房屋高低参差，建筑材料和屋顶外形都稍有不同，门窗装饰也各有特色，每条街道都不一样，有自己的特色。特别是许多巷中从院墙中伸出的古槐，更显得有韵味。"胡同仅为行人设计，大点的街巷照顾到了车马，除南大街外，其他小街背巷无排水设施，道路结构除少数碎石煤渣及个别水泥路面外，大部分均为土路。③巷子狭小、曲折、安静幽深，间或有树木从院中伸出。街巷的命名也有着文化意义。或以官府机构的位置命名，如府前街、法院街；或以礼义命名，如敬事

①　来源：丁一平摄于 2005 年 10 月。
②　洛阳市城市建设编纂办公室编：《洛阳历代城池建设》，第 45 页。
③　洛阳第一历史档案馆，全宗 67，第 10 卷，"洛阳概况"，第 250 页。

街；或以市场功能命名，如马市街；或以居民主体命名如丁家街、肖家街；或以地理环境命名，如贴廓巷。由于居住的相对宽松，特别是生活方式的特点，使得公共领域并不发达，宅院门口及附近的路段是他们日常交往的范围，再大些就是井边，几家、甚至一条街共用一眼井或几眼井。"街道不仅是交通空间，也是特定社会阶层所需要的社会交往空间，而许多现代街道已经丧失了这一古代的功能。"① 胡同和小巷是旧城区居民联系和交往的地点，是半私密的空间。因为巷子虽然不是私家宅院，却基本上是由熟人社会构成，陌生人的闯入会受到特殊的关注。因此，"小巷中很少有现代街道所常有的犯罪和其它问题。"② 巷子是富于人情味的，不仅仅是因为它是由熟人社会构成，而且也因为其空间构成的透婉曲折、回复有情。沿街巷看到的是大屋顶的密集、低矮的错落有致的天际轮廓，同皖南马头墙形成的天际线不同的是，洛阳老城的街景没有高大的山墙阻挡，而是山墙与山墙相借形成的错落。这反映着不同的地方特色。

（五）私家院落

进入私家院落则有着很浓的生活味道。洛阳民居也是以四合院为主，洛阳的四合院同北京或天津的也许有些不同③。地基一般略高于街巷，院落一般显得很长，特别是南关一带，院落较深。但四合院传统等级的象征则丝毫没有偏离，正房、厢房、倒房的居住者不是随便定的。反映着尊卑长幼和家庭、社会地位，这正是一种礼。城市的绿化中自家院落中的绿化占了很大的比重。私家院落的空间大小、建筑结构、建筑材料与家庭的社会地位、经济状况有很大的关系，但"民居大部分为土墙瓦面，部分地尚有窑洞，……抗日时为了防空，街道及住宅内大多数均有地下室，一遇久雨有塌陷。"④ 洛阳的茶楼并不发达，婚庆也多在自家院中进行，但庙会、集会和一些庆典活动往往构成公共活动的空间。

总之，传统城区的洛阳完全是一幅传统农业文明语境中的城市景观。如果以此为基础，进行景观的城市化是需要一个过程的，然而洛阳却在 50 年代末期迅速开始了景观城市化的过程。这正是因为工业建设以及所形成的工业城区使得洛阳在短期内迅速提升了景观城市化的水平，并开始了传统城区向现代城区的靠拢与过渡。

---

① 史明正：《走向近代化的北京城》，北京：北京大学出版社，第 99 页。
② 同上。
③ 刘海岩：《空间与社会：近代天津城市的演变》，第 302 页。
④ 洛阳第一历史档案馆，全宗 67，第 10 卷，"洛阳概况"。

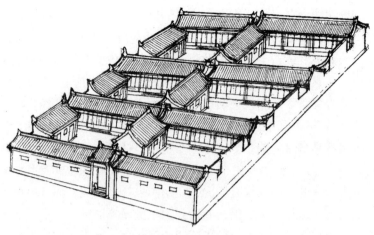

图 4 – 12　传统民居①

二、涧西工业区景观的城市化趋势

（一）宽阔笔直的街道

柏油马路也许是城市化景观中最有代表性的景观之一。工业文明的城市道路承载的是机动车，汽车的运行需要的是平整、硬化、防水、宽阔、通畅、视野开阔，甚至为了夜晚的快速运行而灯火通明的公路。公路和汽车所要承载的不仅仅是人，更要承载和运送产品和原料，因此，为反映工业科技的理性，达到快捷通达的目的，于是宽阔笔直、通达成网络的公路系统成为景观城市化中最重要的内容之一。一个城市景观城市化的水平往往可以从公路的状况及其网络的密度窥一斑而见全豹，景观城市化程度较高的城市必然是道路体系发达的城市。而我们从传统城市中为人、马车通行的道路的狭窄拥挤中，从其为适应现代城市发展而进行的拆房扩路的外科手术中更能体会到公路在现代城市中的作用。不仅仅是公路，由公路系统又发展出与之相关的城市设施与城市景观系统。为夜间通行的路灯，方便而安全的供电线路，两侧的排水体系、绿化体系，为交通管理而设置的各种信号灯、斑马线、指示牌、以及公交车站等等这些共同构成了直观而立体的城市化景观系统。

我们可以比较第二节中涧西道路图和老城地图。从"涧西道路图"中我们可以看到，整个区域道路笔直的状况，交叉路口也大都是垂直的，几乎没有弧形的弯路。最为典型的是中州路，一条直线贯穿整个涧西，建设路和洛阳人

---

① 　来源：《洛阳建筑志》，郑州：中州古籍出版社，2003 年。

称之为2路和8路的纬三路、纬四路也基本类似，一条直线下来，八条主要南北向交通的径路，虽然比纬路稍窄一些，但一样的笔直、宽阔，给人以通达的感觉。路两边留有人行道并通过红线预留有扩张的空间，使道路显得更加宽阔。这种笔直宽阔的道路不仅在景观上不同于老城区的街巷，在功能上也有着明显的扩展与区别，在文化符号上更有着意味深长的含义。

图4-13　具有时代特征的街坊①

"街"与街道、街市相连。街道，《现代汉语词典》的解释是"旁边有房屋的比较宽阔的道路。"街市则是指"商店较多的市区。"巷，指"较窄的街道"。道路则强调的是人车交通的通道、途径，不管两侧有没有建筑，只要人车可以通行都可称之为路，而街则两侧一般要有商店或房屋。因此，路强调是一种人流物流的通达，"通"的功能更重要，其背后折射的是对效率与速度的追求。

在新工业区，路不仅仅承载交通的功能，而且还有其它诸多的功能。一是绿化功能。路两侧种树，据洛阳市涧西区总体规划说明书，仅街道树需要42400株。② 树起到绿化的作用，是城市绿化的重要手段。树又有保护道路和车辆行人的意义。二是地上地下管线功能。路的两侧常常是在树间，大约间隔30～50米矗立着水泥电线杆，车辆的道路同样也是供电的线路，纬一、纬二

---

① 　http：//bbs. ly. shangdu. com/read - htm - tid - 3006915. htm
② 　洛阳第一档案馆，全宗67卷，第1卷，"洛阳市涧西区总体规划说明书"，洛阳市人民政府建筑委员会，1954年10月25日，第131页。

路等路的路下和纬四路等路的两边又是雨水和污水的排放渠道，道路同时附带着市政管道的功能。三是功能划分的功能，即划分城市空间的功能。在涧西工业区，公路完成了空间功能和社区的划分。纬一路划分了工厂区与环境保护区，纬二路划分了生活区与工业区，纬三路划分了生活区与商业娱乐区，纬四路则划分了科研文教区与商业娱乐区。众多的经路，则起到划分街坊的功能，几乎每一条经路都区分了不同的街坊。

街、路的区别不只是一般文字意义上的，他们更有着不同的象征，从深层意义上讲，他们代表着不同的符号系统。街是商业符号，无论是大街小巷，都同人文、人气相连，没有人气的街巷是没有生命力的。而道路则是强调其交通的意义，似乎更从属于工业与现代商业城市系统，它可以没有繁华的街市，没有人气，但必须快捷通达。它可以有繁华的街市，但交通是第一的。因此，路的两旁虽有建筑，但这些建筑可能与商业、与买卖、与人气毫不相干。这些道路和街巷又同其名称相互结合构成了更为不同的符号系统。传统的街巷的命名多与以下有关，如居民、商业等等，而现代的道路则更大气、更包容。如纬一路、经三路，不仅标志着方位、坐标，更与宇宙的某些概念相连。而长安路、太原路、天津路、长春路等等则与居民毫无关系，而是更有着一种大中国的符号象征。街主要是人行的，而路则主要是车行的，虽然路的两侧有人行道，但人行是不需要这么宽阔、这么耗资的路基和投入的。因此，从路的这种设计与投入我们完全可以说路的主体是车，而街的主体是人。

这种区别是意味深长的。我们仅从这种符号就大致可以区分其空间，进而区分居民的归属。这种符号与象征系统对居住在这里的产业工人和传统市民有着深刻的暗示与意义。但是如果我们从景观城市化的角度来看，无疑道路体系完善的工业区更具现代性。

（二）高大的厂房，高耸入云的烟囱

新工业区景观的第二个显著特点是高耸的烟囱和巨大的厂房。高大宽阔的厂房是工业化的产物，它同产业工人相联系，同机器生产、组织化专业化生产相关联，因而是工业化、城市化的重要标志。城市就是为工厂而建，工业、工厂是城市的支柱。因此，厂房代替传统的街市与宫殿成为景观城市化的重要标志之一。

图4-13　洛阳矿山厂厂房①

图4-14　洛阳拖拉机厂大门②

图4-15　洛阳涧西区厂房及住宅鸟瞰③

高大的烟囱同巨大的厂房有着某种必然的联系。在煤炭作为能源的时代，

---

① 来源:《洛阳矿山厂志》。
② 来源:《洛阳拖拉机厂志》。
③ 来源:《洛阳建筑志》，郑州：中州古籍出版社，2003年。

工厂的动力来自于煤炭的燃烧，而煤炭的燃烧必然要通过烟道助燃与排放，因此，烟囱成为动力的象征、工厂的象征，甚至成为工业的代表。于光远先生在为陆定一的儿子陆德写的"陆定一保护故宫"一文的推荐文章中写道："有次毛泽东和彭真在天安门城楼上，毛泽东用赞美的口气说：'将来从这里望出去，全是高烟囱。'"① 毛泽东是否说过这样的话我们不去考证，但高烟囱代表现代工业成为赞美的对象却是可以证实的。"烟囱林立"作为褒义词经常出现在描写现代工业的文章里，洛阳著名的散文家华实曾写过这样的文章赞美洛阳："宽阔的街道纵横交错，厂房高大，烟囱林立"；洛阳另一位作者刘金魁在其文学作品《洛阳礼赞》中也写道："高楼大厦，鳞次栉比，烟囱密布，笔竖林立"，"我爱洛阳，更爱涧西区，我要为这儿的每一红楼、每一条柏油马路，每一个烟囱，每一棵树，唱一支赞美的歌。"② 两位作者的文章都是在1960年代初写的。洛阳著名的书画家也以更直观的绘画反映烟囱林立的场面，那时的美术作品大都与工厂环境或工业环境有关。③ 那个年代厂房和烟囱成为孩子们主要的绘画题材。在成人的引导下，厂房和烟囱是美的，"她"能够产生出美好的未来，如同人类早年对生殖的崇拜一样，这时人们产生出了对烟囱和厂房的崇拜。这在今天是不容易理解的，因为今天的孩子们的题材早已不见了，女孩子们图画的是美人或小动物，男孩子们则是飞机、飞船、变形金刚或汽车之类的东西。

烟囱与厂房的关系甚至有点类似唐宋以前寺院与塔的关系。那个时代，有寺必有塔，有塔必有寺，塔在寺前或寺后，后来成为寺院的中央，成为寺院的标志。塔由此也成为一种象征，一种文化符号，逐渐从寺院中抽离出来，起到降妖趋魔、镇邪扶正和人们心灵归宿的作用。高大的烟囱和巨型的厂房则象征着巨大的生产能力，承载着工业化的梦想和美好的未来。处在这一梦想之中的产业工人，是自豪与高尚的，是受到政府重视和社会尊重的。"工厂就是我们的家"，产业工人对工厂象农民对土地一样有着一种特殊的情感，特别是远离自己熟悉的家乡的移民，他们是为了工业生产而来到这个新城市、新地方的。因此，工厂成为日常互动与沟通的物理环境。与之相比，旧城区传统的以官衙、寺庙为中心的景观则受到鄙视与冷落。市人民政府替代旧的政府机构后，

① 于光远：为"陆定一保护了故宫"一文的推荐文章，《炎黄春秋》，2006年第5期，第64页。
② 刘金魁：《洛阳礼赞》，《洛阳市涧西区志》，北京：海潮出版社，1990年，第252页。
③ 《洛阳市涧西区志》，北京：海潮出版社，1990年，其中收录了涧西职工的木刻绘画作品。

随着工业城市的建设，逐渐向西靠拢，在一个新的空间建设了自己的机构①，寺庙则被学校、商店、监狱、军营等占据、改造。生活在它周围的市民原有的文化归属与自豪感受到工业化的挑战而不堪一击，处在边缘的位置。

图4-16 反映拖拉机厂生活的木刻画②

（三）整齐划一的街坊、楼房

就生活场景来看，"一五"期间，在涧西工业区建筑了425幢楼房，形成了36个周边式街坊住宅区。

图4-17 涧西区街坊鸟瞰③

---

① 洛阳地区档案馆编，1983年8月，"洛阳专署大事记"。
② 来源：《洛阳市涧西区志》。
③ 来源：《洛阳建筑志》，郑州：中州古籍出版社，2003年。

楼房以三层为主，街坊周边的中部或四隅拐角主角为4层，① 体现出错落的天际轮廓线。楼顶为坡顶、一色的红机瓦屋面，砖墙也按街坊统一用红砖和灰砖砌成，整齐划一。随着工业建设的发展，产业工人的增加，街坊按规划增加到了76个，楼房也相应有所增加，但整齐划一的面貌没有改变，如果不参照其它景物，人们很难从建筑上分清自己所处的位置。周边式建筑，有些四合院的元素，符合中国人的审美习惯，但四合院的形式在，其基本的生活方式、社会构成、规模发生了变化。四合院是以大家庭为主体的，四合院中的社会关系是相近的，既有尊卑长幼，又有亲疏远近，但总体上是关系密切的熟人社会，四合院的规模与方式也加强了这种社会关系与联系。楼房则有着更大的体量，能够容纳更多的人群，一座楼房里容纳的是来自四面八方的移民，他们为着工业建设来到洛阳，原先并没有社会关系，长期的交往可能形成熟人关系，但这只仅限于同一单元里面的，而以这种楼房模仿四合院已经完全没有了四合院所存在的基本结构，同街坊的人可能很多是生人。四合院是封闭的，而楼房却是开放的，这一根本的区别导致楼房四合院虽能满足人们的心理记忆、审美，却缺乏基础的生命力。由于自然的因素，楼房四合院必然导致西晒房的增多，因此，在街坊内把周边改为朝阳的楼房。以后涧西的建筑也很少采用这种周边式的建筑，但这种方式却是20世纪50年代的特色，也构成了涧西工业区的基本生活场景。

由于涧西的街坊，尤其是初期建设的街坊基本相同，因此，我们通过一个街坊就能窥一斑而知全豹。沿着主干道一侧以街坊的中轴为依据是两边三层、中间四层的楼房，四个角由拐角的楼房封闭，形成以楼房围成的"城"，但楼与楼之间是开放的，也可以把它看成是楼门。周边的楼采用的是大屋顶式的坡顶，红砖红顶，楼与楼之间有着40~50米的间隔，中间植有树木，是孩子们活动的空间和大人们纳凉晒暖的场所。

（四）公共建筑、公共设施构建的人造景观

与洛阳老城区相比，由公共设施、公共建筑和公共财物组成的人造景观是涧西工业区的另一个显著特征。在上一章中，笔者论述了涧西工业区公共空间的空间结构特征，这反映在景观中则更加鲜明。从某种意义上讲，工业区主要由公共空间组成。除了自己居住的（产权公有）一、二十平方米之外，其它的都是公共景观、建筑与设施，这些几乎由外地移民构成的产业工人共同生活

---

① 《洛阳当代城市建设》，北京：农村读物出版社，1990年，第116页。

在一个由公共建筑、公共设施构建的人造环境之中。出自家房门，是公共走廊、公共楼梯；出了楼门，是街坊中公共绿地和公共活动场所；出了街坊是公路和由公共建筑构成的景观，道路、树木、电线杆、路灯、地下的管线、商店、医院、服务设施等等。甚至自己的住宅也是国家的，自己只是被分配而得到了居住权。当然这与计划经济体制密切相关，但相对于老城的居民来说，公共空间的转型和公共观念的建立由于景观、施设、器物的原因，远没有工业移民来得这么彻底。工业移民由于离开了自己的家，离开了自己所熟悉的社会环境和空间物理环境，因此更能很容易地接受这种新的观念。关于这一点，李培林先生作过这样的论述：

> 城市公共楼梯过道里堆放杂物，是中国的一大景观，即便是在首都北京，在北大、清华的教授楼也一样，过道里总是堆放着旧箱子，废瓶子、菜蓝子、不用的家具和自行车。"这种习性与居民生活水平、社会地位、文化修养并无直接关系。"在这种景况下，人们有时甚至会觉得，在别人都在自家门口堆放点什么杂物的情况下，自己要不堆放，似乎有点吃亏，还会让人觉得有点清高，不合群，实在谈不上理想选择。即使卫生大检查，楼梯中的杂物被收走，也无几于事，几天后，楼道中又会出现杂物。它的解决是在住房产权私有化以后消失的，是在"匿名社区"中，维系社会生活的私人关系的淡漠，谁要在楼道中堆放物品，马上会有人通知物业而给予处置。①

李先生主要是从财权的关系中论述这一现象的，我从中悟出了景观环境与人的互构关系。这看似是表面的，但在我看来，如同卫生施设与卫生习惯的养成一样有着内在联系（如在乡村可能随地吐痰，但是在五星级的酒店中，就不一定，长期在这种环境中生活，一些卫生的习惯就会养成，一方面是环境，一方面是设施）。公共建筑、公共设施构建的环境有利于促成居民的开放性、交往性。因此，即使来自于农村落后地区的工人（乡村招工），其社会性、现代性也会随之提高。英格尔斯在《人的现代化》一书中论证，工厂环境能够提高人的现代性，笔者是认同的。②

① 李培林：《村落的终结》，北京：商务印书馆，2004年，第79~81页。
② ［美］英格尔斯：《人的现代化》，中译本（殷陆君编译），成都：四川人民出版社，1985年。

图 4 - 18　洛阳百货大楼①

（五）医疗、文化设施

工业生产导致了工业人口迁移，工业人口的迁移、聚集造成了公用住宅的迅速发展，从而形成了居住集中密集的住宅街坊。一个街坊约可住人数为9555人。② 而76个街坊的汇集，形成了庞大的人口聚集，其结果催生了百货商场等新型的现代的商业机构。1956年工业区在合并几家国营商店的基础上，建立了上海市场百货商店，尽管由于基础建设的压缩，这个市场最初没有建成大厦式的，但是大跨度的平房，3万平方米的占地，140人的职工队伍，加之周围饮食、服装、五金、纺织、手工业修理、各种服务行业等60多家大大小小的商店，使其成为完全不同于旧城区的商业设施。同样建于1956年、与上海市场相距1公里的广州市场，其景观特征、类型与上海市场基本相同。也是由大型百货商场和大大小小的商店聚集而成。③ 而在市中心建立起了整体三层、局部四层的百货大楼，于1957年9月开业④。作为景观城市化的标志，商业机构不仅扩大了商业活动，也扩大了购物者的社会交往，特别是为妇女提供了就业机会并介入到新的经济活动中来。同时，乐于购物的妇女们在购物中

---

① 洛阳信息港——洛阳 BBS → 社会关注 → 史话河洛 → 几张洛阳老照片。

② 洛阳第一档案馆，全宗67，卷17，"洛阳市住宅初步调查资料汇报"，第96页。

③ 《洛阳市涧西区文史资料》，第一辑、《涧西上海市场百货大楼》，75页；第二辑，《广州市场百货大楼》，第61页。

④ 《洛阳市西工区志》，郑州：河南人民出版社，1988年，第226页。

获得乐趣、开阔了眼界。

工业人口的聚集，不仅催生了现代的商业机构，同样也激发了医疗卫生、文化体育、教育等所谓集体消费品的迅速发展。按照当时的规划，住院平均千居民 3 床，幼儿园平均每千人 12 座，大剧院平均每千人 9 座，文化宫平均每千人 11.4 座，中学平均每千人 18 座，银行 1.5 个工作人员，邮局平均每千人 10 ~ 20 平方米，商店平均每千人 12 ~ 14 人。[1] 而实际上，在 1950 年代末、1960 年代初，各大企业相继建起了医院（所）、俱乐部、图书室、大型的食堂、学校、幼儿园（所）等设施。工业区的中心也建立起了工人文化宫，在市中心周王城遗址上建立起占地 307 亩的大型的公园（1955 年 9 月建，1956 年 5 月建成开放）[2]。占地 24.30 万平方米，有一面可容纳 2 万人看台的西工体育场也于 1958 年兴建。总之，功能各异的各种设施开始展现出工业文明和工业化城市的景观特色。

（六）全新的符号系统

"新"是涧西工业区景观鲜明的特色之一。这主要体现在两个方面：一是就工业与城市历史而言，这里没有历史、没有传统，完全是在一片农田的背景中新建的，所有的建筑设施、所有的人造景观甚至与之配套的树木都是新的。二是这种新景观没有用一些符号来提醒人们十三朝古都的历史留存，所有的景观信息传递的是工业化的精神和工业理念。没有像以后那样去挖掘民俗，强调古都的气氛与意境。如四条东西向主干道分别以纬一、纬二、纬三、纬四命名；[3] 八条南北向主干道则以长春路、太原路、天津路、青岛路、长安路、郑州路、武汉路、重庆路命名，其它干道如南昌路、江西路、辽宁路、河南路、康滇路、湖北路、湖南路、延安路、华山路，嵩山路、衡山路、泰山路、黄河路、珠江路、长江路等等，反映的是五湖四海大中国的观念。在这里，你看不到哪怕丝毫的古都的信息与存留。从这个意义上讲，涧西工业区是"飞"到洛阳的工业基地。只是这种飞来基地并没有嫁接在原古都的空间之上，而与原有的文化精神直接冲突，空间的距离使得这个新城区可以完全不顾老城的意思而自由地按照工业化的意志发挥。在建筑符号上也是如此，不仅新区的路名和地名是以"径、纬"和长春、太原、武汉、长安、天津等地名命名的，大型

①　洛阳第一档案馆，全宗 67，卷 17，"研究资料之五"第 47 ~ 49、55 页。

②　《洛阳西工区志》，郑州：河南人民出版社，1988 年，第 76 页。

③　除中州路，其它路到 70、80 年代后，才改为景华路、西苑路、龙鳞路这些有古都地域色彩名称，反映了文化的整合，但在涧西人的观念里，始终沿用的是 1 路、2 路、8 路的称呼。

商店也是以"上海市场"、"广州市场"称谓，而居住的街坊也是以阿拉伯数字标定，从中看不出与洛阳有丝毫联系，它可以在中国的任何一个地方，甚至生产的品牌如"东方红"等也不带有洛阳的地域符号和信息。

因此，这种"新"不是一般意义上的新，而是历史意义上的"新"。是新型的人工景观，它不是按照传统的模式建立的，而是以一种完全新型的理念和规则设计建造的。巨型的厂房、笔直的道路、整齐划一的街坊、大型的公共建筑是洛阳城市历史上前所未有的，不仅与周围农村，即使与传统城区相比也有着鲜明的"新"的含义。同时，体现在景观背后的设计、规划、建设理念是工业的，也是洛阳历史上前所未有的。社会的转型、农业社会向工业文明的跨越首先在建筑形式和空间景观上得以完成，因此这个形成的建筑与空间景观就必然对城市的文化形象，进而对居住在其中的居民产生深刻的影响，并将对旧城区传统的建筑结构、建筑形式、空间构造等产生冲击。冲击来自于不同类型，老城的建筑景观、物理环境是"存在"的，尽管它也有翻新的地方，在民国时期，在1949年以后都有所改变。1954年，老城区已有几条道路进行了翻修。① 但总体上讲，从质上讲，这种景观是存在的，是以街和墙、低矮的、错落的灰色调的大屋顶的民房，杂之以飞檐黄瓦的庙宇和官衙构成的场景。从空间看，它几乎是平面的，错落有致是近乎特定的镜头。但从时间上看，它却是立体的，从遥远的过去走来，建筑景观中、甚至片砖残瓦中贮存着过去的信息，它保存和留传文化的数量还超过了任何一个个人靠脑记口传所能担负的数量。②

比较而言，涧西工业区则是"生成"的，1954年以前它还是一片农田③，1955年洛阳拖拉机厂、洛阳矿山厂、洛阳轴承厂、洛阳热电厂和规划的街坊相继开工，分别于1958年6月、10月和1959年建成投产，生活区38个街坊也住上工人④，1956年已完成27条道路建设，长达4302公里，面积427780平方米。涧西不再是道路不平，下雨泥泞和有人住没人走的地方，雨水、污水

---

① 洛阳第一历史档案馆，全宗67，第10卷，"洛阳概况"。
② 芒福德：《城市发展史》，宋俊岭、倪文彦译，北京：中国建筑出版社，2005年，第105页。
③ 洛阳市第一档案馆，全宗号3，196卷。"河南省人民政府民政厅 函，（54）民社字第3940号"。五四年用地新要求7062亩，到1957年陆续用地约36000亩，涉及6个乡，需迁十七个自然村1235户，12150人。
④ 洛阳第一档案馆，全宗4，第16卷，"基建计划总结"，洛阳铜加厂1957年开工，1965年全部建成投产。

有了出路。① 而城区主要干道也于 1957 年前基本建成，污水管网 1957 年 3 月建成，1957 年 12 月王府庄水源建成投产。主要干道的路灯、雨水、供水管线也相继建成。② 到 50 年代末，仅仅几年间，一个全新的、工业化标准的现代城区已经初步建成。从空间上看它是立体的，从地下工程到地上工程，从一层建筑到多层建筑。但从时间上看，却是平面的，没有历史、没有记忆，却有远景和希望。

图 4 - 19　街坊的肌理③

三、两种不同城市景观的共存

（一）墙、街与楼、路

如同其他许多农耕文明时代的城市一样，洛阳老城是"墙"与"街"组成的空间环境。洛阳老城的墙虽然不如南京大学史学博士张鸿雁教授所述从外往里六个层次的墙④，但也至少有四个层次，即城廓、城墙、府墙（寺庙院墙）和院墙。墙既将城市封闭起来，又使城市的景观成块状。街是线型的，将由墙围成的空间连贯起来，构成人们活动的场景。墙作为构建城市的物质实体，街作为构建城市的空间结构，决定了城市特有的物质形态。⑤ 墙是分层次、分级别的，有城墙、府墙、院墙等等，街也一样。首先是城墙将城市围成一个大的封闭的空间，然后街将由各种不同级别的墙再围成大小不一的空间进

① 洛阳第一档案馆，全宗 4，11 卷，"1956 年的城市建设情况及 1957 年的工作计划和问题意见"，第 3 页。

② 洛阳第一档案馆，全宗 4，"洛阳市建设委员会 1957 年工作总结"。第 34 页。

③ 来源：《洛阳当代城市建设》，北京：农村读物出版社，1990 年。

④ 张鸿雁：《中国古代城墙文化特质论》，《南方文物》，1995 年第 4 期，第 11～12 页。

⑤ 王保林、王翠萍：《墙与街——中国城市文化与城市规划的手探析》，《规划师论坛》，2000 年第 1 期。

行分割，传统城市是一个以墙和街为基本元素构成的城市空间环境和景观。

墙和街的功能是不同的。墙的功能以城墙最为典型：一是作为军事设施防御，二是加强内部控制。城门由一些象征性的神兽守卫起来，使进攻的敌军失去勇气，并使和善的观光客人产生崇敬之情。① 洛阳老城的城墙在 20 世纪 50 年代虽然形态残破并逐渐消逝，然以这种模式建立的空间结构与空间环境仍然长期存在着。"关"这个与城墙、城门相连的地名词汇长久地使用着。作为封建城市政治功能的一部分，墙是经济功能弱化的体现方式之一。② 因此，当"破墙开路、破墙开店"为标志的城市大突围粉墨登场时，改变的不仅仅是景观，更主要的是观念和社会结构。街与墙相比是流动的、开放的、社交的。但传统的街巷都是以人为尺度，以步行道、马车道为主，城市内部街道狭窄。街道的宽度仅为3~7米③，没有人行与车马行之分，街道的两边是商店与民房，不进行结构性的手术，不具有空间的扩展性。现代的交通工具很难进入更多的街巷。

新建的涧西工业区则完全不同了。它的空间环境或景观最直接的是路与楼。路与街相比，一是宽广，老城的街宽不过七八米，巷则一两米，而路按建筑红线达 50 米，街坊的路也有 25 米。二是直，直意味或象征着通畅。放眼望去，不是整齐划一、横平竖直、线条肯定的楼的天际线，就是路与天际相接的地平线，宽广而有气魄。街中的视线是一个个封闭院落的房门、穿梭的人群，错落的、不规则的建筑轮廓和曲曲弯弯、顾盼自复、回环有情的小巷。街的两侧是店铺和院墙，路的两边是公共设施体系。它包括起绿化与保护作用的行道树、象征着动力与光明的电线杆、排污供暖管道等等。路的两旁还有楼房，楼房轮廓线的排列都是整齐的、笔直的，而街两旁的墙则是错落的，随着主人的不同而不同，从而形成自然的、甚至是杂乱无章的排列。

这种整齐划一的景观既是中规中距、有章法、合章程的结果，又影响着人们这种按章办事、行有规、止有距，办事要合乎理性的思维。而老城这种看似杂乱无章、错落无致的大小不一、高低随便的景观，却反映着回环有情的以人为本的思维与农耕文明的模糊的审美趣向与意向。

（二）厂房烟囱与庙宇官署

老城的景观是传统农耕社会的遗留，尽管意识形态发生了重大的变化，但

---

① 芒福德：《城市发展史》，宋俊岭、倪文彦译，北京：中国建筑出版社，2005 年，第 53 页。
② 张鸿雁：《中国古代城墙文化特质论》，《南方文物》，1995 年第 4 期，第 16 页。
③ 《洛阳当代城市建设》，北京：农村读物出版社，1990 年，第 149~159 页。

空间景观与结构的滞后性，使其得以保留。因此，官署虽然已发生质变，但其景观却基本没变。这也包括寺庙，因为中国寺庙建筑的官署化倾向从中国最古老的白马寺就已经开始。这是一种向着平面铺开的整体格局，其中有一个非常突出的中心建筑来统率整个建筑群，各个单体建筑之间都是等级森严的，其大小、高低以及位置的排列、相互间的关系体现出一种严格的等级关系和观念。①一方面，传统城池的五大建筑传达的是神的精神、传统的世界观和审美伦理与宇宙秩序的信息，另一方面，这些建筑又以其外部空间形态强化着现世的观念与秩序。

与老城区不同，工厂是涧西工业区的主要景观之一。工厂空间景观也是一组整体的景观，厂房、烟囱、水塔、仓库等等是替代传统城池五大建筑的地标性建筑。厂房也有主厂房和副厂房之分，特别是象一拖、矿山厂等大厂，分别有 36 个和 26 个分厂组成，② 但厂房与厂房之间的排列并不是一种等级的关系，而是一种生产协作的关系。其高度、大小、位置不是以其地位而是以方便生产，即以其生产产品及其所处流水线的位置决定的。在整个生产过程中，每个工序都是重要的，缺了其中的任何一道，生产就会终止。因此，涧西工厂空间景观反映的是一种主次分明的合作关系。

（三）四合院与楼房形成的街坊

同样的情况也发生在四合院与街坊之间，四合院复制了官署的空间建筑关系，上房、厢房与倒房之间同样反映的是一种和谐却是等级的关系，正如居住在其中的人所处的社会关系一样。长辈一定住在上房，长子东房，地位底下的人则住下房或偏房。而街坊虽然有位置优劣之分，但并不反映等级，居住在其中的人并不因为其位置的差异而感到地位低下或高尚。同时，作为生活景观，四合院是家庭、家族的或至少是熟人组成的小型生活群体。街坊更多的是集体的、密集的家庭构成的生态结构，这种密集的异质性的人口之间的结合是现代城市生活方式的特征。

（四）直与曲，不同的审美

农业社会的效率更多地取决于天，受自然的制约，因此必须顺天应时。工业社会的效率则更多的取决于人，因此工业设计的基本要求就是要便捷、便利、直通直达。工业社会是一个追求效率的社会，因此道路采取笔直是最佳的

---

① 沈冬梅、傅谨：《中国寺观》，杭州：浙江人民出版社，1996 年，第 12～13 页。

② 洛阳统计局编：《辉煌的四十年》。

选择，涧西工业区道路的笔直正是反映了这一工业理性。此外整齐划一又反映了工业社会标准化的审美趋向，在工业社会中，所有工业产品的标准化都获得了极大的发展，工业社会中不合格的产品往往是那些达不到统一规格的产品。对人的培养概莫能外，标准化最终成为一种价值观和审美趋向，住宅街坊的整齐划一正是这种审美的反映。规模也是工业社会价值与审美的标准之一，通过标准化仅生产同一规格的产品总是有利的。

在老城则是另一种情形。从老城区的地图上我们可以看到，除了东西南北大街采取了直线以外，其它的街道则随势而成，特别是人行的胡同或巷子，深而曲折。这反映了农业文明的自然观，对追求天人合一的中国人来说，曲折不仅是效法自然，更有着哲学上的意义。

与气脉的完整性和连续性同样重要的是它的曲折和起伏。无论是山脉、水流或是道路，"风水说"都对曲折与起伏有着特别的偏好，……认为只有曲屈回环起伏超迳方有生气止蓄。……以水流来说，曲折蜿蜒的形态除了有其美的韵律外，至少可以增加物质的沉积，有利于生物的生长，减少水灾等等。至于更深层的意义还有待进一步的揭示。①

芒福德也认为，应当避免把街道建得象风道一样，又宽又直，一直要避免冬季寒风的侵袭。正因为街道狭窄，才使得冬天的户外活动比较舒适。芒福德非常赞同阿尔伯蒂的观点："阿氏认为：'街道还是不要笔直的好，而要像河流那样，弯弯曲曲，有时向前折，有时向后弯，这样较为美观。因为这样除了能避免街道显得太长外，还可使整个城市更加了不起，……不但如此，弯弯曲曲的街道可以使过路行人每走一步都可看到一处面貌不同的建筑物，……街道东转西弯，人们可以一览无余地看到每家人家的景色，这是既愉快又有益于健康的。'"②

建筑特征

老城	工业区
低矮密集	高大宽阔
自然散乱，经常可见不同的建筑物	整齐划一
回转自然、有韵味	笔直效率
满足需要	宏伟壮观

---

① 《风水说的生态哲学思想及理想景观模式》，作者：佚名，中国论文下载中心 http://paper. studa. com。

② 芒福德：《城市发展史》，宋俊岭、倪文彦译，北京：中国建筑出版社，2005年，第328页。

四、工业区景观城市化的社会影响

关于景观城市化的内容及其本质，笔者这里借助美国两位著名的马克思主义城市学者，卡斯泰尔的"集体消费"的概念和哈威的"人造环境"概念来讨论这一问题。卡斯泰尔和哈威都是运用马克思主义的理论来解释城市的，所以其学说被称为新马克思主义城市学。卡斯泰尔的核心概念是集体消费。[①] 他将消费品分为两类，一类是在市场上可以买到的归个人所有的商品（private individual consumption）服务，另一类是不能被分割的商品和服务，即集体消费（collective consumption），如交通、教育、住房、医疗、文化设置等。两种消费品都是不可少的，医疗卫生保证人的健康，教育提高劳动力的素质等等。卡斯泰尔认为，消费的主要功能是劳动力的再生产，包括现有劳动力的简单再生产和新劳动力的扩大再生产，其消费资料涉及住房、医院、社会服务、学校、娱乐设施、文化环境等，这是一个在日常生活基础上完成的过程。而日常生活的活动（无论吃食、宿、行、娱）必然有一定的空间边界。[②] 我理解的空间边界就是城区或城市。消费单位与生产单位是不同的，生产单位是按领域来组织供给的，而消费单位则是在一个有空间约束的系统背景中被社会性的组织供给的。因此，空间单位与社会单位的一致也就是空间的组织与集体消费品的组织之间的一致。集体消费是以城区或城市为空间单位供给的，因此，集体消费也就构成了城市景观的特征。换句话说，在笔者看来，个人消费品城市与乡村差别不大，而城市与乡村的差别就在于集体消费品的差别。

当然卡斯泰尔的主要目的是通过集体消费的分析批判资本主义的生产方式。资本主义的方式是追求利润，唯利是图，资本最大化。而集体消费虽然是社会必需的，但又是不赚钱的，或回报期很长的，私人企业不愿做，个人的企业不提供，政府最终接管了这些部门，并由政府提供这些服务。但问题在于政府接管的这些企业对公民是不公正的。"比如修路的费用90%是全体公民的钱，而这大批的路主要供谁使用呢，住在郊外的白领。国家促成了这些人住在郊区。再有教育，好的学校办在郊区，而市中心的学校条件很差，城市设施得不到维护。这样造成了郊区与中心的差距等等。"[③]

---

① 集体消费是指"消费过程就其性质和规模，其组织和管理只能是集体供给"。
② 蔡禾：《城市社会学》，广州，中山大学出版社，2003年，第145~148。
③ 参见蔡禾：《城市社会学》，广州，中山大学出版社，2003年，第145~148页。

而作为哈威城市理论最重要的概念之一"人造环境"是一种包含许多复杂混合的商品，是一系列的物质结构，它包括道路、码头、港口、工厂、下水道、住房、学校教育机构、文化娱乐机构、办公楼、商店、污水处理系统、公园、停车场等。城市就是由各种各样的人造环境要素混合成的一种人文物质景观，是人为建构的第二自然。城市化过程就是各种人造环境的生产和创建过程。

人造环境可以分为生产的人造环境和消费的人造环境。人造环境的特点就是其存在的长期性，要改变它比较困难，在空间上是不可移动的，而且经常要大量投资。资本主义条件下的城市过程是资本的城市化，在这个过程中，城市这个人造环境的生产和创建本身负载了资本主义的逻辑，即为了资本的积累，为了剥削劳动力而生产和创建的，而资本主义的城市空间生产过程也负载了资本主义生产中的矛盾。①

两位新马克思主义城市学者的观点的确让我们耳目一新，笔者这里借助其概念中关于集体消费和人造环境中交通、教育、住房、医疗、文化设置等典型的城市景观进行洛阳涧西工业区城市化景观的描述与分析。因为集体消费和人造环境中这些内容最能表现出景观城市化内容的特性。因此，在我看来，所谓景观城市化就是工业化基础上的以工业理性为审美，以工业生产方式为依据，以密集的人口为背景，以集体消费品或人造环境为内容的城市景观。它主要是以现代的道路、交通系统、厂房、公共住宅、公共建筑和公共设施，大型的百货商场、商业中心，以及医疗、教育、文化等集体消费品所形成的人造环境。

---

① 同上，哈威将马克思对工业资本生产过程的分析称为资本的第一循环，存在的矛盾是资本过度积累所形成的过度积累危机。为解决危机，投资转向第二循环。第二循环包括了资本投资于人造环境的生产。当第一循环投资回报率下降时，资本的反应是转向第二循环。这就产生了地产投机热。城市这个人造环境的形成和发展是由工业资本利润无情驱动和支配的结果，是资本按照其自己的意愿创建了道路、住房、工厂、学校、商店等城市人文物质景观。在资本主义条件下，城市空间建构和再建构就像一架机器的制造和修改一样，都是为了资本的运转更有效、创造出更多的利润。而城市的兴衰和发展变化均是资本循环的结果，城市危机的实质就是资本过度积累的危机。

资本进入第二循环只是暂时缓解并没有根本解决过度积累的矛盾，随着城市化的发展，这个基本矛盾也在人造环境的生产使用中产生。第一循环中，危机使工业资本大量贬值，许多公司企业破产以及工业用地废弃。第二循环中，危机则造成固定资本和消费资金的贬值，这个过程影响到人造环境以及耐用品的生产者和消费者。于是产生向第三循环转移。即向科学技术研究和与劳动力再生产过程有关的社会投资（包括直接投资用于提高和改善劳动者素质如健康和教育等使劳动者提高工作能力和通过向意识形态、军队及其它形式投资同化整合镇压劳动力）转移。同样，第三循环也没有消除矛盾，其危机表现为各种社会开支的危机（健康教育等），消费资金形式的危机（住房），技术和科学的危机。

（一）景观城市化的趋势

景观城市化是城市化的重要内容，也是城市化的最外显的标志之一。空间结构的现代转型也是通过景观的城市化而超越规划与地图。

一般来说，空间的城市化是一个逐步变迁的过程，是现代的、工业化的景观一步步替代和置换传统景观的过程。景观的城市化必然促进生活在其中的人的城市化，同时，人的城市化，也会随着人的城市化意识改变景观。多数情况是先有人的城市化，然后才是景观的城市化，而洛阳涧西工业区则是在工厂建设的同时，有了城市化的空间景观，即这个景观一开始构建就是按照工业化的要求实施的。它是在农田中全新建设的，一方面在空间结构上它可以完全不考虑其原有的结构，正如许多城市发生过的那样，它的建筑风格和建筑样式也没有必要与周围的景致协调，完全可以按照当时的时代特色和要求进行设计。另一方面，新建的建筑又是按照与过去农业文明不同的理念与价值观、自然观、宇宙观进行建造的，它的基本是工业建筑，它的理性是有利于工业生产，它的标准是以是否有利于工业生产进行价值判断，它的出发点和自然观完全是工业的。因此，在洛阳这个古老的城市，通过建造新城完成了从农耕文明向工业城市的跨越。这个跨越一般要经历一定的时间，甚至经过痛苦的转型，因此，在许多城市，空间以及空间环境往往是比较晚的进入新文明的，这是空间结构的特性所决定的。正如哈威所论述的，人造环境的特点是其存在的长期性，要改变它比较困难，它在空间上不可移动，而且经常要大量投资。但是在洛阳，空间和空间环境最先进入了新的文明形态，甚至在其还没有居民的时候，这是一种较为独特的城市化现象。城市化的一般过程是先有人的聚集，进而引起工商业的迅速发展，并对道路、设施、住宅等提出要求，然后促使景观的城市化；为促进工商业的管理与运行，适应新的人造的环境和景观，需要的是制度和规范的城市化，最后是这些制度与规则的内化形成市民的城市意识、价值观念、文化形态，完成城市化的过程。洛阳涧西工业区却是景观的城市化与人的城市化几乎同步。这种现象与过程必然对洛阳城市的空间环境、对旧有的城市、对生活在这里的居民产生直接的、广泛而深刻的影响。

空间结构是内在的，有如建筑物的框架，动物之骨格，而建筑物理景观则是外在的，是人们通过肉眼可感知的。因此，尽管空间结构影响着外在的建筑物，但外在的建筑的作用也是很大的，在某一空间中，建筑物的样式、风格、高度等甚至会产生相同的平面规划中完全不同的空间环境。对人们的影响，建筑景观的影响更直接。

结构决定功能，一定的空间结构反映了这一空间的社会功能，但功能也反过来影响结构，功能发生改变，则要求空间结构也发生同样的变化。但空间环境（景观）一旦形成就具有相对的稳定性，同时也具有相对的滞后性。空间风格的形成代表着某一时代、某一历史时期的烙印，时代改变了，空间风格往往是能够得以存留的有形物质形态之一。新的风格的建筑或物质形态也会产生，而且会在摧毁旧的建筑的基础上进行，但在具体操作上，这是有一定难度的，在经济上也比在新的空间中构建新的建筑开销更大。因此，建筑景观不像人之衣饰，流行得那么快，也消失的那么迅速。在 20 世纪五六十年代的列宁装、军装早已风光不在时，那时的建筑和建筑景观却得以长期保留，成为记录当时历史的载体。而这种载体也是容器，容器对其中的容物也将产生这样那样的影响。在工业环境中长大的人们会对烟囱、厂房，对工人住宅产生认同与归属感，并用这种文化心理去守护这种空间。而在传统社区成长的人们则对传统的住宅街道产生同样的情感。这种不同的认同与情感就是空间和空间环境对人影响的真实反映。

因此，景观的城市化变迁和城市化水平对一个城市的个性的形成，对一个城市的现代发展及其居民的影响是巨大的，又是春风化雨、润物无声的。这也是我们讨论空间结构及其景观城市化的意义所在。

我们还应当明确，所谓景观的城市化应当是同工业化相关的语汇，是工业化、城市化语境中的概念。景观的城市化，促进了城市由传统农业城市向工业化城市的转型，景观的城市化一方面是在工业审美理念中形成、发展起来，是工业化的果实，它使得城市更去农业化，更加工业化，更像所谓的城市。另一方面，景观的城市化又大大提高了城市与工业的结合，有利于现代工商业的发展，并以景观作为教材对生活在其中的居民进行现代城市性、城市意识的熏陶与调教，因而不断提高城市的现代化水平。洛阳的景观城市化通过工业建设而一步成形，这既对整个城市的景观城市化起到极大的促进，又对生活在其中的市民的城市化水准起到了一定的促进作用。因此，具有较高素质和较强现代性、受过工业文明熏陶的产业工人与工业化基础上的景观共同作用，提高了洛阳景观的城市化水平。并通过示范与模仿，带动了整个城市的城市化，提高城市人口的城市性。

农业文明中，虽然有城市，但没有城市化这个概念，如果我们说一个农业文明的城市像一个城市，那么它一定具备农业城市的特征。而这个特征，即农业文明或农业文明语境下的"城市化"的景观，最为典型就是城墙沟壕、官署衙门、庙宇、以及商业街道。住宅与乡村的区别不是质的，通过住宅的小巷与乡村也差别不大。

干净、卫生是现代性的基本特征之一。在 20 世纪 70 年代，外地人的基本感觉是洛阳比较干净，相对河南其他城市，洛阳的确比较干净。这个干净同道路和城市的基础设施有关。美国城市形象学者莉恩·洛芙兰德认为，城市形象既影响人们对城市生活的理解，也塑造着城市生活自身。城市居民借助这种文化意象的影响来制约和认识自己的城市。[①] 干净既是一个荣誉，一种城市印象与形象，也是一个符号，一种标签。洛阳被贴上这种标签后，就会以干净自居，从而形成自己的特色。干净与其硬件相关，污水排放、垃圾清理、道路的清洁，加之产业工人的自觉性，其外部要比旧城区缺乏下水道，道路的泥土相比，人工得多，因而要干净得多，风天一街土，雨天一街泥，传统旧城区的人也习惯，习以为常有时是一种惰性的表现。因此，工业区的人们在获得干净的标签后，却也没有忘记把不卫生的标签送给旧城区的人们。但无论怎么说，涧西工业区的卫生是公认的，卫生提升了现代性，相应地促进了涧西工业区的时尚。虽然当时没有时尚这个语汇，即使有也是要遭到批判的，但涧西工业区的确成为社会主义工业城市的典范之一，特别是旧城区的示范、榜样和效法的对象。一位来自无锡的一个移民的亲戚带着优越感来洛阳，一路上看到与江南水乡相比显得土而贫瘠的农村，特别是铁路沿线的窑洞，深为自己的哥哥来到这样一个穷地方而叫屈，但当她到了洛阳涧西以后，现代的景观，特别是宽阔的公路、现代的设施完全比她们在无锡要好，走的时候留下了一句"洛阳，蛮好咯！"直到 80 年代中期，笔者到湖南旅游，一位长沙的老板娘虽然对河南没好印象，但提到洛阳还是这么说，"洛阳，很漂亮的，我去过的。""路很宽，很干净。"那时的洛阳涧西城市景观成为工业化城市的样板之一，成为河南的骄傲。

（二）城市化空间景观潜移默化地影响着居民的文明意识

空间位置、空间结构往往不是人们直接可感知的，尽管它们对生活在其中的人们存在着深刻的影响，而空间建筑景观则是直观的、可感知的。城市的不同首先体现在建筑风格和建筑景观上。同是古都，罗马与北京大不相同。同在洛阳，传统城区与工业城区也大不相同。空间位置是人们按照某种目的选择的，空间结构是人们按照某种需要规划的，空间景观则是按照人们的审美观和

---

① 见蔡禾：《城市社会学》，广州：中山大学出版社，2003 年，第 112 页。

价值观在空间结构的基础上建造的。因此，一方面人们造就了空间环境，"因为城市本身是一个民族文化和在一个特定的自然历史环境当中形成的，适合于当地居民实用的这么一个建筑。"① 另一方面，空间环境又以各种方式对人们产生潜移默化的影响，空间位置的目的性、空间结构的需要与空间景观的审美都会以符号的形式传递给生活在其中的人们，形成空间与社会，人与环境的特色与个性。在这里，人以最适合的方式溶入了景观，人也成为景观。研究人需要研究景观，研究景观也需要研究人。

洛阳涧西工业区的空间结构、空间位置、空间环境造就了工业移民不同于旧城区及不同于其它城市的景观认同与归属的特色。芒福德讲，古代城市首先是一座戏台，在这座戏台上普通的生活带上了戏剧色彩，五光十色的服装、布景使它提高、加强了，因为城市环境背景本身放大了这些演员的声音，增大了他们的体量。② （现代城市又何尝不是一个戏台，过去上演的是帝王将相、官府衙门的戏，而现在则是以产业工人为背景、情节、环境的丰富多样）的戏，这道出了城市建筑环境的作用。

不同景观反映着不同的生活方式、不同的文化符号、不同的社会功能、不同的审美价值趋向，这些特点加深了工业城区与传统城区的社会与文化边界。从深层次上讲，又对工业城区社会生活、文化心理产生意味深长的影响。城市的作用在于改造人。③

（三）城市化空间提高居民的优越感

中国近代城市人口的聚集过程有多种因素，一是因为近代工商业的迅速发展，从而大大提高了城市的内聚力，与传统城市人口缺少生命力的强制性聚集有质的不同。二是由于天灾人祸频繁，把大批难民驱赶到都市中，这种强有力的推挽，使一些近代城市的人口上升几呈直线状态，其结果带来中国近代化的畸形发展，城市面积的滞后与人口无计划的膨胀，并由此造成城市病的泛滥，最终的结局是表面的城市化。④ 因而导致了"原著民"对移民的鄙视与傲态。但洛阳涧西工业移民却正好相反，他们不是城市本身的拉力吸引来的，也不是逃荒或谋生的需要而来，他们或是支援国家建设由相对发达的沿海城市而来，

① 杨东平：《对城市建设的文化阅读》，凤凰网，世纪大讲堂。
② 芒福德：《城市发展史》，宋俊岭、倪文彦译，北京：中国建筑出版社，2005 年，第122 页。
③ 芒福德：《城市发展史》，宋俊岭、倪文彦译，北京：中国建筑出版社，2005 年，第122 页。
④ 涂文学：《"第二届全国城市史研讨会"述评》，《城市史研究》，天津：天津人民出版社，第5辑，第27 页。

或是为了工业生产招工或转业而来。他们的到来，对城市来讲，不仅没有造成环境的恶化和城市施设交通居住的瘫痪，反而带来了一个崭新的具有现代气息的城市景观与设施。虽然建设是国家搞的，国家是为工业建设新城，但从某种意义说，也是为他们建的，国家为他们建立新的家，他们来这里是为国家生产工业产品的。为了更好地进行工业生产，同时，也体现社会主义的新城市的风貌，这个城市至少在景观、设施上是现代的。这一点尤其体现在道路和市政设施上。电力系统、供水系统、自来水和排污水管道等公用事业的便利，使得旧城区的人们不得不对这些现代的产物心生敬仰。而且，整齐划一的街道干净、通达。私人空间所占比重很小，这也给十分看重私人建筑空间的人们这样一个暗示，新城区是大家的，一切要靠大家维护。因此，这里需要的是一种现代的城市意识，这种现代的意识同现代的景观本身会产生一种优越感、自豪感。同时，景观的美观是比较出来的，是相对的。正是有了老城，有了传统的景观，才更显现出新景观的新。而以新的工业审美观来衡量，现代的发展的涧西区的工业移民有了优越感。

（四）文化符号的认同与归属

一个工业都会和一个古都，其景观差异是显而易见的，洛阳将这显而易见的差异放在一个空间的两个相对独立的区域中展出，而不是把牌洗在一起，混在一块，其特点愈加鲜明。同时两种景观的不同处，对城市来讲又有了另外的含义。对于新景观来讲，旧城区的景观使其有了时间的延伸，有了厚度，涧西工业区，特别是涧西的工业尽管没有历史，没有过去，但它与老城相连，传统的旧式的建筑物以其符号象征的形式，将过去的时代和当今的时代联系在一起，使其有了时间的支撑。尽管景观的巨大差异折射出了时代与时代相冲突：时代向时代提出挑战。[①] 但在城市的历史性范畴中，城市的功能和目的缔造的旧的城市结构，旧有的城市建筑景观，不经意间将旧有的文化和新时代任意抛弃的思想意识保存给将来；从另一方面来看，虽然它也将一些不适应的东西留传给后代——就像身体本身会以伤疤或定时发作的痈肿等形式把过去受过的创伤或打击留传下来一样。对于旧景观，涧西工业区的现代景观使其时间的延续在空间上有了跨越，部分地将成为未来的模范榜样。尽管两个城区在空间上有了距离，但在建设初期，新城区的建设就已经考虑了与旧城区的联贯与联结。涧西工业区规划前前后后提出了 26 个方案，最后归纳为三个：一个将涧西区

---

① 芒福德：《城市发展史》，宋俊岭、倪文彦译，北京：中国建筑出版社，2005 年，第 105 页。

规划成方形的棋盘式，住宅区以巨大的空间独立出来，由于没有考虑与旧城区的联系，被否。第二个方案是在第一个方案的基础之上，在与旧城区连结的地方放射几条路，这种方法与旧城区的连结很生硬，也没有采纳。而第三种方案，就是最后实施的，长方形的，因为充分照顾到了将来与旧城区的联系，而成为被采纳的原因之一。① 这种景观上的跨越与结构上的连贯，实际上也使两个城区更好地互相对照。同时，尽管新城区植物群很新，尽管人造环境很现代，但它与旧城区是有联系的，在更大的时空观念里，它属于洛阳这个历史文化深厚的古城。如果说旧城区的空间不能成为它的"母体"，但其所属的广阔的空间是它的"养母"，这种联系体现在居民对洛阳这一文化符号的归属情绪方面。有网友说：

"撇开文化不说，这里仅仅说一下一个城市的凝聚力。洛阳、郑州都算是移民城市，所不同的是洛阳的移民很大一部分来自上海、东北，这些地方在50年代的时候应该是全国经济比较强的地方，所以一直透着一股傲劲，郑州的移民相对来说更平民化一些。但是，洛阳和郑州最大的区别还是在于"洛阳"这两个字，这两个字在中国历史上出现的太多，所以具有极强的凝聚力。移民到洛阳的人都会把自己当成一个洛阳人，都以洛阳辉煌的历史为傲，彻底将自己融入这个已经荒废很久的千年帝都。"②

传统文化有着很强的感染力与影响力，像冰山海底的部分，你看不到它们，但正是它们支撑着海平面可见部分并影响着它的形态。实际上，在第一代工业移民来洛阳时，在思想政治工作上就已经把宣传洛阳作为一项内容了。1954年后任洛阳轴承厂党委副书记的原瑛回忆说，那时，"各级党组织普遍对职工进行前途教育。向他们介绍九朝古都的历史文化，社会主义建设的宏伟蓝图，以工厂发展的远景规划等等，激发大家热爱洛阳以厂为家对祖国前途充满信心，积极参加重点建设的光荣感。"③ 光荣感不仅来自于参加国家重点建设，也来自于古都的历史文化，尽管他们对残破的景观并不一定认同，但他们对"洛阳"这个符号却有了认同与归属。这也是历史文化的魅力和强大的整合力。喜新厌旧使人们更愿意接受新的景观与器物，而祖先崇拜、根文化的意识以及今不如昔的观念却使人们更愿意保留旧有的观念，这两种矛盾体的冲突、

---

① 洛阳第一档案馆，全宗67，第10卷，"对城市建设的几个问题的探讨"。
② 洛阳为什么敢于挑战，郑州作者：记忆合金，http://bbs. ly. ha. cn论坛：洛阳城事。
③ 原瑛：《建厂初期的思想政治工作》，《涧西文史资料》，第二辑，第154页。

整合形成洛阳城市文化与形象独特的一面。

（五）余论

在结束本章的论述时，笔者还有些余论。20 世纪 50 年代，工业建设功能是城市最为主要的，具有决定性优势的功能，功能决定了结构。因此，不仅新建的城市或城区，老城区也按工业建设的要求进行了手术，城市的功能和目的缔造了城市的结构与景观，但城市的结构与景观却较这些功能和目的更为经久，因为城市还有一个更具生命力的功能，即作为历史文化的容器的功能。芒福德强调"城市是一种贮存信息和传输信息的特殊容器。"① 芒福德的论述是深刻的："在城市发展的大部分历史阶段中，城市主要还是一种贮藏库，一个保管者和积攒者。城市是首先掌握了这些功能以后才能完成其最后功能的，即作为一个传播者和流传者的功能。……社会是一种'积累性的活动'，而城市正是这一活动过程中的基本器官。""用象征符号贮存事物的方法发展之后，城市作为容器的能力自然就极大的增强了：它不仅较其他任何形式的社区都更多地聚集了人口和机构、制度，它保存和留传文化的数量还超过了任何一个个人靠脑记口传所能担负的数量。这种为着在时间和空间上扩大社区边界的浓缩作用和贮存作用，便是城市所发挥的独特功能之一。一个城市的级别和价值在很大程度上就取决于这种功能发挥的程度；因为城市的其他功能，不论有多重要，都只是预备性的，或附属性的。爱默生讲得很对，城市"是靠记忆而存在的。"②

我们却是为了工业建设，不够慎重地将传统城市或城区进行了手术，将历史文化删除，这些动作是不可逆的。我们是否需要反思，并从反思中有所悟。过去的空间结构与景观建筑以空间的形式将时间保留下来，将过去的时间呈现给我们，我们是否应当珍惜。平遥、丽江等过去落后没有工业建设而逃避手术的城镇在今天所展现的"历史文化容器"的功能，是否让我们若有所思。同样 20 世纪 50 年代洛阳涧西工业区的建设所留下的城市空间及其空间结构与景观既是同时代的楷模、"精品"（至少我是这么认识的），也具有历史符号与象征的意义。它将当时的思想意识与审美价值通过空间的形式保留下来，因此，当今天建设工业性城市已不再是大政方针，传统的工业风光不再，甚至逐渐沦落为"夕阳产业"的时候，对其所产生的空间结构与建筑景观进行的手术或

---

① 芒福德：《城市发展史》，宋俊岭、倪文彦译，北京：中国建筑出版社，2005 年，第 106 页。

② 芒福德：《城市发展史》，宋俊岭、倪文彦译，北京：中国建筑出版社，2005 年，第 105 页。

将进行的手术是否应慎而又慎。（20 世纪）80 年代靠经济，90 年代靠管理，新世纪靠文化，今天个个城市都在挖掘自身历史文化。城市是靠记忆存在的，让我们记住并思考这句话的涵义吧。

第五章

空间整合

　　前面我们讨论了洛阳两个城市空间的形成，并静态地讨论了两个城市空间结构、景观的特点及其影响。这一章里我们主要讨论两个城市空间的整合，即城市的一体化。

　　从空间形态上讲，中国传统的城市空间是方形的，有一个规划的城市中心。中国城市化的发展绝大多数城市也是以这个方形和单中心为基础，摊大饼似的向四处扩张，形成"单中心＋环路"，一层一层向外浸润的类方型城市空间。洛阳城市空间的城市化是非典型的，"非典型"的城市空间却是由两个典型的城市空间组合与整合而成，一个是典型的传统农耕文明的城池，一个是典型的中央计划经济条件下建设的工业基地，两个相对独立的城区在相距6公里左右的空间中分立、共生。城市空间的一体化要求使两个城区中间的空间成为新的发展区，这样两边向中间靠拢，形成所谓"一个中心，二个副中心"线型带状的城市化空间结构。与其他城市不同的是，洛阳城市的中心空间是最为年轻的。为整合城市空间，两城之间这6公里左右的城市空间成为洛阳20世纪60～90年代城市发展的重点之一。

　　分立、共生、整合与发展也是这一时期洛阳城市空间的主题词。

　　撇开老城建新城，新老城池在同一城市的不同空间得以共存。由于经济形态、社会结构、居民构成等多方面的原因，新旧城之间的差异是巨大的，却因为不同的空间而得以分立共生。但是文化有着一体化的倾向，随着城市化的进程，特别是在市场经济的转轨、以及更深层次的城市社会转型的趋势下，二个城区逐渐走向了一体化、共生整合的发展道路。

　　共生是美国新正统城市生态学者霍利（Hawley, A. H.）的概念。共生是相互依赖的一种形式，古典人类生态学强调竞争，霍利强调相互依赖。相互依赖有两种形式，共生关系形式（功能间的互相补充关系）和共栖关系（功能相似群体的聚集）。共生增强人类群体的生产或创造力，促进专业化；共栖由于同质性，只有保护或防御作用。共生（共同体群体，如家庭、村庄、城市等地域性的工业、商业、学校及政府等团体）是生产性的，而共栖（类别群体如亲属、种族、政治、阶级、专业组织等）是防御性的。某一地域聚居人口的生态组织模式基本上是由共生和共栖这两种形式所决定。① 两个洛阳从分立到共生经过相当时期的历程，并且这个历程实际上仍在继续。在这个仍在继续的过程中，两个洛阳不同的因素产生了融合，融合是几种不同的事物合在一体。你中有我，我中有你，它的完美状态如同糖溶入水中。在两个洛阳分立、适应的过程中，一些因素互相融和了，如认同感与归属，洛阳已经是洛阳人的洛阳，而不再是老城市的洛阳或工业基地的洛阳，老城区的洛阳已包括了工业基地，而工业基地的洛阳则也包括了老城区。尽管如此，新老城区仍然存在着巨大差别，因此，需要进行空间与社会的整合。

社会整合（social integration）指社会不同的因素、部分结合为一个统一、协调整体的过程及结果。亦称社会一体化。社会整合的可能性在于人们共同的利益以及在广义上对人们发挥控制、制约作用的文化、制度、价值观念和各种社会规范。② 整合在杜尔克姆（Emile Durkheim）那里指的是把个体结合在一起的社会纽带，是一种建立在共同情感、道德、信仰或价值基础上的个体与个体、个体与群体、群体与群体之间的以结合或吸引为特征的联系状态。整合的目的是实现一种和谐、顺畅的关系秩序，这种关系秩序依赖于外部的相互依存关系和其内部的凝聚或团结。整合含有将部分编织成一个有序的相互依赖的总体或结合体之意义，并不一定强调各部分之间的完全一致和亲和。③ 两个洛阳，传统的和工业基地的，它们有不同的结构、不同的经济形态、不同的功能，既有现代性，也有传统性，既有现代的思想意识，也有传统的文化价值观，但这不影响它们彼此成为一个有机的整体。整合具有包涵与协调的意义，包涵将不同的社区保持在一个社区中，而协调则使整体中的部分持续的相互联结、相互依赖，将更多的传统纳入更多的现代，将更多的现代包涵更多的传统。

整合有赖于老城市功能的发掘与发挥。二元结构的极化发展是不利于整合

① 参见蔡禾：《城市社会学》，广州：中山大学出版社，2003 年，第 49～53 页。
② （袁亚愚）中国社会学，http://www.chinasociology.com/name/new_ page_ 66. htm
③ 参见周怡：《解读社会》，南京：南京大学出版社，1996 年，第 210 页。

与发展的，一个结构与功能极化的社会也是很难整合的。但结构与功能趋同单一如同缺乏管乐组的交响乐或没有边锋的球队是没有表现力与竞争力的。因此，结构与功能的互补在整合的过程中极为重要，在这个意义上讲，洛阳老城区功能的发掘推动了整合。计划经济时代的洛阳老城，长期以来缺乏有效的政策引导和雄厚的资金保证，在资金吸纳与流向、预算偏向、单位层级等方面处于弱势，城市基础设施建设落后，底子薄、欠账多，存在着布局混乱、房屋破旧、居民拥挤、交通阻塞、环境污染、市政和公共设施短缺等问题，危及城市特色和历史文化遗产的保护与继承。工业基地的洛阳，是计划经济的产物，计划经济的一个特点是重生产轻消费，重生产轻生活，希望经济高增长、快增长，为了高增长、快增长，把生产资料的生产放在重要地位，重视重工业，而重工业的特点是投资大，回报慢，于是，有了先生产，后生活的政策，让居民特别是工人少消费、不消费，积累下来搞工业，"他们一方面看到了城市是一个下蛋的鸡，它有非常好的生产机能，但是另一方面又看到了城市还是一个巨大的消费体。"① 因此，城市居民的生活不尽如人意，城市的文化娱乐设施自然也受到控制。二元的洛阳，传统的和工业的洛阳，既相互影响、相互改变，同时又在谋求社会经济的发展过程中，顺应社会的发展趋势，进行着城市的更新和城市的转型。

　　城市社会的形成是一个动态的发展过程，在城市的发展过程中，城市更新（urban renewal）作为城市的自我调节机制不断在发挥作用。城市总是处在不断地新陈代谢过程中，旧城改造、改建、整治，城市扩建、开发、规划，城市功能体系不断地根据人们的需要重组重构。老城改造一新，成为新的"老城"；而新城随着时间的推移，逐渐成为旧城，进入改造的行列。因此，城市更新作为城市发展的一个重要手段，是一个连续的行为，贯穿于城市发展的整个过程。这是城市与乡村社会的一个重要区别。城市在更新的过程中发生着转型，传统的老城是农业社会的，在进入工业社会中必然发生形态上的某些变化，工业基地的洛阳也不是终点站，而是一个中转，社会总是在不断地发展，城市也在不断地适应社会经济的发展和人居的需要的同时发生着改变。城市变得更像是一个生活的单位。洛阳也在"以人为中心"的口号下，着力打造良好的人居环境，不仅包括良好的生存环境，也包括良好的发展环境，不仅强调自然环境、建筑物理环境，也包括良好的人文环境，于是住宅的建设、文化娱

---

① 郑也夫：《城市社会学》，北京：中国城市出版社，2002年，第102页。

乐设施、卫生体育、商业休闲，以及提高劳动力素质的科研教育机构等等成为城市的主体。与此同时，工业基地则退居二线、三线，逐步淡出城市，迁入郊区甚至村镇。今天，洛阳的工业仍然集中在原工业区，其它城区的工厂则淡出，老城通过改造以其浓郁的历史文化特色，逐渐成为体验经济的舞台和道具，发挥着无烟工业的作用。而市中心的西工则中部崛起，成为真正的中心，起到了整合新旧二个洛阳的功能。同时，今天的洛阳已经开始跨过洛河，扩大城市半径，把城市扩建到了洛河的南岸，使之成为教学科研、商贸、特别是适宜人居的新城区。城市在更新中不知不觉地发生着更大的改变，洛阳从传统的消费城市，到计划经济的生产基地，经过市场经济的整合，正向着以人为本的人居环境转型。转型本身就是发展。

一、整合的规划与实施

撇开老城建新城，使洛阳在 50 年代有了两个城区，一个是历史遗产的老城，一个是"新兴的工业基地"。涧河西部的工业基地一期工程完工后，基本上一次成形，形成了一个以工业伦理或价值为空间秩序或核心的新城区。新城区与老城区之间相距约 6 公里，结果造成了城市空间的断裂，因此，将新旧两个城市空间接起来，进行空间的整合就成为城市发展的必然选择。

还在涧西工业区进行建设的时候，这个空间已经被定为发展区，即为以后的城市发展方向。实际上，在涧西区规划中，现行的方案能从 26 个设计方案中胜出，与旧城区结合的考虑与规划也是其胜出的主要原因之一。然而，要将相距 6 公里的城区整合在一起，这 6 公里的空间首先必须转变为纯粹的城市化空间，发挥城市空间的功能，才有进行整合的基础或资本。其次，这个区域还要形成中心，不仅是空间，更是政治、文化和商业的中心，这样才能更好发挥连接东西新老城区的功能。最后，这个区域还应当利用空间中心加速发展，以吸引、辐射两个城区，使两个城区通过中心区的整合形成一个整体的城市空间。

（一）中心的建立

工业区选择了涧河以西，涧河以东至老城的大约 6 公里宽的地带则成为两城之间的"空"地，于是洛阳的建设规划者们开始在这块空地上做文章。但"一五"期间，重点是为国家重点项目配套，因此，洛阳市为忙于涧东规划而受到批评，但停下了涧东的规划，同样受到了批评，因为没有涧东这块空地的发展，也就谈不上对涧西工业区的支持。为了更好地支持涧西工业区的发展，涧东的规划也应跟上，将两个城区连上，使城市成为整体，这样才能更有效地支持国家重点建设项目。涧东的规划在 1956 年开始了。

涧东包括了今天的西工、老城和瀍河区，连结老城与涧西的那块空地被称为西工地，后来以西工区命名。规划的西工区东西长 5 公里，南北宽 4 公里。① 总面积 20 平方公里，其中工业用地 3 平方公里，生活居住和其它用地 15 平方公里，绿化带 2 平方公里。②

由于涧西与老城的存在，使得西工区的建设更有方向、更有意义，它要承担承上启下、联结老城与涧西的任务，避免城区断裂，从而起到使城区空间一体化的空间整合功能。城区空间的中心被规划为城市政治、文化、商业的中心。这个新任的中心却是最晚起步，老城区业已存在，涧西区一期规划基本到位，这个中心却经过二期的规划才逐渐成形。因此，与传统城市或"摊大饼"模式发展的工业化城市不同，洛阳的城市中心是后来生成的。

这个年轻的城区并非一张白纸，旧有的军营及设施如同不能整理的系统文件成为影响西工区规划的重要因素。西工区的基础是民国时期留下的军营和火车站（这既是有利条件，也是不利条件）。此外就是 1956 年建设的从老城开始、贯通西工直达涧西的中州路。这条路是城市东西向的轴线，自然也成为西工的轴线。民国时期留下的金谷园火车站得以扩建，从火车站修一条公路直通中州路——这条路成为洛阳城市南北向的轴线。坐北朝南从南面吸收阳光和生气的中国人，通常将南北轴线视为真正的轴线，尽管洛阳南北长仅 3 公里，东西宽超过 15 公里，也许正因为这种东西向的空间形态，南北这条轴线成为洛阳市区的轴心，金谷园路通过圆形的花坛在东西两个地方与中州路相交改为人民东路、人民西路向南延伸 200 米后，又分别与凯旋路相交，然后沿着金谷园路的轴线向南并入体育场路，至南端的体育场。与传统城市的端景不同，体育场利用地形建在洛河滩的洼地上。在金谷园路的轴心线、花坛的对面，由中州中路、人民东路、人民西路和凯旋路围成的长约 290 米、宽 180 米的长方形中心空间，是街心公园和政府办公大院，是区域乃至整个洛阳城的中心穴位（政府又一起回归到了中心空间）。在西工花坛和街心花园周围，分别建设了政府机关大楼、邮电大楼、百货大楼、银行和国际旅社，形成一条环状的建筑

---

① 行政区划上，西工区东起定鼎路，但老城区空间的形态应该西至西关附近，从西关至涧西东西长约 6 公里左右。

② 《当代洛阳城市建设》，第 74 页。

群。在这建筑群的周边，又分别建设了新华书店、电影院、剧院、酒家、百货批发站等建筑群体，加上周边的市委、军分区、公安局、商业局、供电局、图书馆、文化馆、中小学等机关团体，城市政治、商业、文化中心的态势初步形成。当然，从这个规划建设中可以看到苏联模式的特点——市中心由巨大的建筑围成广场，几条主要的大道从中心向外辐射。①

作为中心城区或空间的中心，有着先天的商业优势，空间的整合似乎离不开商业中心的吸引和辐射。因此，在上述中心区位，即金谷园路与中州路交汇的花坛周围，除百货大楼、百货站批发部、邮电大楼、新华书店外，还有国际旅社②、人民银行、西工电影院、上海剧院及三友理发店③、兴化浴池、红光照相馆④、洛阳酒家⑤等等公用事业、商业服务业的领头羊。此外，位于小街的西工回民饭店（1958）、万景楼饭店（1958）、西工饭庄（1958年）等等构成的商业服务空间也很好地充实了市中心。

为促进这个新区的发展并将之建设成为城市的中心。洛阳市采取的将行政功能或行政的空间转移至这个新发展区的措施，这对区域的发展具有长远和深刻的意义。政治中心的建立及其所带动的配套的文化事业、商业、宾馆餐饮等服务业的发展，对一个城市空间的影响是巨大的。同时，政府机关位于空间的中心，这既符合中国人传统的政治空间居于城市中心的习惯性思维，也解决了老城区日益凸现的用地紧张问题。而将政府机构安置在市中心宽阔疏朗的中州路附近，更方便行政中心与东西两城区的沟通，而更重要的隐性功能也许是可以通过行政机构的建设搞活与拉动这个城区的空间建设，促进这个发展区得到更快的发展。因此可以说是一举多得。1956年开始，市政府、市委以及人大政协、武装部及其他相应的党政军行政机构、委局等相继迁往西工中心区带，洛阳地委、行署、军分区等地区的行政机构也迁入西工，这是一种以行政机关的迁移带动区域发展模式的尝试。应该说是新区建设的一条成功的经验（40多年后，洛阳市又故伎重演，开始了第二次的行政机构大搬家，即利用行政空间的转移带活新兴的发展城区）。

---

① 参见顾朝林：《城市社会学》，南京：东南大学出版社，2002年，第136页。
② 位于中州中路45号，市人委楼西侧，1957年开业，是当时洛阳最为现代的旅馆之一。
③ 位于人民西2号，国际旅社北侧，1956年开业，由上海迁入，行业的旗舰。
④ 位于小街48号，1955年开业。
⑤ 位于中州中路39号，1959年开业。洛阳当时最好的饭店之一。

（二）工业的发展

有什么样的生产方式就有什么样的社会空间，同样某种性质的空间也必定促进某种生产方式的发展。计划经济时代，建设工业城市是既定的方针，城市规划的基本依据是工业，没有工业，城市规划就没有了依据，发展也就无从而谈。这样的文字我们在翻阅档案时随处可见，西工发展区的规划也同样如此。为了发挥其整合作用，还在"一五"期间，就规划了工业保留区域。"二五"期间即建设了国家重点项目洛阳玻璃厂和洛阳印染联合企业。[1] 有了大型国企的进入，西工区就有了规划与发展的依据，洛阳城市空间的整合也就有了内容，城市空间的发展也有了重要的砝码。今天看来这二个工厂的选址都存在很大的问题，这个问题不仅是从人居环境、大气污染的角度（尽管大型的玻璃厂建在市中心，对城市的空气产生不利的影响），从戴维·哈维（David Harvey）所谓城市空间应具有足够的柔性而言，[2] 而是从更重要的历史文化遗产的保护角度而言。两个工厂一个建在了周王城遗址上，一个建在了隋唐洛阳城皇宫的遗址上。其中的原因多多，教训值得深思。

洛阳玻璃厂是国家"二五"期间的重点企业，建厂筹建处先后勘探了铁门镇西、涧西、陇海铁路两侧的大片土地，随后又勘察了谷水、洛南、唐寺门至白马寺一带以及西工地区。铁门镇靠近矿石等原材料的供应地，但因地势过高，水源不足，对生产用水和职工生活用水将会产生影响被否定。谷水、军屯、唐寺门至白马寺一带，则因地域狭小，将制约工厂的进一步发展，厂区修建铁路专用线要跨越洛河、瀍河将加大基本建设投资，不符合当时厉行节约、勤俭建国的原则被放弃。"经过认真分析、反得比较、仔细研究之后，"最后确定在西工区。[3]

在当时看来，这时极为成功的选址，"洛玻择址于此，实在是既得天时、又得地利。厂址位于市中心，西起金谷园路，东至定鼎路，南临中州大道，北靠陇海铁路。……公路网四通八达，为洛玻的交通运输提供了极为便利的条

<hr />

① 规划为三个纺织厂、一个印染厂，种种原因，最终只在三厂的位置，建设了一个厂——洛阳棉纺织厂。见《洛阳棉纺织厂志》。

② 哈威认为，一方面，时间和空间塑造了城市，另一方面，城市过程也在形塑城市的空间和时间。因此，他强调城市过程应具有长时段的社会效应，一些被当代人视为好的城市发展项目，如纵横的高速公路、成片的郊区住宅等，在下一代人看来可能弊端多多。因此，城市过程应该具有足够的柔性，以适应时间的变化。

③ 《浮法之光》，北京：改革出版社，1999年，第4~5页。

件；市内大型工业企业荟萃，科研院所云集，科研力量雄厚，为玻璃生产提供了优越的社会协作条件。三门峡水电供应，地下水资源丰富，都是玻璃生产难得的动力、能源优势和职工生活须臾不可或缺的条件，生活区距市政府、邮电、金融、商业服务中心不过百步之遥，对发展职工福利也是非常有利的条件。"①

然而今天来看，这是一项很失败的选择。首先，将污染严重的重工业企业放到市中心，不能说是一个好的选址。而且处在上风头，规划的、起到绿化和防护作用的林带又没有执行，更加加重了对市区的污染，成为此后洛阳市中心区的主要污染源之一。其次，由于市中心用地的紧张，使得工厂预留的闲置用地必然受到挤占，企业的发展受限。第三，也是最为严重的、甚至是最不可逆的损失是工厂建在了隋唐宫殿的遗址之上，从而造成了文化遗产无法挽回的巨大损失。因此，随着城市的发展，城市化的进程，玻璃厂选址的负面影响越来越明显，搬迁是必然的选择。这也印证了洛阳规划建设的一条经验教训，洛阳城的建设——上级文物保护部门必须在场。厉行节约无可厚非，为职工的生活便利考虑更具有人性的特点应当支持，但这一切不能以古城遗址的损失为代价，放在长远的视野中，企业的生命是暂时的，而历史文化遗产却是永恒的，不能以暂时毁掉永恒，这即是当年的教训。在工厂建设几十年后、在工业化城市化发展到一定阶段，我们更加意识到了这一错误。

在西工区兴建的另一国家大型企业洛阳棉纺织厂也有同样的失误。

洛阳棉纺织厂建在了当时的城郊。作为轻纺企业，虽然污染没有玻璃厂业那样严重，但却同样建在了东周王城的遗址之上。在西工区建立大企业与建筑本身就是一个失误。虽然以城市发展的眼光看，1950年代城市规划的依据是工业建设，工业企业对洛阳城市的发展、对洛阳城市化的进程是作出巨大贡献的。没有工业企业，洛阳的许多地方也许还是农田。但是就长远的利益来看，就历史文化遗产的保护来看，似乎当初的发展微不足道了。因为今天我们可以通过另一种方式、通过另一种选址模式发展城市，可惜的是，这一切已经是历史的存在。

洛阳棉纺织厂的建厂依据在于河南是重要的产棉区，有丰富的纺织原料资料，而在洛阳建设有利于洛阳轻重工业发展的平衡（其中包括男女职工的平衡）。因此，中纺部1956年8月11日以（56）纺计字第730号文，下达了计

---

① 《浮法之光》，北京：改革出版社，1999年，第5页。

划任务书，兴建洛阳棉纺织印染联合企业，包括一个纱厂、三个纱布厂、一个印染厂，同时还拟建总维修厂，负责修理各分厂的主辅机器设备。① 因此原规划面积很大，联合厂在市老城西，距新发展的市中心约一公里，北有陇海铁路、东北角为金谷园村，东与报废的飞机场相距六百米，南距原火力发电厂约一千米，并与汉河南县城（已无遗址）相距八百米，西邻五女冢村，再西即为涧河。② 但由于国家计划有变，压缩投资，1957 年工厂停建。1958 年复建时，"利用三厂（第三纱布厂）原址建设洛阳一厂。"③ 1959 年 4 月，河南省计委基字第 36 号批准，国营洛阳棉纺织印染联合工厂改名为洛阳棉纺织厂。

两个大型国有企业的落户，为西工区的发展提供了依据。以此为龙头，50~60 年代，先后有一些企业建在了西工。

商业部洛阳制冷机厂 1959 年由北京迁入纱厂东路。

中国人民解放军第五四O八工厂 1969 年迁洛于金谷园路。

此外，建厂于市中心附近的有：

国泰服装厂 1955 年从上海迁入人民西路 9 号。

市第二针织厂 1954 年建于七一路。

洛阳市育新童装厂 1965 年建于体育厂路。

市阀门厂 1958 年建成（七一路 9 号）。

建于唐宫路区块的有：

市无线电厂建于唐宫西路。

市针织厂建于唐宫西路。

市啤酒厂 1969 年建于解放路。

康乐食品厂建于唐宫西路。

市轧面厂建于芳林路。

光华皮件厂 1955 年建成于唐宫路。

1967 年建成的市塑料二厂（汉屯路 1 号）。

1969 年建成的市灯光厂（光华路 25 号）。

1970 年建成的市塑料五厂（解放路 20 号）。

1969 年建成的市卫生纸厂（光华路 4 号）。

① 《洛阳棉纺织厂志》，第 13 页。

② 《洛阳棉纺织厂志》，第 14 页。

③ 《洛阳棉纺织厂志》，第 24 页。

建于凯旋路区块的有：

洛阳市半导体一厂建于凯旋路。

第一豆制品厂 1975 年建成于凯旋东路。

市橡胶厂 1958 年建成于凯旋西路。

建于中州路的有：

洛阳市半导体二厂 1975 年建于中州中路。

东风轴承厂 1958 年建成于中州中路。

建于王城路区块的有；

中国有色工业总公司洛阳单晶硅厂 1966 年在区内九都路动工兴建。

水泥制品厂 1954 年从上海迁入王城路南段。

1966 年建成的市汽车配件厂（王城路 34 号）。

1966 年建成的市油咀油泵厂（王城路 35 号）。

1964 年建成的市精密机床修理厂（九都路 71 号）。

1958 年建成的市丝钉厂（九都路 61 号）。

建于道北路的有：

河南省洛阳肉类联合加工厂 1958 年投建，1961 年建成于道北。

市石油化工厂 1958 年建于道北路。

市化工五厂 1958 年建于道北路。

洛阳市面粉厂 1958 年建于道北路。

市挂面厂 1974 年建于道北路。

市皮鞋厂 1956 年建于道北路。

市印染厂 1955 年建成于道北路。

市木工厂 1958 年建成于道北路。

洛阳钢床厂 1965 年建成于道北路。

市乳品厂 1955 年建于道北苗南。

河南钢球厂 1978 年建成（道北岳村）。

市钢管厂 1954 年建成（道北路 14 号）。①

这些工厂的建立，加上搬迁的市委、市政府机关、各委局、各团体、文化机构、洛阳军分区、武装部以及商业中心的建立，使西工区由一片农田和废旧的军营逐渐去农业化，有了城市化的形态，成为一个城区，进而逐步发挥了城

---

① 资料来自《洛阳西工区志》和《洛阳市工业志》。

市中心的整合功能。

（三）路网建设

1956 年，为了连接新老城区修建了中州路。这条路从西工中心区穿过，不仅起着沟通两城区的功能，更成为西工发展区空间发展的轴心和整合两个城区的纽带。实际上，这条路成为此后带状洛阳城市空间的轴心、核心和城市发展的基础。以至于抽掉这条路，洛阳的城市空间将因失去脊梁而完全解体。这对 50～70、80 年代的洛阳来说，绝非夸张。有了路，就要在路两边建设建筑物，使其形成一定的空间功能。在一些欧洲的老城市，城市的标志可能是几条著名的干道或大街，如巴黎的"香榭丽舍"大街。但街道的两旁的建筑物也许才是决定城市风格的主角。洛阳的规划设计受苏联模式的影响，苏联的建筑规划分配是以大街而不是以区域为单位，这种思维形成人们"更注重一条路两边的建筑的外观和统一，而不注重一个区域整体的和谐。小区的功能、美观与街边的脱节也就不可避免了。"① 在具体的城市三维空间构成的城市景观方面，苏联顾问们"更在乎道路两边的建筑立面，而不是整个小区的建筑功能和美观。"②

于是沿着这条路首先填充了机关、团体、企事业单位，从西关开始，沿路两侧分别设立了建机厂、汽车厂、印刷厂、玻璃厂住宅区、学校、工青妇等团体机关、电影院、邮局、百货批发站、新华书店、百货大楼、旅社、银行、部队大院、剧院、供电局、东风轴承厂、医院、公园、省建六公司等机构，使这条路首先有了城市化的景观与意义。

中州路外，1950 年代至 1960 年代初还修了几条道路，这些路以东西向为主，反映了带状城市初步形成的特点。

唐沽路（唐宫路，全长 3945 米），1956 年先修建环城西路至金谷园路，1963 年修建从金谷园路到芳林路段（当时还没有芳林路，路至西小屯村而断）。

凯旋路（全长 3280 米），1958 年修建，先修建的是玻璃厂路至解放路段，是贯穿市政协、市委、市武装部、市政府、公安局、图书馆等行政文化机构门

---

① 华揽洪：《重建中国——城市规划三十年（1949～1979）》，李颖译，北京：三联书店，2003年，第 53 页。

② 这种思维方式也曾充分反映在他们自己国家所采用的方法上，比如莫斯科市各建筑设计院和城市规划工作室的任务分配上，每个设计院分配到的科研规划不是城市规划的一片区域，而是一条几公里的狭长地带，它相应于城市规划的一条干线。华揽洪：《重建中国——城市规划三十年（1949～1979）》，第 53 页。

前的景观大道，后延长至王城路。①

道北路（全长4500米），路两边多为市属的工厂，为通勤运输所建，偏离市中心，城市化的意义不大。

此外道南路、纱厂（东、西）路也于1956年和1958年兴建，分别是纱厂的客货运公路和玻璃厂的货运公路。

南北路主要有两条：一是金谷园路从火车站出发，直达西工花坛，过街心花园、市政府机关大楼后，变体育场路到西工体育场，这条路是西工区的轴心，也是洛阳市的轴心线。

定鼎路，从道南路贯穿唐宫路、中州中路、洛阳桥，与洛龙公路相接，是南北向通往区外的主要公路。

这些公路的建立，其功能的发挥及沿道路的机关、企事业单位团体的安排，改变了西工中心区的非城市化空间，城市化空间与景观的雏形已经显现。

尽管有了上述整合的条件，空间的整合仍然存在着障碍。

二、整合的困难因素

（一）道路

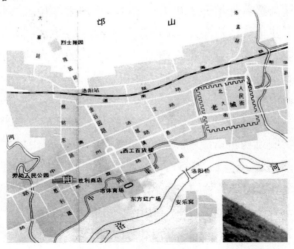

图5-1　西工区道路②

① 市委：老城区民主街，1956年迁入西工玻璃厂北路，1957年迁入现址。地委：兴隆街。1959年迁入西工行署路。市政府：1948年3月14日成立，49年1月，县市合并，与县署办公，县领导市。10月县市分治，市归专署领导。1954年4月，归省领导。政协：55年九月成立时位于东华街20号。1957年迁到民主街31号。1961年4月迁到西工。洛阳军分区1970年3月由东新安街迁入西工。

② 来源：中国国际旅行社、地图出版社编：《中国旅行游览图》，北京：地图出版社，1974年。

道路是一个非常有魔力的东西，它能够吸引开发商，吸引商户，从而很快将道路两边的空间转变为非农化的空间、城市化的空间。道路具有吸引、聚集人气与人群的功能，被道路方格所包围或所规划的空间，往往是城市化空间的先声。因此，城市化或者说城市的整合意味着城市道路网的形成与整合。

　　然而 20 世纪 50～70 年代之际的西工，无论是区内的道路体系，还是与外区相连的道路体系都还不能达到或行使这一功能。这主要表现在两个方面：一是与区外即老城和涧西的联系上，二是区内部空间路网体系的完善上。

　　首先是城区之间的连接方面。城区之间的道路沟通使城市成为一体，这是整合城市空间一个非常重要的内容。一个完整的城市空间，必然有一个完善的道路体系将其整合为一体。1980 年以前，洛阳城区，尤其是涧西与东部城区的沟通仅靠一条中州路相连。1970 年虽然又修建了九都桥，但一方面，那时的九都路主要是为单晶硅厂通勤运输服务的，道路窄、道路等级低，宽仅 7 米，桥宽 9.2 米。另一方面，这条路从东下池、西下池、瞿家屯、兴隆寨等城中村中穿过，而通过桥过涧河后是植物园和农田，由于计划经济时代的城乡壁垒，郊区的农民与大企业的工人之间并没有直接的沟通，农民虽然也为城区提供蔬菜等服务，但并不是直接的，更没有像今天这样发达的服务业，因此，从某种意义上讲，那条路大多数情况下是沟通城中村的，对城市化的贡献并不突出。1970 年代以前，年轻的城市中心与老城的道路交通也主要靠中州路，因为城墙护城河等因素（城墙虽毁，但其分界的作用还在），虽然有道南路，但这条主要为玻璃厂货物运输而修的道路其路两边的铁路和工厂的高墙影响城市道路对城市化的贡献。因此，城区间的道路对城市的整合来讲是远远不够的，这使得在一定时期内老城与涧西是分立共生的。

　　分立表现在以下几个方面：首先在外形上，两个城区在交通网络上是分立的。传统的洛阳到洛阳工业基地的中心地带要经过一条河——涧河，横跨涧河的桥梁成为当时的"鹊桥"①，沟通两个洛阳。但十几万人的体量，以后更是发展到几十万人的两个城区，仅靠这一座宽不过 20 米的桥是远远不够的。社会学家郑也夫先生运用生物学家古尔德（Stephen Jay Gould）关于动物形体的

_____

① 涧西多为重工业基地，男性职工居多，而涧河东部规划的纺织城则女工居多，故有此一说。

理论做过很形象的解释。古尔德从生物学的角度比较了大型动物与小动物在形体上的差别，得到一个结果，即越是超大型的动物，身体结构越是接近，如犀牛、大象，而越是小型动物越是多样化。中型动物如狼、狗、豹等动物，身体中间可以下陷，腰部可以很弱，而大形动物则不能，必须要有一个很大的骨架，因为这类动物的肌肉很大，如果腰部下陷，身体将前后脱节。因此，需要牢固的骨架将全身各部分的肌肉整合在一起，才能奔跑、运动。郑先生将此理论运用到城市形态的研究，认为城市里最像大型动物骨架的是城市的交通系统。没有发达的交通系统，城市就像没有骨架的大象，不能将上吨的肌肉整合在一起，城市将破碎为两三个城市，而不是一个统一体，因此，城市要靠交通联系起来。① 这种情况比较适合描述当时的洛阳。两个城区仅靠一条宽 20 米的桥连接是难以整合起来的。同样同旧城区的连接也是依靠一条中州路。当然，由于旧城区与这个发展区没有像涧河这样的自然分隔，两城区之间的分隔主要是城墙遗址和建筑物如民房等，相互之间的整合似乎更容易一些。

其次，在年轻的城市中心区内部的路网建设方面。城市中心区要发挥城市中心的整合功能，将新旧两个城区整合起来，这个发展区自身首先要形成一个整体，即自身要整合。但西工区自身道路的整合也是一个过程。区内路网远远没有完成，因此，区内本身的空间整合也远远没有完成。

与涧西工业区不同，涧西工业区基本上是一次成形，在短短的几年，由于国家的投资规划而形成基本的四横八纵为主干的路网体系。西工区的建设则是边发展，边建设，路网的形成比较缓慢。甚至到了 20 世纪 70 年代中期，还没有完全完成路网的整合。这有几个原因：首先是空间的规划的起点与基础不同。工业城市，工业是城市规划的依据，没有工业就没有了规划。因此，道路的建设往往是为了方便职工通勤，道路的起点与终点也往往是大中型工厂的大门。纱厂路的建设是由于方便 3000 多职工的通勤，因而从金谷园路分出一条路到了纱厂的大门。王城路则是由于水泥制品厂、以及后来的林业制药厂、油嘴油泵厂而修建，以后成为城市主要干道之一的九都路的修建也是由于单晶硅厂而从王城路修到了单晶硅厂的大门。单晶硅厂 1965 年筹建，1968 年投产，1970 年才修建了从大门到九都桥的道路，1971 年修通了九都桥，虽然这仅是一条宽 9.2 米的桥，但它却是第二条沟通西工与涧西的通道，具有重要的意

① 　见郑也夫：《城市社会学》，北京：中国城市出版社，2002 年，第 33～134 页。

义。其它如丹城路与五七一五工厂，道北路与建华玻璃厂等等都是如此。我们从图上可以看出。

图 5-2　1970 年代的西工区①

九都路原名共青路，是最南边的一条东西通道。1965 年为辅助单晶厂的建设而建，只有王城路至大门口一段，1971 年向西延长至九都桥，1973 年向东延伸至定鼎南路。形成全长 4800 米的通道。

道南路，原名金鼎路，东起环城西路，西至洛阳火车站，建于 1958 年，建成联络线至定鼎北路的一段，长 386 米，主要作为玻璃厂的货运公路；1963 年向西修至洛阳火车站，长 1167 米；1964 年向东修至环城西路，长 1234 米。

玻璃厂路，建于 1959 年，配合玻璃厂的建设而修建，从厂大门向南通向厂生活区。

在这个路网体系中，最初只有定鼎路、玻璃厂路和金谷园路与中州路、唐宫路和凯旋路相交形成所谓的网状，其它的公路大多是功能性很强

①　中国国际旅行社、地图出版社编：《中国旅行游览图》，北京：中国地图出版社，1974 年。

（职工通勤）的道路，从某种意义上讲是通向工厂大门并断在那里的"死胡同"。如纱厂西路、王城路、以后修建的丹城路，或伸向村落田野，如纱厂西路、纱厂北路、1970 年前的玻璃厂路、1980 年前的唐宫西路等等。这些路除了中州路都没能与涧西的路网体系直接相连，也由于涧河等原因也不能与其它城区的道路相连，因而无法形成一个完善的通达的路网体系。

（二）空间的障碍

空间的因素也影响着发展区的整合从而影响着整个城市空间的整合。

西工区与涧西工业区不同，涧西工业区是完全在农田中规划建设的。西工发展区则面临着如下的空间困境。

一是军事空间问题。

军事空间终究不是纯粹的城市化空间，城市中心的核心地带，大片的军事用地，会对城市化的发展造成一定的影响。

如前所述，"西工"的得名是由于袁世凯为练兵而开工的西工地。此后，西工成为兵营的简称。吴佩孚驻节洛阳后，扩建了兵营，此后西工或作为军校或作为兵站，直到人民解放军占领洛阳，这里一直作为军事重地而存在。中华人民共和国建立以后，人民解放军接管了这一区域。虽然为了促进洛阳城市的发展，一部分军事空间转为民用，但当 1950 年代洛阳将西工作为中心发展区域后，面临的是沿中州路从市中心的西工花坛到原市第二人民医院的相当大的城市中心空间为军营重地。① 沿凯旋路从市图书馆至以后的芳林路也是如此。直到上个世纪 90 年代这一军事空间的性质一直没有发生大的变化。洛阳这个以古都为符号的城市有了这样一个鲜明的特点，出火车站到市中心花坛及市委市政府一带，沿途多为军事重地，花坛南部的东西二侧直到 20 世纪末一直是军事单位所占用。沿洛阳的主轴中州路从市中心花坛到第二人民医院全是军营，后来分别为解放军第 5408 工厂、5715 工厂、空军某部。20 世纪 90 年代以后，逐渐军转民，这些空间才有了民用的性质。沿凯旋路从图书馆及市公安局南部中州渠是 612、613 等军事科研机构。军事空间占据市中心的大片区域是洛阳空间的一大特点。

---

① 占地 6.67 万平方米的第二人民医院前身是"中国人民解放军第 64 预备医院"，1952 年改为"河南省第四康复医院"，转为民用。1955 年改名为"洛阳市第二人民医院"，现名为"洛阳市中心医院"。见《洛阳市西工区志》，郑州：河南人民出版社，1988 年，第 334 页。

图 5 - 3　吴佩孚兵营①

二是农业空间。

城中村（笔者称之为城市乡村岛，在初期应该是乡村城市岛，逐渐演变为城市乡村岛）是中国城市化发展过程中极为常见的现象。尤其是计划经济时代，工厂的建设基本排斥了周边乡村的利益均沾。二元的城市结构以及限制农民进城的政策不仅针对远郊，也同样针对附近的农村。计划经济时代的城市政策是建设社会主义工业城市，即要发挥城市工业生产职能，又不能给城市带来更多的农业负担，因此，对城市人口是严格限制的，商业与服务业等也在计划的框架下运营，农民基本上是排斥在城市之外。这样，尤其是国营大工厂的建设往往导致工厂如外来飞地，占了农村的部分土地，却对农村的城市化贡献不大，从而形成了所谓的城中村或城市乡村岛。在计划经济体制下，这种状态得以较长期的维持。这在中国的城市化过程中并不鲜见，但对大多数城市而言，城中村一般位于城乡结合部，位于新近扩张的城区附近。洛阳则不一样，虽然洛阳的城中村也位于新近扩张的城区附近，但由于洛阳形成的带形城市结构，带状的两端是新旧二个城区，因此，洛阳城区发展的规划是两端向中心靠拢，而不是向四周扩张。这个带状城市空间的中心虽然被规划成为城市行政、经济和文化的中心，却是分布着乡村、为农田所占据的非城市化区域，使得洛阳的城中村好像更集中在城市空间的中心，而不是郊外。这是洛阳城市过程和

---

① 来源：《洛阳市西工区志》，郑州：河南人民出版社，1988 年。

城市空间的特点。在西工发展区，分布着金谷园村、西小屯村，在稍边缘的地带则有东下池、西下池、瞿家屯、东涧沟、五女冢等村落。沿洛阳市最核心的中州中路附近有西小屯、七里河两个村落，沿市南北轴心的金谷园路到体育场路一线，有金谷园村和东下池村。在火车站和市中心的附近就可以看到农田，甚至到了1980年代、1990年代初在市中心向南或向北一二公里，仍然可以看到农田，这既与带状城市有关，也与洛阳空间发展所形成的特殊的城中村现象有关。

城市中心区的城中村现象自然影响城市的城市化发展和城市空间的整合。

三是遗址保护区所形成的空间。

洛阳是著名的古都，因此，在洛阳的地下发掘出文物古迹并不奇怪，但是考古对新中国来说还是新学科。直到中华人民共和国建立，人们对洛阳古都遗址的情况并不十分解。当"一五"期间确立洛阳为机械制造业基地时，为配合工业建设才在洛阳进行了大规模的勘探，不幸的是被确立为市中心的西工发展区的地下却埋藏着两个著名的古都的遗址，一个是东周王城，一个是隋唐都城。而当时的人们为加速工业建设，在并没有完全搞清地下遗存的情况下，即进行了西工的规划。实际上，人们对文物古迹的认识并不到位，即使在21世纪，我们也不能说一些官员的文物意识产生多大的变化。① 如前所述，还是在为拖拉机厂等企业选址时，人们就倾向于将西工作为拟建的厂区，只是古墓过多，尤其是考古勘探发现了这里曾是东周王朝的遗址，在文化部的干预下，才另选到了它地。这是"一五"期间的事。到了"二五"期间，当洛阳自行规划西工发展区时，仍然将这个新区预留了大片的工业用地，不幸的是这些工业用地是在没有考古勘探的基础上规划的。结果，"二五"期间建设的二个大型国营企业，一个建在了周王城的遗址上，一个竟然建在了隋唐都城皇宫的遗址上，造成了无法弥补的损失。古都遗址及其文物古迹对洛阳，乃至对中国，对中华文化的重要性是无以伦比的，它是中华文化的根系之一。如果我们仅为了今天的城市建设这点眼前利益而毁掉古都遗址，其危害不只是如消灭一个物种那样简单，而是在进行着"文化的自宫"。自宫的文化尤如同金庸小说中的岳

---

① 新华网2006年9月13日刊登《第一财经日报》《10年城市化扩张，隋唐洛阳遗址已随之消失过半》的文章。文章引用一位当地文物专家的话说，"洛阳西工区今年60个重点开发项目中，至少有5个建在隋唐洛阳遗址上，另外47个建在东周城遗址上。"文章说，西工区在"工业强区，商贸兴区"和"5年内再一个新西工"的口号下，将对80%的城区进行改造，使之成为洛阳市中心的商贸区、成为"上海的南京路，北京的王府井。"

不群，是没有未来的。

大面积的古都遗址应当是影响洛阳西工空间的一个重要因素，我们也希望如此，但事实是这种影响十分有限。以至于洛阳仅在勘探到东王城遗址的附近进行了保护，建立了一个遗址公园，而大面积的遗址却在以后的城市化过程中，在空间的整合过程中被占用。而这种短视的行为，正在不断受到后代人的批评与愤慨。事实证明，放在历史的长河中，短视的文化自宫，其危害无法衡量。

无论是军事空间，还是农业空间或遗址保护区，都对城市空间的整合产生重大的影响。因为它们本身不是完全的城市化的空间，是一种半封闭的或相对独立的空间，它的问题在于影响人口的聚集，城市化就是人口向城市空间的聚集，形成不同于农业的人类空间环境。而军事空间虽然不同于农业空间环境，但也不完全等同于城市空间环境，是需要再整合的。当然，这些军事空间后来大多变为军工厂，这种转变向着城市空间的转换前进了一步，但这些空间的配置权却不在市政府，而在军方，这必然影响城市更新与城市的空间整合。实际上，在洛阳西工区的一些部属企业或事业单位也存在这个问题。这恰恰是影响城市空间整合的内在的十分重要的因素。

（三）社会因素

空间的整合必然受到社会因素的巨大影响。

这种影响首先表现在条块分割的管理体制方面。

计划经济时代，实行的是单位体制，企业办社会，每个企业都在努力地向"全"靠拢。国家重点投资的大企业则更具优势，于是像洛阳第一拖拉机制造厂等大型国企，都有自己的住宅区、集体宿舍、学校、医院、食堂饭店、宾馆招待所、生活服务、文化娱乐设施等等，基本具备一个独立的社区，因而与外界的联系很少，与传统洛阳的联系则更少。客观上没有对传统社区产生依赖，主观上又对其不认同，因此，行政上同属一个城市，实际上没有得到经济文化方面的整合。管理体制上的分离必然导致并加深空间分立。洛阳的大型国企，是标准的"国家队"，大都直属中央各部或隶属于省厅，是一种条条式的纵向的管理，在某种意义上类似于当地的"驻军"。这些大型国企只是驻扎在洛阳，与当地其它机构联系不多。比如洛阳玻璃厂，虽然"驻扎"在市中心，却不隶属于洛阳市，它在厂区建设、市容市貌、住宅建设等等方面有着很大的自主权，厂区（包括住宅区）之内的建设往往与厂区之外的建设脱节。因此，在计划经济时代，两个相邻单位或隶属于不同单位的区域之间的地带其道路、建筑、景观的差异是明显的，有时甚至是巨大的，这自然影响到城市空间的整合。

其次是社会心理与文化心态方面。

一方面，空间影响互动，空间参与了群体的塑造，通过影响互动，通过空间因素造成的功能结构、经济类型、人口聚集影响人们的价值观和人们的生活趋向。如哈威所论，城市空间是从人的脚步开始的，"它们所云集的大众是无数单个的集合。它们缠绕在一起的道路把它们的形状赋予了空间"，① 城市空间由人们的日常活动缔造，因此，所有的城市空间都带有人类活动的水印。既然空间由人类活动所缔造，那么这个缔造的空间也必然反过来影响人类的活动。所以不只是社会因素影响空间因素，空间因素也影响着社会。

另一方面，社会因素，尤其是区域的社会心理因素也影响了空间的整合。"脱开老城建新城"是一种空间形态，与此相对应则有着不同的社会、经济和文化生态。如前所述，一方是传统的"土著"市民，一方是工业移民；一方是产业工人，一方多为工商业者和公有化程度较低的集体企业工人，厂房与楼房形成的生态环境与店铺和街巷的生态环境是不同的，加之双方在沟通工具——语言上也存在着较大的差异，一方是以普通话为主，夹杂着外省外地的方言，一方则是传统的洛阳话，因此，在大工业建设的初期，这种社会的差异以及相伴相生的文化上的差异形成文化认同上的背离，这必然导致社会心理上的不认同。文化心理的不认同阻碍了日常交往，使得社会生活中缺少了交往的需要，社会心理上的"沟"自然导致空间整合的减速。

三、整合的加速与城市空间一体化的基本形成

（一）体制的转轨与社会的转型

洛阳城市空间是分立的，空间的分立加深了社会的二元，而空间的整合必然促进社会的整合。空间整合加强了人们的社会联系、交往与沟通。人们在这种社会联系、交往与沟通过程中，促进了空间的整合。

社会因素既然是影响空间整合的重要因素，那么社会因素——体制的转轨、社会的转型则是空间整合的重要前提与条件。社会因素促进空间的整合主要体现在三个方面：

一是市场转轨、社会转型。计划经济时期，工业化走在了城市化的前面。

---

① （美）戴维·哈维著：《后现代的状况：对文化变迁之缘起的探究》，阎嘉译，北京：商务印书馆，2003 年，第 268 页。

计划经济产生了消费与生产的割裂，"一方面看到了城市是个下蛋的鸡，它有非常好的生产机能，但是另一方面又看到了城市还是一个巨大的消费体。"①因此，重视城市的工业，却压制城市消费人口的增长，导致城市化的不足。而空间景观的城市化不足则为显性的表现，其结果是空间的整合必然受到影响。1980年代开始的市场经济的转轨，极大地促进了城市化。市场化的趋势，空间地皮成为一种不可或缺的重要的资源，市场功能的释放使得空间利用率迅速提高，市场将空间送进城市化的轨道，空间的整合加速。而社会的转型、条块体制的改革与单位制的瓦解，促进了城市的社会交往与城市的一体化。单位体制下，国营大企业成为一个封闭的系统，其内部人员可以完全不与城区中的其它部门、其它人交往而很好地生存。条块的分割用无形的线条将城市分割成不同的区块——空间仅是外在的表现之一。单位体制的瓦解，条块分割的打破，使得人们更加依赖社区、城区的发展，更需要共享城区的服务与发展成果，更倾向于社会沟通。于是，社会日常交往的轨迹——哈威所谓"步行修辞学"赋予城市特有的空间形态日益成型，空间的整合与城市化程序迅速启动并且提速。

　　二是城市发展理念的变化。1949年中华人民共和国政府对城市本质的认识是其生产性，这是具有进步意义的。还在1949年，人民日报就刊登了《把消费城市变成生产城市》的社论。这是促进城市化发展的一条必经之路，城市化初期的发展有赖于工业化，因此，到1950年代，城市发展的理念就是发展建设社会主义工业城市。在计划体制下，按照城市工业的布局制定不同城市的发展规划，优先发展有国家重点工业项目落户的城市。但计划经济将生产与消费割裂的思路与价值预设，使得城市的商业、第三产业等受到限制，从而也限制了城市化向纵深发展，城市化的战果仅限于向工业服务，消费以及与之相关的产业、行业的滞后，使得城市化不足的矛盾日益突出。1980年代开始的市场经济体制改革，进而经济体制转轨，导致商业、服务业等第三产业的发展。在这种背景下，经营城市的理念在全球化的大视野中产生了。在全球化的浪潮中，大城市的经济开始由制造加工转向信息处理和各种服务，尤其是那些调整投资行为以适应全球经济战略的金融资本所要求的商业服务。任何城市的发展都无法避免全球化因素的影响。企业的竞争，市场的竞争逐步成为城市与城市之间的竞争，这极大地促进了城市一体化，经营城市要求城市对其资源、

---

　　① 郑也夫：《城市社会学》，北京：中国城市出版社，2003年，第102页。

空间、文化、经济等统筹规划，这使得城市空间的整合成为必然。因为空间是影响城市社会交往、社会沟通的重要的、可操作性的因素之一。

三是房地产业的崛起。美国城市社会学家高狄纳（Gottdiener）的"社会空间视角"的概念与方法给了我们另一个视角来看待城市空间的发展与扩张。这种方法的突出点就是将房地产发展视为城市地区变化的前沿阵地。因此，当城市研究倾向于关注工业、商业和服务业的经济变化时，社会空间方法加入了房地产的内容，从房地产发展的角度看待空间对城市化的作用。高狄纳指出人口向郊区的迁移源于独户房舍产业的扩张，人口向西阳光地带迁移的一个重要因素是美国东北中心城市以外的土地开发。社会空间方法认为政府干预和政治家们在发展中的利益是城市发展的主要因素。地方政府与城市的发展利益是密切相关的。这种相关不是为了发展和增加税收，而是为了利润。发展利益不仅代表了积累过程中的资本利益，也代表了关心发展和生活质量的社区利益。在经营城市的过程中，城市发展的主要因素是城市经营者——政府在发展中的利益。城市的政治极大地关注城市经济的发展。因此，政府在空间规划与房地产开发过程中与发展方协商建构城市建成的空间环境。①

房地产业的崛起使得空间城市化的步伐加速，房地产所到的城市空间迅速成为城市化空间和城市化的景观，1970年代以前，工业是城市规划与发展的主要依据，而21世纪以后，房地产业则执掌了城市空间的牛耳，成为城市空间发展与更新的主要操纵者。作为城市中心区，其空间的重要性自然被敏锐的房地产商人所重视，于是，在他们的操作下，中心区几乎每寸土地都因房地产的发展而纳入了城市化的轨道。城中村、农田、破旧的厂房、城区内几乎所有的空地都被房地产商人所围剿、所攻克。在这种背景下，城市空间的一体化、城市空间的整合逐步达成。

（二）道路

道路是一个神奇的工具，即使在市郊，由道路围成的空间最有可能纳入城市化的空间，房地产开发商会随时嗅到道路的气息，而尾随、甚至先知先觉而抢先进入即将开发的空间。道路是城市化空间的格式化工具，有了道路的网络体系，被路网覆盖的空间很快会成为新的城市化空间。不仅如此，道路的改变也将影响空间城市化的层次，道路的改建、扩建往往成为城市化空间升级的显

---

① 参见向德平主编：《城市社会学》，北京：高等教育出版社，2005年，第65页。

性的标志之一。因此，城市空间的整合离不开道路的整合，道路的整合是空间整合最为重要的工具。

带状洛阳的空间整合首先在于位于市中心地带的西工区的整合，而中心区的整合则显性地体现在道路的整合方面。通过道路的规划，市区的空间更加纯粹，市区更像市区，城市更像城市。也正是道路的规划与修建，将"城中村"等半城市化或去农化的空间逐步纳入到了城市化的空间之中。古老洛阳的市区中心是一个新建的市区，其中既有中村，又有军事化的空间。从空间看，是一个非典型的市区。只有通过道路的整合，并由于道路的整合而产生的进一步的建设，才将这一区域真正纳入城市化的区域，使其真正像一个城市。因此，从空间整合的角度讲，洛阳市区的整合从道路规划建设开始。

道路的整合、道路的规划建设体现在新建和拓宽城市道路，构成便捷的路网体系。

体现在三个方面：首先是加强了城区间的联系。在 1970 年前，甚至直到 1980 年代，涧西与东部城区的联系主要靠中州路。1994 年纱厂西路向西延伸，通过涧河桥直通华山路，成为沟城区间联系又一条通道。2004 年，又一座涧河桥建成，同时凯旋路与涧西辽宁路打通，成为城区中心客运的又一条重要通道。加上原有的二座公路桥，有四条公路沟通涧西与东部城区，并形成网络状，交通能力大大改善。同时，原有的中州路及沟通城区的中州桥改建扩建，形成三块版式的结构，将机动车、非机动车、人行道分开，提高了交通的承载力。1994 年，九都路开工扩建，主车道宽 14 米，两边分别建有 6 米宽的慢车道和人行道。1995 年又向东延伸打通了定鼎路至启明路，使得九都路成为横贯洛阳东西的第二条重要通道。在中心区与老城区的沟通方面，除了打通中州路、九都路外，唐宫路也深入老城区的腹地，凯旋路则联通老区的街巷，两城区通过四条主要的干道和一些辅助道路相连，诸多的道路使城区完全融为一体，所谓的区划成为纯粹的行政区划而非空间的区隔。

其次是区内道路网的形成。随着 1980 年代改革开放的开始，市中心区的道路规划建设加速。20 多年间，在市中心新建干道有解放路、厂北路、王城路中州路以北、九都路定鼎路以东路段、纱厂路，包括中州路、唐宫路、九都路、凯旋路、道南路、金谷园路、定鼎路、纱厂路等等在内，几乎所有的道路都得到拓宽或重建。许多通往田间厂区的半载路以及"丁"字路被打通，市区网状的道路结构形成。

第三是道路连带效应的影响。这个连带效应不仅仅指的是道路的附加设施，如绿化、供电、供水、污水排放、燃气、暖气、通讯、网络管线，更主要指的是道路所含有的沟通、聚集人气的功能与市场经济形态的结合，使道路的两旁成为城市化空间最为多样、最有活力的地区之一。计划经济时代，道路的功能主要是交通，城市为工业服务，道路则主要负责职工的通勤和货物的运输，因此，道路的两侧基本为院墙——大大小小的单位、厂矿的院墙——所占据。道路其它隐性的功能并不受重视。这在新兴的工业城市洛阳，尤其在涧西区是极为突出的。沿市中心——市区的轴线——中州路两侧，是职工的住宅楼、部队的院墙、机关的院墙、工厂的院墙、医院的院墙、公园的院墙，墙与楼构成路两侧相对单调的城市景观和轮廓线。市场化改革，道路的潜功能得到开发，于是先是破墙开店，然后是改店为商业中心、商业城、服务大厦、写字楼，今天繁华的中州路两侧，已经使人很难想象其原先被墙与楼所护卫的模样了。重要的不是想象，而是道路这种功能的释放，使之不仅成为输血的脉络，更成为造血的细胞。道路将人们聚集在一起，在这里，哈威的"步行修辞学"再次以道路的形式赋予城市特有的空间形态。道路的网络不仅促成城市空间的整合，道路本身也通过城市化的推进加速空间的城市化，起到了空间整合的作用。

相对于年轻的中心区来讲，1980年代，尤其是1990年代以后，解放路、王城路、九都路与长江路的打通、凯旋路与联盟路的打通，纱厂西路越过涧河成为厂北路的意义对城市空间的影响最为重大。

意义一，将存在于城市中心的城中村纳入了城市化的空间。空间的整合使得城中村的农业用地必然改为城市用地，农业用地的丧失，使得城中村最终被城市化空间所整合。解放路的建设整合了金谷园村、东下池村，这两个村落随之进入了城市化空间的范围。王城路整合了西小屯村、西下池村；厂北路将五女冢、东涧沟、同乐寨、符家屯纳入了城市化的范围，占据了村民的用地，逐步进入城市生活。九都路则更是影响了东下池、西下池、瞿家屯、新生大队等城中村的社会生活，并将其纳入城市化的空间。

意义二，完善了城市交通网络，提高了路网的整合能力。道路的修筑、公交的开通，使便捷的交通成为可能，而便捷的交通成为城市整合即城市一体化的最有效的工具。从某种意义上讲，正是由于道路交通网络的形成，才使得城市更像一个城市、一个社区，才可能形成共同的城市文化、共同的城市社会心理，形成"我们的城市"的感觉。这正是城市整合能力的体现。

意义三，加速了城市空间的社会转变。

这几条道路同凯旋路、中州路、唐宫路、定鼎路、纱厂路等交叉汇合，共同构造了中心区的道路框架，使道路所形成的方格内的空间迅速转化、加速更新进入城市化的空间。当然，我们仔细地深入考查空间转换的背后，是市场经济的作为。计划经济时代，建设的是第二产业的城市，城市空间是第二产业的，工厂有着最终的决定权，空间规划与构成是建筑在工业伦理与价值的基础之上的，空间审美的伦理是工业的、工厂的。工厂这个无形的手在描绘着城市。进入市场经济以后，空间作为市场竞争的重要因素被追逐。在这个过程中，空间的资本化使利润最大的商业零售业逐渐取得了优势，常能获得更好的空间，城市空间的改写也常以商业零售业的审美与价值观为依据。当然，中国的计划经济向市场经济的转换不是一蹴而就的，而社会的转型更需要相当长的时间。尽管中国目前还在工业化的路途中，但这时的工业化已经不是19世纪资本主义社会时期的工业化，而是在全球化基础上的追随着现代信息产业、第三产业的工业化，其大环境与背景有了很大的不同。因此，伴随工业化的城市化也必然有其自身的特点。尽管中国城乡的壁垒还存在，尽管城市还是在促进工业化，工业、工厂仍然是城市的主要内容之一，但城市与工厂的结合不是越来越紧密，而是渐行渐远。在沿海的一些城市，第三产业产值赶上甚至超过了工业产值。在这个基础上，城市空间的转换也是必然的。而其中尤以在市场化过程中处于劣势的中小国营企业首当其冲，在倒闭、突围与寻求出路的过程中，率先导致了城市空间的改变。在这个过程中，内陆城市的洛阳，拥有众多国营企业的洛阳也必然会将改变显现在空间结构上，显现在地图上，更显现在人们感观可见的惊叹中。

当下，城市空间的话语权已经不在工业手中，尽管工业在许多中西部城市的产值仍然排在第一位，但工厂对城市化的贡献率正在逐步下降。而商业、服务业、教育文化等第三产业正大踏步地入主城市的各个领域。旅游观光娱乐度假等体验经济的兴起，使得工业化初期面貌破旧的传统城区、旧民居受到重视，资本化的推挽使传统城池的标志性建筑返老还童，重放光彩，其空间的重要性得以张扬，甚至对一些工厂化的空间进行了一次复辟。

在这个过程中，房地产业起到了推波助澜的作用。

图 5 - 4 1988 年的九都路①

图 5 - 5 1995 年改造后的九都路②

（三）空间的转换与置换

一是工业空间转换成商业空间。

"一五"期间，洛阳的城市性质是"新兴的社会主义工业城市"。③ 在迅速发展而导致的空间扩张过程中，工业是最为主要的城区规划的依据。计划经济体制不仅杜绝了商品的市场竞争，也杜绝了空间的竞争，在这种体制下，老城区主要发展商业服务业、手工业和小型轻工业。而新扩张的城区则主要发展

---

① 郭尊献摄。

② 丁一平摄于 2008 年 9 月 26 日。

③ 当代洛阳城市建设编委：《当代洛阳城市建设》，北京：农村读物出版社，1990 年，第 74 页。

现代的、新兴的工业。于是洛阳城市"新兴的社会主义工业城市"的性质决定了城市空间的特色，工业空间占有绝对重要的地位。

沿城市核心干道，所谓洛阳的中轴——中州中路两侧分别建立了建机厂、印刷厂、汽车修理厂、东风轴承厂、第二半导体厂、空军汽车修配厂等等。这些工厂占据的是带状洛阳的核心区域。另二条东西向的干道，城市交通的主要动脉凯旋路与唐沽路也同样。沿凯旋路从市政府向西分别建有第一半导体厂、橡胶厂、612 所、613 所等等。沿唐宫路分别建有国家大型企业洛阳玻璃厂、光华皮件厂、省建三公司、灯泡厂、5715、针织厂、无线电厂等等。即使在当时还很偏僻的九都路也建有丝钉厂、单晶硅厂等等。

东西向的干道如此，南北向的干道也一样，尽管南北干道较短，往往只有两三公里，甚至更短。沿王城路的油嘴油泵厂、人造板厂、水泥制品厂等等。沿纱厂南北路建有手表厂、机床厂、纺织配件厂、轴承保持器厂等等。沿金谷园路则建有 5408、以及大型的国家仓库等等。可以说新兴洛阳主要的城市空间都被工业和为工业建设而聚集的职工宿舍区所占用，从空间定位，洛阳的确是一个新兴的工业城市。

随着社会的转轨、经济的转型、发展观念的进步与变迁，这种状况在 20 世纪 90 年代后开始逐步改变。今天人们的观念中，城市的中心集中了大量的工厂一定不是一个宜居的城市，也一定不是一个令人向往的城市，城市中心工业空间被置换是必然的。同时这一过程又由于企业自身经营的问题而在市场经济转轨时期得到加速。于是在经营城市与第三产业城市的理念和房地产开发商的利益追求的共同作用下，大量的工业空间被置换，上述沿中州路两侧的工厂，东风轴承厂已成为以王府井百货为中心的商业地带，成为洛阳最聚人气的商业空间。空军某部汽车修配厂则建成市中心的高档生活小区，沿中州路一带与王府井百货共同形成一个大的商业圈。半导体厂一带也在向着居住与商业空间转化。沿唐宫路的针织厂也已建成了小商品市场，周围是密集的居住小区。即使是"二五"期间重点建设的占据大量空间的洛阳玻璃厂，也将迁出市区，还空间于民。这类的空间转换在 1949 后建设的新市区中全面展开，于是油嘴油泵厂、人造板厂、水泥制品厂、洛阳手表厂、丝钉厂、无线电厂、第一半导体厂等等工业空间都在向着商业或居住空间转化。从空间的角度看，这就是对工业空间的一次革命。经过这次革命，洛阳市中心一带所谓的工业空间已经微不足道了。不仅如此，这些剩余的工业空间又往往成为下一次空间置换的目标。

因此，社会主义市场经济体制的转轨，不仅引进了市场竞争，同样也发了空间竞争。洛阳城市空间的重写伴随着市场化的发展而加速，城市空间的形态随之发生变化。

芝加哥学派是最早进行城市空间形态研究的学术团体，芝加哥学派认为，城市分析首先是一个生物的过程，生态过程的核心是对有限资源的"竞争"，竞争导致空间分布的状态。因此，城市分析也是一个空间改变和重组的过程。生物在争夺资源和适应环境的过程中，形成不同的群落和生态分布，一些物种的栖息地被另一些物种所侵占，最终后者取代前者。城市也是这样一个过程，一方面向四周扩张，另一方面，自身也在分化，形成不同的区域。当然，城市分析也是一个文化的过程，因为人是一种文化动物，人是靠文化生存的而不是靠本能生存的，人类的文化创造了技术，创造了制度、习惯、信念与情感，这些因素对城市的影响都是巨大的。芝加哥学派的代表人之一伯吉斯（Ernest W·Burgess）认为，城市持续发展导致的人口压力，引发了中心集聚与贸易分散化的双重过程，即空间资源的竞争将新的活动吸引到城市中心，但同时也将其它活动驱赶到边缘地带。城市发展便是那些在城市中心地段竞争中的失败者重新定位于边缘地段的过程。城市发展依据竞争进行分配，竞争的结果导致空间与功能的区分，城市最终成为以高度集中的中央商业区为中心并为其它四个功能不同的区域如居住、通勤等同心圆环带所环绕的同心圆结构。芝加哥学派自觉的空间意识，将空间作为城市研究的焦点，将城市问题定义为空间问题——空间争夺、空间扩张以及在这样特定的空间中人们的行为和观念的所受的影响，这种研究范式对城市空间的研究与规划产生了重大影响。

二是农业空间转换为道路、住宅区或商贸市场，形成城市化空间。

金谷园村紧邻火车站，寸土寸金的商业地段，在社会转型、市场转轨的时期，被商业和服务行业所"吞噬"是再正常不过的事情了。实际上，火车站、长途汽车站的扩展改造也占据了原村落的农田和宅基地，于是在改革开放、市场经济转轨、市场大发展的浪潮中，金谷园村首先被城市化，率先进入城市化的空间是时代运行的轨迹。

西小屯村介于棉纺织厂与第二人民医院之间。王城公园即王城遗址保护区已经占去了村落的大片土地，作为市中心的黄金地段，其空间被相关单位看中并被房地产开发商所相中也是情理之中的。然西小屯村被城市"化"掉的最终的一道工序却是王城大道的修建。王城大道不仅穿村而过，而且还将村落残存的土地纳入到商业开放的空间，使之彻底的城市化。我们可以从图片中看到这种痕迹，虽然村落的住宅区并没有完全的改造，但至少可以确认的是这个空间由于农田的消失而去农化。当然进一步的城市化仍然有待于商业与房地产开发的进一步拓展——这也许是意料中的事情。

被王城大道冲开的不仅有西小屯，东涧沟、西下池也同样受到很大的影响。作为城乡结合部却距离中心很近的东涧沟村，由于租房的便利（计划经济体制下的城市，不要说廉价的住宅，既是昂贵的住房也同样被计划制约，实际上具有城市户口的市民自己的住房问题都没有完全解决，不可能有大量的住房用来出租，于是城中的这些乡村岛成为出租屋的主要源泉、成为来洛经商、打工的"旅社"，这种情况东涧沟并不是最突出的，西小屯、东西下池、瞿家屯等村更多），先是被来此经商、做小生意的温州人占领，然后，能干的温州人将此发展成洛阳最大的箱包皮鞋零售批发市场。市场的影响力是巨大的，出租屋和市场使东涧沟村部分地纳入了城市空间，而王城大道则彻底改变了其谋生的依据，使其成为走向市民化的农民。

西下池、东下池同样由于市场的开发而走向了去农化的道路，最终被纳入城市化的空间。西下池一带，先是成为建材为主的市场，成为洛阳市建材商品最为集中的地段之一。然后，由于洛浦公园的修建，其优越的地段、上好的居住环境和宜人的景观成为房地产商争夺的焦点，于是在房地产的发展大潮中，两个村落迅速地被高楼大厦包围，被迅速发展的建筑装修材料的市场所侵吞，进而被纳入城市化的发展轨道。

而说到被房地产所攻克的村落，最为典型的可能还是瞿家屯了。这里曾经是唐代的上阳宫，是武则天养老的地方，位于涧河与洛河的交汇处，两水相交加上中州渠的开掘、引入，这里成为三水环绕，被"盛世唐庄"的开发商称为五大公园包围的上风上水上阳地。因此，中房洛阳房地产公司首先开发了颇具规模的上阳宫住宅小区，然后"盛世唐庄"、"隆安·上阳华府"等相继跟进，使之残存的农田甚至包括一些宅基地迅速被房地产商攻克，最终被改造成城市化的空间与景观。

实际上，远远不止上述的城中村，与中心区相连，尤其是与我们论述的城市空间整合相关的同乐寨、七里河、符家屯以及新生大队等同样因为市场的开发、房地产的发展、公路的修建扩建而最终被纳入了城市化的空间和景观。九都路向东的延伸，不仅将南关村改造，而更彻底的是新生大队被城市路网所"围剿"，最终成为城市化的空间。厂北（纱厂西向西延伸）的修建，对同乐寨、五女冢等村落起到了同样的效果，在市场经济转型的过程中，被城市路网

"围剿"的村落最终将被城市化所格式化。而七里河村作为紧邻洛阳最为繁华、最具中心意义、也最为重要的中州路的村落，处于西工与涧西结合的地方，在计划经济时代，由于条块的分割、成为两区都照顾不到的地方。结合部的弱化，在计划经济年代，在单位与单位之间，区域与区域之间是极为正常的现象。然城市的发展，社会的转型，空间的整合，最先要解决的就是这个问题，于是七里河村一带作为涧西区发展的边脚料迅速提升为颇具商业潜力的城市空间，迅速地城市化了。

三是军事空间转化为民用空间。市场化的推进，处在城市核心地带的军事用地必然与城市化的发展相抵触。寸土寸金、不可复制的核心地段使人们认为应当对这些军事用地给予转换。在这个过程中，一些军事用地由于给了军工企业，而这些企业的军转民改制，自然纳入了城市化用地。而一些军事用地则通过谈判协商、通过利益的博弈最终达成平衡，结果是，除少数用地外，大部分军事用地通过转换的方式，变成民用地，这一措施使过去影响中心区城市空间整合问题得以解决。而处在市中心的军事空间一旦纳入城市化的商用空间，其价值立刻显现。其西部沿纱厂南路，成为住宅中泰新城，南部沿中州路成为商用空间、时代广场，其东部成为新都汇，集中了家乐福、新都汇等商场。

5408厂原军事用地，东侧建立了东周广场，广场沿路成为商场，北部沿唐宫路成为商业市场南部。市中心封闭的军事空间的民用为城市空间的整合即城市空间的一体化创造了条件。

图5-5　被穿透的西小屯村①

————————

① 丁一平摄于2008年9月26日。

图 5-6 七里河村①

图 5-7 中泰新城②

---

① 丁一平摄于 2008 年 9 月 26 日

② 丁一平摄于 2008 年 9 月 26 日。原为吴佩孚兵营，后为空军某部大院，转为民用后，成为高层住宅区。

图 5 - 8　更新的城市 ①

图 5 - 9　住宅转化为多功能的以商为主的空间形式②

①　过去低矮的吴佩孚兵营被现代的城市建筑替代。丁一平摄。

②　丁一平摄于 2008 年 9 月 26 日。原为 20 世纪 60 年代初建筑的普通住宅，因处在十字交叉路口，被大型的超级市场所替代。这是所谓的城市空间的革命。

（四）商业中心的形成

商业中心是指一个城市商业比较集中的地区。城市从诞生起就逐渐成为商品的集散地。商业是城市的基本功能之一。商业中心则是市民日常活动的核心地区之一。商业中心的形成无疑将增加空间在城市中的权重。同时，中心体量愈大、功能愈强，对周围区域的辐射力、影响力亦愈大，就愈能起到建构空间、使空间一体化的整合作用。商业中心像一个巨大的磁极，将人、财吸附在周围，形成一个以此为中心同心圆式逐波扩散的商业圈。商业中心的形成是城市发展的重要标志。传统的中国城市往往有一个商业中心。在许多以同心圆式的模式发展的中国城市也往往有一个市民心中的商业中心，这一中心是城市最为繁华、人气最高、人流物流最为密集的空间区域。即使形成其它商业网点，也难以撼动此商业中心的地位。如上海的南京路、淮海路，北京的东单、西单，南京的新街口，郑州的二七广场等等。洛阳撇开老城建新城的模式所形成的带状城市空间的特点，使洛阳的商业中心也形成了自身的特点。传统的老城原有的商业中心，即四门道路交叉的十字街附近仍是老城商业最为繁华的空间地段。其标志是老城商场（原为关帝庙、火神庙），这里远在明清时期就是商贩云集的热闹场所，洛阳工业区的建设并未影响其地位。远离老城建设的涧西工业区则从一开始就建设了上海市场、广州市场、河南市场三个市场。后来整合为上海、广州二个市场，形成了涧西区的商业中心。处在空间中心的西工则在1950年代末被规划为城市的商业中心，并在中心地段建设了百货大楼、新华书店、邮电大楼等商业设施。虽然如此，在上个世纪的大多数年代，不同区域的人们有自己的商业中心，在规模与影响力方面，三个中心不相上下。1983年，作为老城商业代表的老城商场年销售额1296万元，作为西工或城市指标的百货大楼年销售额2590万元；作为涧西代表的上海市场百货大楼、广州市场百货大楼年销售额为1715、1296万元。① 进一步分析，老城区居民数量远低于西工区和涧西区，且老城商业中心及周边店铺业更为发达。市百货大楼虽然销售额最高，但远不足于超过涧西的两家。涧西的两个百货大楼相加销售额最大，涧西的人口最多，在计划经济时代，购买力也最强。实际上，在1990年代，新建成的广州市场百货大楼销售额为6228万元，上海市场百货大楼为5348万元，市百货大楼为5824万元，② 涧西区的购买力远高于西工、老城。

① 《洛阳志商业志》，北京：光明日报出版社，1990年，第414～421页。

② 《洛阳市志·商业志》，郑州：中州古籍出版社，1998年，第22～28页。

作为高档消费品销售点的友谊商店也在涧西。因此，洛阳的商业是三足鼎立，而作为空间中心的百货大楼附近最强、最大。

1990年代，随着经济转轨，城市商业发展得到更加的重视，涧西国营企业的改制、破产和地方化趋势使得城市自身的一体化加强，体现在空间上则通过道路和交通的便利而使城市空间愈来愈一体化，西工城市空间的地位得到强化。另一方面，商业体制在改革中，国营的百货大楼式经营体制日益衰退，随之而来的是连销的量贩、大型超市和国际化程度较高的外来商企的介入，重构了洛阳的商业版图。总体上看，洛阳商业三足鼎立的局面并未打破，带状城市，一个中心、两个副中心的规划并未改变。不同的是，西工原百货大楼附近的城市空间中心由于北京王府井、南京中央百货以及新都汇商业中心的建立，形成了一个真正的商业圈，某种程度上起到了引领洛阳商业的功能。在20世纪末，21世纪初，洛阳市政府原空间的中心撤离搬入新区，政府大院变为城市中心广场花园，西工空间中心地带真正有了商业中心的模样。虽然此后南昌路丹尼斯商业圈、万达商业圈的形成进一步搅乱了洛阳商业的版图，但西工空间中心的商业中心地位却是愈益稳固。不断加强的王府井——新都汇——中央百货商业圈，聚集了人气，日益形成洛阳最重要的商业圈或磁极，与此同时，洛阳新老城区空间的整合也日趋完成。

图5-10　市中心王城广场①

———————————

① 丁一平摄于2008年9月26日。

第六章

新区建设——城市空间形态的回归

一、洛南新区的规划与特点

在我们研究洛阳模式，分析带状多中心城市利弊的时候，洛阳又开始了新一轮的"撇开旧城建新城"行动。即在洛河以南开始了新区的建设。

新区与由瀍河、老城、西工和涧西构成的带状洛阳建成区隔洛河相望，北起洛河南岸，南至规划快速客运专线，东起焦枝铁路线，西至西南环高速路，总面积约71.3平方公里。

新区共有六个功能分区组成：

中心区11.19平方公里，大学城及体育中心8.5平方公里，隋唐洛阳城遗址22.1平方公里，滨河公园4.9平方公里，关林分区10.8平方公里，洛阳高新开发区四期园区13.9平方公里。总人口将达50万人。①

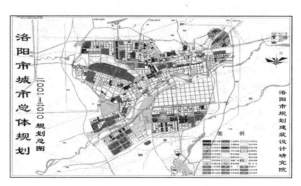

图6-1 洛阳城市总体规划图②

---

① 来源：洛阳新区政府网站，http：//www.lyxq.gov.cn/。
② 来源：洛阳新区政府网站，http：//www.lyxq.gov.cn/。

六个功能分区的目的或目标：

一是把中心区建设成为洛阳市未来的行政、商业、文化娱乐中心；二是把大学城、体育中心建设成为我市高等学府和体育基地；三是把洛龙科技园区建设成为与洛河以北市高新技术开发区为一体的现代化工业园区；四是把关林分区建设成为功能齐全、市场繁荣的大型商贸区。五是把滨河公园建设成为与洛河以北洛浦公园相对应的休闲娱乐生态公园。六是把隋唐城遗址建设成为以绿色园林为主体的文物保护基地。①

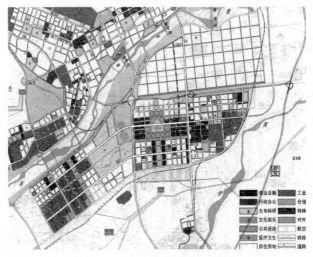

图 6－2　洛南新区规划图②

关于洛阳新区的规划图以及初步建成后的实地考察、阅读，笔者读出如下特点：

（一）"城""市"空间中心的回归

"城"在中国有着明确的指代，"城"起源于王权的形成，是王权的象征。因此，此后城市的发展始终沿着王权及其分封、派出机构——邦、国、各级政府衙门等脉络存在。"市"则是贸易交换的场所。王权的存在以及为了王权的方便，使城中积累了大量的服务人口衍生出市场。因此，匠人营国，所谓"左祖右社、前朝后市"，这是中国城市最为基础、也最为典型的形式。欧洲中世纪工商城市的出现开始了城市发展的另一源头，但那是欧洲的事情。中国

①　来源：洛阳新区政府网站，http：//www.lyxq.gov.cn/。
②　来源：洛阳新区政府网站，http：//www.lyxq.gov.cn/。

城市的变化则源于 1840 年以后西方的入侵，那是被迫的，并且导致了城市发展的畸形。中国主动的城市转型应当开始于 1950 年代。典型的工业城市的建立使中国也打破了传统的"城"与"市"的组合，而形成了"工"与"商"的新内涵。洛阳涧西区即是以这种理念，或者是在工业伦理与价值的观念下规划设计与建设的，因此，涧西工业区的空间是对传统中国城市空间的颠覆与否定。中国的城市空间开始有了按工业化牌理出牌的城市。这种城市的空间主要是留给工业的，以工业为核心、以工业为出发点、以服务工业为设计理念。在中国几乎是最为古老的城市洛阳出现这样的具有空间革命意义的城市空间的确意味深长。

2000 年开始营建的洛阳新区，其空间规划从形式上看似乎又回到了"城"与"市"的框架之内，至少城市的中心是这样的。从规划图中我们可以看出，新区的中心区主要安排了市行政管理部门，周围则是零售、商贸区。因此我们说这是传统城市空间的复辟与回归。但是如果我们再仔细考查这种城市空间的内涵与语境，我们会发现这种行政中心却是在当代城市理念下，即去农耕文明城市化的理念下形成的，这与传统的城市有着质的不同。传统城市空间的中心是行政机构，城市围绕着行政机构运作，行政机构管理的则主要是城市以外的广大地区，而当代城市的行政机构则主要管理城市本身。传统城市的商业服务业主要服务于行政机构，而当代城市的商业服务业则主要服务于城市居民。这种区别反映在空间上，一方面，"城"在空间比重的下降，另一方面，"市"的空间结构发生改变，由传统的街道变为区块，由零散的多样性变为相对集中的综合型。然而，"市"的强调其实质则是"市"对"工"的"革命"。虽然中国的工业化远没有完成，城市化更是在路途上，但全球经济的发展，世界经济已经发展到信息产业与第三产业的层面上，因此，我们用全球化的眼光来看待城市发展，就能很快理解这种革命的原因与性质。后工业化的大城市，其城市经济开始由制造加工转向信息处理和各种服务，尤其是那些调整投资行为以适应全球经济战略的金融资本所要求的商业服务。处在后工业化进程中的中国的城市化不可避免地受到全球化因素的影响。实际上，全球化的进程使任何城市的发展都无法避免这种城市浪潮的冲击，因此反映在洛阳新区的空间上，我们从空间的规划上可以读出的内容，表面看是"市"的回归，掩卷的思考也许会让我们感受到全球化，即后工业社会对城市发展的影响，并产生对城市空间发展的预判。未来中国的城市空间或许因为第三产业、信息产业、金融商业服务业的扩张而更新转型，在此过程中，工业空间逐渐退潮。实际上，在洛阳西工区空间的整合与更新过程中这个趋势已经显现，而新区的建设则完全摆脱了第二产业城市的思路，开始了新的构思，并且来得更加直白与无所顾忌。这实际上是当下许多中国城市新区所共同面对与思考的。

当然，在城市的原动力上，新区的一个构思，就是通过行政空间的改变来吸引与重构城市空间，来镇住这个正在生成的城市空间，加深其基础。在这方面似乎同传统城市空间有着相同之处，在这一点上，我们可以认为这是传统城市空间的复辟。尽管其背后的理念是不同的，关于这一点我们将在经营城市的理念中详细论述。

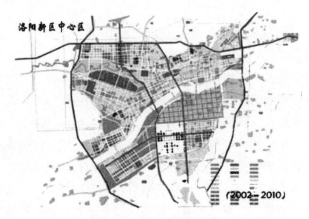

图6-3　新区行政区块①

图6-4　规划的市政府大楼②

---

① 来源：洛阳新区网站，http：//www.lyxq.gov.cn。
② 同上。

需要进一步指出的是，在城市化的过程中，行政机构热衷于用大规模的空间、大尺寸的规划、现代化的建筑来体现行政机构的创新气魄，树立所谓的行政机构的形象，提高提升城市的品位。这些也促成了行政机构的空间重组与新构。

　　在城市回归的同时，工业空间仍然处在规划中边缘近水的地带。

　　与 1950 年代建设的涧西工业区不同，洛阳新区的规划，工业区既不在城区的中心，也不是规划的核心，更不是以工业为一切规划的出发点。但是尽管城市有了向第三产业城市转型的趋势或萌芽，但洛阳的城市属性仍然与工业密切相关。一方面，洛阳城市的政策"是工业强市，旅游强市"，由于"一五"的期间的重点项目，洛阳是一个拥有工业传统的城市，工业的发展、工业的产值仍然是城市竞争中的重要筹码。另一方面，中国的城市仍然是第二产业的城市，洛阳也是如此。2006 年洛阳市第一产业完成增加值 130.0 亿元，增长 7.5%；第二产业完成增加值 800.3 亿元，增长 19.7%；第三产业完成增加值 401.4 亿元，增长 10.5%。三次产业对经济增长的贡献率分别为 4.8%、73.7% 和 21.5%。[①]因此，尽管前面我们在讲城市空间的整合与更新，一些工业空间被商业、人居空间所替代，工业仍然是城市发展的重要支柱。但是，这并不是说要建设工业城市。相反，由于工厂所造成的污染、环境等问题，工厂或所谓的工业园区往往在中心城市外围，如同 1950 年代西安、成都等城市所做的那样，从这个意义讲，洛阳新区的城市空间似乎又是一种中国式城市空间的"归队"。但此时的工业非彼时的工业，这时的工业已在进行着由传统工业向高新产业转型。即建立所谓的高新技术工业园区。我们乐于预见的是，随着城市化与工业化的进程，我们更乐于见到一个没有工厂或较少工厂的洛阳。因为，建设良好的人居环境与当今处在经济制造业产业链尾部的工厂有着不可回避的矛盾。洛阳也应当有着向研发、仓储、物流、流通、资本等较高端部门迈进的梦想，当然这是中国工业大的方向。但洛阳由于盆地的自然环境，实在不适合发展这种污染与低附加值的工业，因此，应当创造条件实现转型。

　　（二）高校与文化区域的强调

　　芬兰赫尔辛基的成功，已经证明了高校园区对于城市发展与城市竞争力的作用。芬兰 500 万人，拥有 20 所大学，是世界上人均占有大学最多的国家。

----

　　① 《洛阳市 2006 年国民经济与社会发展统计公报》，洛阳市科技局网站，http：//www.lysti.gov.cn/Article.asp？id＝1531。

芬兰国立赫尔辛基大学是其中最大的学校。高校已经成为城市重要的名片，在当今的城市竞争中，高校的数量与质量已经成为重要的内容之一。因此，城市的经营者们无不重视高校园区的作用，纷纷建设城市的高校园区。高校不仅是科技研发基地、人才培养基地，也是城市的智库和最有效的文化"包装"之一。因此，国内著名的城市无不与著名的高校相关。事实上，如同 1950 年代重视国家重点（项目）企业一样，如今的城市重视国家重点高校。而今的人们也以当年为国家重点企业骄傲一样，为自己城市的重点高校感到骄傲。高校不仅是人才、技术、资金流动的节点，而且是城市文化资本的重要源泉，因此，高校园区相对于 21 世纪的城市空间来讲，似乎成为一种趋势或必然。洛阳自然整合了自己的高校资源，在新区建设大学城，形成高校空间。大学城由河南科技大学、洛阳理工学院、河南针灸学校等 4 所大中专院校组成，可容纳 5 万多名学生，这里将成为整个城市的人文科技生态社区。

除了高校园区，城市的文化体育设施也成为提高城市文化品位，发掘城市文化资本、塑造城市形象的重要内容。从人居环境或以人为本的角度来讲，遍布街区的体育文化设施也许更加人性与实用，然作为一个城市大型的文化体育设施必不可少，这是需要平衡的。新区的城市空间为此留下了足够的空间，并将其与环境、绿化相结合，提高城市文化形象的立意显现。此外，歌剧院、博物馆等文化设施的规划更加丰富了新区的文化意韵。

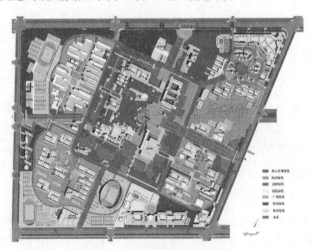

图 6-5 河南科技大学规划①

---

① 来源：洛阳新区网站，http://www.lyxq.gov.cn/cqgh/tyzx.htm。

图6-6　体育中心规划图①

（三）遗址空间的保护

　　城市化进程的加快总与文物、遗址保护冲突不断，洛阳在城市发展的过程中自然也很难避免。一个好的消息是洛阳拟斥资2.7亿元整治、保护隋唐城遗址宫城核心区，并实施隋唐城整体保护和旅游开发。而早在1995年，洛阳市在第三期城市规划中就将隋唐都城南半部22平方公里遗址作为绿地保护，辟建植物园，新市区跨越这22平方公里向南发展。隋唐城遗址保护工作只是《国家"十一五"时期文化发展规划纲要》中明确要编制完成100处重要大遗址总体保护规划纲要之一。②

　　洛阳由于诸多的原因，并未发挥城市容器这一主要的、重要的功能。③ 好在自然的变迁，把历史都城的遗址埋在了地下，洛阳没有理由在今天对地下的文物古迹，尤其是古城遗址进行破坏。遗憾的是在1950年代及其以后的建设，洛阳虽然留出了一小块的区域作为东周王城的遗址进行保护，但大部分遗址被工厂占据，尤其是一个大型的重点企业正建在隋唐皇城的遗址上，造成的损失令人痛心。否则，五大都城遗址加上明清时期老城将构成洛阳城的一大特色，荒漠化的"遗址岛"与不同时期的城市区景观将会使洛阳城市别具特色，绝

---

　　①　来源：洛阳新区网站，http：//www. lyxq. gov. cn/cqgh/tyzx. htm。

　　②　http：//www. sina. com. cn 2007年10月12日11：04《郑州晚报》《洛阳斥资2.7亿保护隋唐城遗址》。

　　③　笔者另有文章论述这一原因。

不会输给欧洲或世界其它地方任何一个古城。遗憾的是这只能是今人的想象了。

　　新区的规划开发，留下大面积的遗址保护空间，值得肯定。但是这种保留也是有故事、有经验、有教训的，因此，我们应当非常的小心与警惕这一空间的变味。媒体、网络、舆论应当充分发挥监督的作用。

图 6-7　洛南新区遗址保护区①

（四）人居环境的重视

　　城市是人的城市，城市化的进程和结果是大量的人进入城市生活，因此，还原到最基础的状态，城市是人居的，因而城市必然要重视人居环境，也只有重视人居环境，城市才有可持续发展的动力。

　　人类已经在大自然中生活了几百万年，大自然应当是最宜居的环境。这是从总体上讲的，就具体来说，自然要求近水、朝阳、背风（所谓藏风聚气等中国传统环境学中的概念或术语）。现代卫生学则要求所谓空气清新、风光秀丽、气候宜人、日照充足、生物繁茂、负氧离子充沛等等术语与概念。城市的出现使人逐步地离开了这种环境，尤其是工业社会的出现，人类大踏步地开始了人造环境的建设。经过上百年的实践，这种人造环境对人形成的危害，以及人类动物性的本能要求与回归自然的渴望，产生了对这种与自然完全对立的城市的批判，并引发了许多有益的反省与反思。于是适宜的人居环境又回到了工业文明前的生态，于是有人提出了田园城市的概念，其它如有机城市，山水城

---

　　① 来源：洛阳新区网站。

市等等。今天甚至有人提出将城市建在花园里，或者将城市建成花园。这些大多都是些概念、口号，城市不可能建成为花园，因为城市的许多功能花园不能承担。然将花园、山水引入城市，尽可能地回归自然却是一项可以实施的事情。之所以如此，不只是满足人类的文化记忆，满足人们的感观需要，更是要满足人类健康生活的需求。于是人居环境这个在农耕社会不存在问题的问题被提了出来。当然，这里还有工业对环境的污染，工业文明的扩张对生态的破坏，物种的消失等等可怕的背景。

无论如何在城市中建设适宜人居的环境如今已经成为一个问题。

回归自然，对自然环境进行"无为而治"的治理在城市中似乎难以做到，在城市中可见的大多是"重建自然"，如同人们建造的房屋已经非自然一样。穿鞋护脚，穿衣暖身，在去自然化的过程中，城市达到了极至。冬暖夏凉的室内环境，藏风避雨的住宅建筑，高楼大厦、硬化的道路、各种人造材料的装修无不显示着去自然化的趋势与结果，城市将整个人居环境改变，形成所谓的人造环境。然而在这个人造的环境中，人们又试图对环境进行重建，去模仿自然环境，或者去重建自然环境。这个重建的自然，非自然中自然，而是溶入了人们审美与需求的自然。甚至仅仅为人们装修城市所利用的元素。

在重建的自然中，首先是绿化，其中植树可谓是最为典型的。植树是人类进步的标志，也是人类进入到定居状态中最为显性的标志。树是人类最好的朋友。古人也许不知道树是所谓的地球之肺，不知道什么负氧离子之类的术语，但古人知道树木可以挡风、遮阴、涵养水源，可以发生很多的故事。人是从树上下来的，因此，人对树有着深刻的感情。宜居的环境离不开树木。传统的农村总是树木环抱，城市的传统也往往通过古老的树木来表达与诉说。然而像今天的城市这样大规模的植树却是同人类城市的污染，同工业化对环境的破坏有关，因而有着更为重要的意义。在地皮如此紧张的城市，为树木留下空间是人类的福份。但是工业化的进展，有时却会模糊人们的视野，阻碍人们的思维，抑或人们的思维仍停留在农耕时代，植树就是回归自然，然我们今天以绿化为衡量指标的自然以及种种原因将以植树造林为主要内容的绿化演变为养花种草为主要指标，常常导致对绿化的误读。因此，招致许多人的批评。如从国外引进的草坪赏心悦目，绿色期也比一般野草长一二个月。但要消费大量的水（一平方米这样的草皮一年用水是 10 吨左右，是一个人 10 年的饮用水量），长在其中的本地的树种却大多是怕水的树木，处理不当，导致树木死亡。不幸的是这种费水和管理上开销很大的冷草型的草皮在净化空气保护水土等实质性的效果方面作用并不明显，一些专家干脆将其称之为无效绿化。基辛格曾说"美国可以复制天坛，但不能复制天坛里的树。"天坛树是与野生草相伴的，但是拷贝了进口的草后，由于大量浇水而使土变黏，松柏树是深根，黏土使土中空气变少，阻碍了树根养分的吸收，松柏的叶子就会发黄，甚至死亡。北京的例子，洛阳应该反思。

因此，就绿化而言，植树是城市最有效的绿化方式，高大的树木有蓄养水源，防风固沙的功能，是中原和北方地区最需要的。其所需的人工管理也比草少得多，耗水量也小。上个世纪50年代，洛阳栽植了不少的沿街法桐和杨树等本地树种，过去通往龙门和白马寺的路上，内侧是环抱成绿色长廊的法桐，外侧有高大的杨树护卫，很让人怀念。那种树影响了今天人们对城市审美的天际线的观赏，却更实用，更人性，更关怀人，生态意义也应当高于今之沿街的看上去很美的草木。值得庆幸的是很多沿街树（甚至在扩路时）得到了保存，而不幸的是一些树木却被替换或移除，特别是长达5600米宽达200米（我称之为城市森林）的以杨树为主的林带。高大的杨树遮阴降温效果好，有一棵杨树顶三台空调的说法。但杨柳飞絮，有弊，特别是树木的生长期长，对城市的绿化、生态影响慢。因此，在急功近利的观念影响下，在绿化率同GDP一样作为政绩考核的内容时，树木的缺位也就成为不正常的正常了。洛阳在这方面还算是用心的、认真的，只是绿化的规划要坚持。个人觉得应当在实用的基础上，兼顾实用美观，而不要在美观的基础上兼顾实用。这样可能才是生态的、人性化的或者以人为本的。绿化的目的是为了人类更适宜的环境。而更适宜的环境一定应当是更自然的，而不应当是更人工的；一定应当是生态的，而不是反生态的；一定应当是多样性的，而不是去多样性的；一定应当是以植树造林为主的，而非以花钱耗水的景观草为主的。无论怎么说，我们已经有了绿化的观念，并且深入人心。1960年代，我们将涧西工业区及其它工厂周围的防护林侵占还存在着认识上的差距，还停留在农耕时代，而今单纯绿化率的追求似乎有些偏差，要对准靶心。

我们来看看新区绿化的规划：

城市园林绿化。在中心区、大学城及体育中心和洛龙科技园区33.59平方公里范围内，规划建设城市中心公园、奥林匹克公园、市政广场、定鼎门广场、洛龙科技园中心绿地和新火车站商业中心绿地等6处开放式广场绿地，面积达288公顷，加上居民区绿地、道路绿化带和防护绿地，公共绿地总面积将达到855公顷，绿化覆盖率达40%。除此之外，洛阳新区南连龙门西山万亩森林公园，北接隋唐城绿色园林观光区，可以说是城市在森林边，森林在城市中，生态环境十分优美。

新区的绿化规划让我们感受到了绿意，尤其是洛河的整治与洛河两岸的绿化。此外沿街、沿山以及居民区的绿化已经形成了模式与传统。

其二是蓝化。

图6-8　整修前洛河的自然景观①

城市的形成与发展往往与所在地的水系有密切的关系。水系对于城市不仅具有防御、运输和城市日常用水等功能，它们还是动植物繁衍和栖息之地，同时，也是城市景观的重要组成部分。水系是城市的风韵、灵气和诗意所在。桂林如果没有了漓江、杭州如果没有了西湖，苏州如果没有了密布的水网，不知还有哪些风韵和诗意。同样，北京没有了诸海、上海没有了浦江、广州没有珠江，城市的灵气与景观也会大打折扣。洛阳因洛河而得名，因此，伊洛河是洛阳的母亲，也是洛阳的骄傲，历史上是，今天也是。伊洛河的生态很大程度上影响着洛阳的生态。河流湖泊是自然生态中与森林同样重要的。湿地的作用：一是生物基因库。湿地是许多物种的家园，湿地没有了，这些物种也无法生存。二是蓄养水源，自然水库。洪水泛滥，湿地可以吸收70%的水。三是航运、观光。象漓江山水，浦江夜景等等。今天的洛河和伊河也是。四是提供生产原料。更重要的也许是湿地可以调节气候，湿地向大气中蒸发的水气可以调节周边的生态环境。因此，湿地被称之为地球之肾。地球的生态由森林、海

①　丁一平摄于2002年10月。

洋、湿地构成。（城市也应当是建筑、森林、湿地构成的生态系统）。而上述只是湿地的生态作用。其实湿地的主体——水，不仅具有丰富多变的形态之美和自然之美，其具有的精神价值也十分重要，孔子说"仁者乐水，智者乐山"仁者动、智者静。而老子的哲学从某种意义上讲就是水的哲学，所谓"上善若水，水善利万物而不争，处众人之所恶，故几于道"。城市人对水的态度在相当程度上反映了他们的文化观念和文明程度。植物和水系构成的生态系统是良好人居环境的基本。

洛河由于大环境的变迁（洛河曾是通航的）已经显得很苍老，河床裸露，虽然有着很顽强的水流，但遍布的鹅卵石和黄沙野草灌木，宛如西部戈壁。尽管如此，其生态意义也是重大的。洛河滩是荒凉的，这种荒凉的生态进程又由于工业化而加速了。工业化对河流、湖泊为主的湿地的危害主要体现在三个方面，一是水系成了排污通道和垃圾场，恶臭、肮脏成了城市孩童对河流的认识和父母的教诲，孰不知过去人们直接饮用的就是这条河里的水。二是把河流截弯取直，破坏了水系的蜿蜒曲折、自然生动的形态。三是用水泥护堤，衬底，沿岸铺上水泥砖。这样很有效地切断了地下水的补给通道，周边的动植物也别想借光生存，水泥衬底还使河流失去了自净能力，水变得娇气，加剧了水的污染，形成没有自净能力和循环体系的臭水、死水。也许是现在的人们认为水草丛生、鱼虾众多、生物繁多的泥土化的水流太乡村化了，不符合城市的景观，但"河流的城市化"不能只以"景观审美"为唯一出发点，需要强调的是，景观审美也应当建立在生态的基础上，做到生态和谐与景观审美的双赢。即使从审美的角度而言，真善美的审美逻辑，只有真的才是善的，也才是美的。非生态的，则非美的。假的东西往往不会有生命力，进而也就不会产生真正的经得起考验的审美。

除河流而外，引水进城也是改善人居环境，方便生活的一项很有传统的措施。安徽宏村的水系给了我们传统人居引水的一个很好的借鉴。洛阳新区在这方面也做了规划：

城市水系。根据洛阳新区水系规划，共需修建主干渠及支渠和排水明渠共63公里，开挖各种人工湖9处，占地约1600多亩。其中，对原有灌溉渠进行改造约21公里，新开挖渠道42公里。整个水系工程计划分两期进行，第一期从洛河南岸白村段引水，经体育中心、会展中心、党政机关办公大楼人工湖和相关渠道，在牡丹桥西汇入洛河，渠长15公里。再加上21公里的排水明渠也列入景观水系规划，景观水系渠长近36公里。第二期工程将实施伊洛黄金水道及大新渠整治，总长 27 公里。除此之外，还要在住宅小区、大学城和商业、服务区内修建规模不等的支渠和小型水面工程。建成后的洛阳新区水系总面积预计将达到 170 万平方米，整个水系工程土方量达 120 万立方。水是决定城市发展的重要因素，我们在洛阳新区建设中大规模的营造水景，以达到"水在城中流，城在水边建"山水园林相间的美丽景象。①

图 6-9　洛南新区水系规划图②

其三是硬化与生活服务配套设施的人性化。

城市是道路的，道路是硬化的。道路体系对一个城区的影响尤如脉络对人的影响一样，因此一个健康的城区其道路系统是健全的。洛阳新区的道路除龙门大道、王城大道、关林大道工程外，计划分期分批进行建设的道路有 49 条，总长 152 公里，总面积约 610 万平方米。③ 这些道路的建设形成了新区基本的道路交通体系。

不仅是道路交通体系，城市本身就是一个人造的环境（列弗费尔所谓的"人造景观"，以区别于乡村自然的状态），城市是建筑在混凝土之上。因此，以道路、广场为标志的硬化似乎是城市的显性标志之一。硬化的确给人们带来了极大的方便，极大地改善了城市的居住环境和卫生面貌，提高了城市的效率，从某种意义上说，城市就是硬化的结果。城市是构筑在硬化的基础之上

---

①　来源：洛阳新区官方网站。http：//www. lyxq. gov. cn/cqgh/xczxq. htm。

②　来源：洛阳新区官方网站。http：//www. lyxq. gov. cn/cqgh/xczxq. htm。

③　来源：洛阳新区官方网站。

的。因此，我们很多地方以硬化作为改善城市环境的一项指标。但是硬化又是与自然对立的，是城市的生态，而不是自然的生态，因此，建设生态的城市就不能一味地追求硬化，应当从中找出一个合理的度。德国的城市建设就有对硬化加以限制的考量，这与我们某些地方片面追求硬化率形成鲜明的对比，这也许是城市发展的不同阶段的结果。但从生态意义，从以人为本的宜居城市角度来讲，对硬化的追求大可不必那么强烈，在人员活动少的地段，还是不硬化的好，给城市"留白"，不仅仅是美学意义上的，更是生态意义上的。因为即使是城市这个人造的为人服务的环境也不仅仅是人类的，也是植物的、动物的和微生物的，只有和谐共生，才是宜居的环境，才是宜居城市的环境。

硬化而外，良好的人居环境必离不开完善的城市公共设施。

根据洛阳新区公共设施规划方案，将建设 3 座公交停车场、8 座变电站、1 座自来水加压站、2 座煤气储备站、3 个集中供热中心、8 所中小学校和 3 所中心医院。除此之外，在体育中心将建设多个训练和比赛场馆，在文化中心将建设会展中心、大剧院、音乐厅、博物馆、美术馆、图书馆、青少年活动中心和文化交流中心等设施，在行政中心将建设大型广场和世纪大厦等办公设施。在规划的居住区将建设高层次人才居住区、公务员居住区、村民拆迁安置居住区和各类房地产开发小区。①

其四是房地产开发。

图 6 - 10　西苑桥上看新区②

---

① 来源：洛阳新区官方网站。
② 丁一平摄。

绿化、蓝化、硬化、设施的全面与人性化，最终都是为人服务，要建设宜居的新城区，必须有适宜人居的，迎合现代城市人品味的房地产品种。环境的强调从某种意义上也是为了吸引与聚集人气，这样新城区的规划建设才能取得成效，这也是以人为本的最为现实的意义。因此，在沿河的景观区建设了高层次人才的住宅区。实际上，沿河的空间已经构成洛阳最具吸引力的房地产空间。除沿洛河的区域之外，新区其它的房地产空间也基本遵守着景观养眼，空间感觉较为舒适的审美倾向，其试图通过市场化的房地产开发结合良好的城市园林环境，打造一个适宜的人居环境。

图 6-11　河对岸的新区①

二、新区空间规划的阅读

（一）经营城市的理念

1950 年代抛开老城建新城，抛开的是一个农耕文明的城市，建设的是一个工业基地，两个典型的城区的分立、共生与整合，形成了一个在空间上"非典"的新洛阳。2000 年以后建设的洛南新区，同样是抛开旧城建新城，抛开的是一个业已整合成形的带状的工业化架构下的城市，而建设的新城却没有1950 年代的工业基地那么容易定位。1950 年代建设的一个纯粹的工业基地，

① 来源：丁一平摄。

一个工业城区，并以工业城区的强势给古都洛阳一个新的城市形象。此后，工业符号持续不断扩散，影响、整合整个城市，以至于"新兴的工业基地"成为洛阳的文化形象，使得传统的城市空间也似乎脱胎换骨被带入工业化的城市空间。2000 年后建设的新区，从空间阅读，似乎并不那么典型，倒像是一个综合的新兴的、升级版的城市。似乎是囿于旧城区的羁绊而另辟溪径，并以此来拓宽城市空间。但实际上，其背后则有着另一种城市理念——经营城市、行销城市。这种城市理念同样以新城的符号影响、整合整个城市，赋予城市另一新的形象。

新区沿洛河、避开隋唐洛阳都城遗址，同样形成带状城市空间。新区的空间中心是行政中心，符合中国传统的文化心理、自然观、宇宙观。但这个空间的中心与农耕文明时期府衙的空间中心或有不同。洛阳 1950 年代的城区整合是通过行政中心的迁移开始并加速的，当涧西工业基地在几年内初具规模的时候，老城与工业区之间的空间地带成为城市的新的发展区。为了促进发展区的发展，洛阳市将行政中心从老城迁出，这既解决了老城空间紧张的问题，也使得行政部门又一次居于带状城市空间中心的地带，处在城市南北轴线的中心。更重要的是由于市党政军等各部门的入驻，加速了市中心的重建与形成，对城市的发展及空间的整合起了促进的作用。而 2000 年后市行政中心从带状城市中心的迁出①，似要达到同样的效果。以行政中心的定位，带动洛南新区的发展与空间的整合，其背后的理念与现代的城市更新、经营城市等有着密切的关联。同时，在我们赞扬"洛阳模式"，批判"同心圆＋环型路"或"摊大饼"的城区规划时，新区的建设又似乎是对带状城市的一种否定，是类方型城市的复辟。传统的力量是巨大的，在中国人心目中，天圆地方就是宇宙，城市就应当是方型或类方形的。实际上伊洛盆地的山形地貌，使得洛阳也不可能无休止地向东西发展。历史上，洛阳城区曾经越过洛河，在建桥技术极为发达的今天这应该不是一件难事，困难出在观念中。而当带状洛阳的形态业已造成，洛南新区的建设，并不见得是"同心圆＋环形路"的摊大饼，虽然空间上看成是类方城市的复辟，而空间结构与秩序的实质却是多中心城市的下一页或下一个中心。更何况阔达近千米的

---

① 洛阳新区是以市政府搬迁，由行政中心来推动新区的建设。早在 2004 年 10 月 8 日，洛阳市委、市政府、市人大、市政协就集体乔迁洛阳新区。2005 年 5 月 8 日，洛阳市党政机关 32 个委、局全部南迁。上世纪 50 年代，洛阳市曾跨过涧河打造涧西新区，催生了一个新中国的重要工业基地。

洛河河床，的确影响着城市空间的一体化，更适合建设多中心的城市。实际上，旧城区早已"五藏俱全"，而新城区也在向着规划者以为的高品位的"五藏俱全"发展。

虽然同为经营城市的理念所支撑，洛南新区却不同于同时兴建的郑州郑东新区。作为中国最重要的铁路枢纽之一，作为河南省的省会，郑东新区的建设更加典型，它是一个基于21世纪初叶经济社会发展状态下的城市观的最好的反映。前面我们论述了农耕文明和工业文明的城市，全球化的影响，信息化的发展，第三产业超越了第二产业，并成为城市经济的主要支柱，反映在空间上，则是城市空间的重组。这一过程是以第三产业空间逐渐替代第二产业空间进行的，于是倾向于第三产业的审美伦理或价值观的城市空间开始涌现。在这方面，郑东新区也许是典型的。① 我们可以看郑东新区的规划，它的核心是象征第三产业城市的中央商务区（CBD），作为支撑的则是商住物流区、科技物流区、生态区、高校区和经济技术开发。因此，郑东新区是一个以中央商务区为空间核心的经济主导的城市空间（房地产业对郑州经济的贡献，占到当地第三产业的40％。）②

----

① 郑东新区远景概念规划范围150平方公里（其中起步区33平方公里），西起原107国道，东至京珠高速公路，北起连霍高速公路，南至机场快速路。共分六个功能区：（1）CBD，是郑州市的中央商务区，也是郑东新区的核心区，规划面积约3.45平方公里，由两环60栋高层建筑组成的环形空间，内环建筑高80米，外环建筑高120米，两环之间是繁华、舒适的商业步行街。环形建筑群中间布置有国际会展中心、河南省艺术中心和高达280米的会展宾馆等标志性建筑。（2）商住物流区，是CBD的功能支撑区，规划面积约23平方公里，是以机关单位、公益设施、现代服务业及批发、物流、居住等功能为主体的综合区。（3）龙湖区，规划面积约40平方公里，其中龙湖规划面积约6.08平方公里，与流经市区的几条河流、郑州国家森林公园等构成城市生态区。伸入龙湖的半岛为CBD副中心，由高度为100米的写字楼、宾馆和特色住宅等组成的另一个环形空间。CBD中心和CBD副中心通过3.7公里长的运河相连，形成一个"如意"型，运河两岸是45米高的建筑。（4）龙子湖高校园区，规划面积约22平方公里，主要由高等院校组成。高校园区内规划有龙子湖，取"望子成龙"之意。湖面伸入各大学校园，湖中有近两千亩的湖心岛，岛上规划有图书馆、体育场等公共设施。龙子湖通过运河与龙湖及其他河渠相连，是郑东新区生态水系的重要组成部分，也为高校园区的莘莘学子们创造了优美独特的学习和生活环境。（5）科技物流园区，规划面积约18平方公里，主要用于安排科研院所和公路物流港等物流产业项目。（6）国家郑州经济技术开发区，规划面积约50平方公里，是郑东新区的工业支撑区。六个功能区相辅相成，相得益彰，使郑东新区成为既有优美的生态景观、人居环境和良好的城市形象，又兼具强劲产业支撑和雄厚发展实力的新城区。

② 大河网，2008年10月28日07：24。

图 6-12　郑东新区沙盘①

图 6-13　郑东新区规划示意图②

　　以之相比，洛南的新区又是一个"非典"的新区。然它却是一个真正意

　　①　郑东新区政府网站：http：//www. zhengdong. gov. cn/。
　　②　郑东新区政府网站：http：//www. zhengdong. gov. cn/。

义上的"新"区。这个新区的背后实际有着与郑东新区一样的理念——"经营城市"。通过市场化的手段，郑州市对构成郑东新区空间和城市功能载体的土地进行了市场化运营，为郑东新区提供了有效的资金保障。

经营城市的观念也许来自国家营销。①"经营城市"这一概念在 2001 年中国市长协会第三次代表大会上首次被提出以后，随之便在全国各大城市流行起来。②

所谓经营城市，就是将整个城市作为客体进行资本化、资产化的动作。即是说，凡是城市所拥有的可以资本化、资产化的资源，不管是物质的还是精神的，有形的还是无形的，只要它有利于筹集城市发展资本，有利于增加城市吸引力和竞争力，有利于城市可持续性发展都是经营城市的范畴。其主要包括四个方面的资源：自然资源，如土地、山水、空间等；人力作用资源，如电力、道路、桥梁、市政公用设施等；人文资源，如人力、文化、科技等；延伸性派生资源，如信息、品牌等。③ 具体到城市的经营来看，包括人力资源、自然资源、人文资源、企业资源、区域资源、制度资源和交通资源的经营等。城市营销应当将这些资源看作是一个系统的整体，通过对城市传统文化、自然环境条件、人文生态、社会结构、产业结构等进行深入分析，找出城市的定位，并且根据外部环境，决定城市的发展方向。

尽管对"经营城市"这一概念从理论到实践上在国内都有所争论，但一个事实是，许多城市接受并按照这一理念在营造着城市，并形成了城市空间。实际上，争论与反对的本身也说明其实践性的存在。如果说 1950 年代我们还在以建设社会主义工业城市为目标，以工业为依据规划城市空间，那么今天，城市建设的目标则是将城市作为一个实体，塑造城市的文化形象，并将此与城市的其它资源进行资本化运营，通过提高城市的竞争能力带动与提高地区经济发展的竞争能力和综合实力。这是当今城市经营的一个趋势。

---

① 国际知名的营销大师美国的菲利浦·科特勒在总结了几十年营销经验后提出这一概念。他在其《国家营销》（The Marketing of National）一书提出：任何一个国家任何一个地区，都应该把吸引投资、外来移民、旅游、以及发展地方品牌作为重要的管理内容。一个国家，也可以象一个企业那样用心经营。在他看来，国家其实是由消费者、制造商、供应商和分销商的实际行为结合而成的一个整体。地区营销应当突出自己的特点，发现自己的优势所在，提高自己的竞争力。国家营销，从本质上来说就是充分顾及到社会环境，认真分析优势和劣势，找出经济增长或经济恢复的最可靠途径。

② 涂文涛：《关于"经营城市"问题的争论与思考》，《经济学家》，2005 年第 4 期。

③ 刘蕲网：《关于经营城市的几个本源问题》，http://www.stcsm.gov.cn/learning/lesson/guanli/20030922/lesson－2.asp。

不仅如此，"城市作为一个巨大的经济、社会和文化的综合体，城市的核心资源已不仅仅是自然资源，也不仅仅是技术人才，还包括城市社会结构、社会竞争环境、城市政策、人才成长环境、人文环境和城市形象及'城市文化资本'运作等。"① 现代城市的城市投资环境、城市人的素质、城市的管理水平、城市的文化魅力等等都构成了一个新型城市的竞争资源体系，集中的体现在城市文化形象上，而其表象的，最具感观的实体，却是空间与景观所形成的具像，这也是空间及其以空间为基础的景观受到城市经营者重视的原因所在。大连、青岛、苏州、杭州等城市的成功就是范例。大连、青岛、苏州都是非省会的中等城市，大连、青岛、苏州利用其滨海的特色和"东方威尼斯"的形象，通过空间的重组与规划，创造了良好的城市环境，形成新的核心竞争力，不仅获得了"适合人居城市"的口碑，也获得了适合投资的城市形象，成为中国最为重要的投资型、创业型城市之一。一个良好的城市形象可以使城市走出国界，走向世界，进而引导城市企业、产品、品牌和旅游资源走出城市，走向世界。② 良性的城市经营会直接影响人才、技术、资金、信息和全球的旅游者向城市流进，反之，则使人才、资金、技术、信息等流入它处而失去进一步发展的机会。因此，国际的竞争，使得城市成为一个实体、一个载体。而通过城市形象的塑造再创城市创新的核心资源，这已经是一个既成事实。在这一过程中，城市空间的扩张与重构成为最具外在感染力的内容。

美国的一位马克思主义传统的城市学研究者高狄纳以"社会空间视角"的概念与方法对此做了研究。"社会空间视角"给了我们一个新视角来看待城市的经营与扩张。这种方法首先将房地产发展视为城市地区变化的前沿阵地。因此，当城市研究倾向于关注工业、商业和服务业的经济变化时，社会空间方法加入了房地产的内容，从房地产发展的角度看待空间对城市化的作用。③

以这种视角理解城市，我们可以看出房地产的开发成为城市资本运作的突击队和测试仪。通过打造城市的形象增加地产的吸引力，在这个过程中，政府对城市的发展起到了重要作用，通过房地产的运作，城市政府的利益同城市的发展密切结合，城市政府不仅增加税收，而且能获得更大的发展资本与利润。"我只是把洛河的水引到新区转那么一圈，洛南的土地就增值了：原来能卖50

①　张鸿雁：《城市形象与城市文化资本论》，《南京社会科学》，2002年第12期。
②　张鸿雁：《城市形象与城市文化资本论》，《南京社会科学》，2002年第12期。
③　参见向德平主编：《城市社会学》，北京：高等教育出版社，2005年。

万元一亩的，现在能卖80万元一亩。"① 而全球化的趋势，城市长远发展应当纳入全球化的格局当中，因此，城市应当准确地定位，以获得更多的发展机会。用这种阅读方式，我们可以看郑州、洛阳等城市的新区建设。郑东新区的开发是"为把郑州建设成为国家区域性中心城市而采取的重要举措。"② 而洛南新区的开发则是基于同样的理念"把洛阳建设成为科技教育比较发达的现代化工业城市和以历史文化名城为依托的国际性旅游城市。"③

"按照1998年国务院批复的《郑州城市总体规划（1995年至2010年）》的要求，郑州市区人口发展长远目标为500～600万，城市化水平达70～80%。目前，郑州中心城区规模偏小，而且受陇海、京广铁路交叉分割，拓展空间受到制约，与近亿人口大省省会城市的地位和建设全国区域性中心城市的目标远不相适应，因而必须寻求新的发展空间，按照21世纪国际现代化城市的功能要求对省会郑州总体规划进行完善、修编，这是规划郑东新区的主要背景。在这个前提下，为了保证郑东新区规划体现新世纪、新郑州、高起点、高品位的要求。"④

一九九五年，洛阳市第三期总体规划，

"确定了以洛河为轴线两岸发展的战略思想。""拉大城市框架，加快城市化进程，带动地区经济发展"。"把洛阳建设成为科技教育比较发达的现代化工业城市和以历史文化名城为依托的国际性旅游城市。"其总体目标，是"把洛阳新区建设成为山水园林相间、生态环境优美、功能设施齐全、现代气息浓郁、古今文化辉映、中西部地区最适宜人们居住的新城区，初步形成现代化城区规模。洛阳新区建成后，洛河从市中心穿过，沿河南北两岸绿地环绕、高层建筑鳞次栉比、山水园林相间。洛阳这座历史名城将得以复兴，再现王城风采。"⑤

从中我们可以看到，通过打造城市形象，形成世人向往的地方，使城市形成特有的知名度、美誉度，将城市的景观、山水、人文历史等转化为动力机制，促进城市经济、社会、文化和环境的协调发展和可持续发展。

---

① 《河南政协原副主席被双规，当地民众对其表示怀念》，《南风窗》，2008年10月29日。
② 郑东新区政府网站，http://www.zhengdong.gov.cn/。
③ 洛阳新区官方网站，http://www.lyxq.gov.cn。
④ 郑东新区政府网站，http://www.zhengdong.gov.cn/。
⑤ 洛阳新区官方网站，http://www.lyxq.gov.cn。

（二）生态城市的追求

从新区的建设规划中我们还能读出生态理念的影响。这是一种"以人为本"，强调人与自然、人与生态环境关系的协调的思想，其理论基础是霍华德的田园城市论，沙里宁的有机疏散论和中国学者上个世纪末有关生态城市、花园城市的梦想，尤其是钱学森先生关于山水城市的构想与推动。

工业化开启以后，城市便开始了以工业为本、以资本为本，这导致城市环境的恶化，为此，早期的许多学者开始了对工业城市的批评。1919年，霍华德出版《明日的田园城市》一书，提出了"田园城市论"。"田园城市是为了安排生活和工业而设计的城市；其规模要有可能满足各种社会生活，但不能太大；四周要有永久性农业地带围绕，城市的土地归公众所有或托人为社区代管。"其出发点仍然离不开工业，因此，城市设计包括城市与乡村两块。城市为农田围绕，城市居民既能得到新鲜农产品的供应，也方便接触乡村的自然空间，为此，城市的规模必须加以限止。他所设计的规模在5万人左右。然后，若干个田园城市围绕一个中心城市构成城市组群，成为"无贫民无烟尘的城市群。"① 田园城市的规划思想，提出了一系列的独创性的见解，并形成了比较完整的城市规划体系，为后来的城市规划提供了思想智库。在此基础上，世界著名的建筑学家伊利尔·沙里宁提出了有机疏散理论。② 1942年，沙里宁出版了《城市：它的生长、衰退和将来》一书，提出要以建立良好的空间结构来解决或缓解城市过于集中所产生的弊端，这种空间结构概括为"有机疏散"。他认为这种结构既要符合人类聚居的天性，便于人们过共同的社会生活，而又不脱离自然。这是一个兼具城乡优点的环境。沙里宁认为城市是一个有机体，其内部秩序实际上是和有生命的机体内部秩序一致的。有机疏散的两个基本原则是：把人们日常生活和工作的区域作集中布置；不经常的"偶尔活动"的场所不必拘泥于一定的位置，则作分散的布置。日常活动尽可能集中在一定的范围内，使活动需要的交通量减少到最低程度，并且不必都使用机

---

① （英）埃比尼泽·霍华德：《明日的田园城市》，北京，商务印书馆，2000年，第18页。

② 伊里尔·沙利宁（1973～1950）原是芬兰著名的规划学家，1917年他在规划大赫尔辛基方案时，注意到郊区的卧城型的卫星城因仅承担居住功能，导致生活与就业的不平衡，卫生城与市中心不可避免的大量交通导致一系列社会问题。因此，他主张在赫尔辛基附近建立一部分居民就业的半独立的城镇，以缓解市中心区的交通等一系列问题。在他的设想与规模中，城市是一步一步逐渐离散的，新城不是"距离"母城，而是一种有机的分离。1923年沙利宁移居美国，1942年，在总结了他二十多年来的"有机疏散理论和实践，完成了新一代城市空间的设想。

械化交通工具，日常生活应以步行为主。往返于偶尔活动的场所，可以使用较高的车速往返。结构决定功能，空间结构的优化，能解决城市的许多问题。不是现代交通工具使城市瘫痪，而是城市机能的组织不良，迫使城市人用大量的时间、精力往返旅行，造成环境、交通拥堵等一系列问题。[①]

我国著名的城市规划家吴良镛先生曾是沙里宁的学生。当年，作为梁思成的助手，被梁思成推荐到沙里宁门下受业。如今，吴先生已成为中国城市规划与建筑学界的领袖人物之一。虽然我们不能就此说沙里宁的有机疏散理论对我国的城市规划影响巨大，实际上由于种种原因，这种城市规划只能是在城市化发展过程中所思考的。我国的城市在上个世纪 80 年代以后，在工业化有了一定的发展的基础上开始了较大的发展，城市问题也由此浮现，交通、环境、污染、人居等等，尤其是一些工业城市，城市发展是以重大的环境污染和生态挫折为代价的，在此背景下，一些学者提出中国人思维模式中的生态城市。这些理论中有城市复合生态系统的理论，将城市生态系统分为社会、经济、自然三个亚系统，各个亚系统又分为不同层次的子系统，彼此互为环境。社会系统以人为中心，经济系统以资源为核心，自然生态以生物结构和物理结构为主线。自然系统是基础，经济系统是命脉，社会系统是主导，相互作用，相互影响，形成城市复合体的复杂运动。因此，城市不能仅仅重视经济的发展与社会的进步，更要重视自然生态这个基础，动植物、微生物、自然环境（土地、水域、大气、气候、景观）等等与社会、经济协同共生，形成对城市社会活动、经济活动的支持、容纳、缓冲及净化的功能。

在上述理论中，我国著名的科学家钱学森先生提出的"山水城市"概念也许是影响较大的。"山水城市"是一种符合传统中国审美的表述。

1990 年钱先生提出"能不能把中国的山水诗词、中国古典园林和中国的山水画融合在一起，创立'山水城市'的概念？人离开自然又返回自然。"此后城市环境成为钱先生晚年关注的重点之一。《宏观建筑与微观建筑》[②] 一书中收录了钱先生的文章和书信近 200 篇，其中有近 100 封书信和文章谈到山水城市问题。他呼吁："把整个城市建成一座大型园林。我称之为'山水城市'。人造的山水！""我设想的山水城市是把微观传统园林思想与整个城市结合起来，同整个城市的自然山水结合起来。要让每个市民生活在园林之中，而不是

---

① 赫希曼（A·Hisrchman）：《经济发展战略》，北京：经济科学出版社，1992 年。

② 鲍世行、顾孟潮、钱学森：《论宏观建筑与微观建筑》，杭州：杭州出版社，2001 年。

要市民去找园林绿地、风景名胜。所以我不用'山水园林城市',而用'山水城市'。"他说:"提高山水城市概念到不只是利用自然地形,依山伴水,而是人造的山和水,这才是高级的山水城市。""山水城市概念是从中国几千年的对人居环境的构筑与发展总结出来的,它也预示了 21 世纪中国的新城市。"①创造山水城市是将人与自然结合、生态措施与工程措施相结合的系统工程。追求城市中既有人工的艺术创造,又有大自然的艺术创造,形成人工艺术与自然景观的"共生、共荣、共乐、共雅"。其最终目的是建立人工环境与自然环境相融合的人类聚居环境。②

钱先生不仅提出理论概念,也利用自己的影响进行着"山水城市"的实践活动。在钱学森的感召下,1993 年 2 月,建设部召开了山水城市讨论会。在这次会议上钱学森发表了"社会主义中国应该建山水城市"的书面讲话,引起建设部领导的高度重视和国内外极大反响。此后,在北京、上海、广州、武汉、重庆、自贡等城市远景和近期规划的修订上,普遍重视了规划对经济、社会、文化、生态协调和谐发展的重要作用。不少城市还明确地把建设山水园林城市、生态城市作为自己的奋斗目标。而实际上,在 1992 年,建设部已经在全国范围内开展了创建"国家园林城市"的活动。据 2000 年统计,已有北京、合肥、珠海、杭州、深圳、中山、威海、马鞍山、大连、南京、厦门、南宁 12 个城市获此殊荣。这些城市中有些后来又获得联合国颁发的适合人类居住的"宜居城市"称号。

无论是生态城市、田园城市、山水城市,还是"每里见公园",把城市建在花园里,或将城市建成花园等概念,都为中国城市规划的突破提供了基础。在新一轮的城市规划建设中,也有着许多的实践,如大连、青岛等沿海城市的作法使许多人耳目一新,虽然建山水城市、生态城市等等提法不一而是,虽然对此种理论与实践一直存在着不同的看法,而且所谓的山水城市概念的引领更大于具体的操作,但规划概念与理念的大跃进,毕竟为中国的城市规划与建设提供了具有时代特征的时髦而有益的探索。因此,造山引水,围湖造林,建设大型草坪广场,街心公园等等在许多城市展开。用良好的城市环境、迷人的城市风光、养眼的城市景观来吸引人气、吸引投资、促进城市的发展。

---

① 鲍世行、顾孟潮:《杰出科学家钱学森论城市学与山水城市》北京:中国建筑工业出版社,1996 年。

② 参见王新文:《城市化发展的代表性理论综述》,《济南党校学报》,2002 年第 1 期,第 25 ~ 29 页。

洛阳新区的空间规划自然能看到这些理念的痕迹。

因此，虽然在 1950 年代洛阳城市的建设中，也大力推动绿化，但正如前述，那主要以防护林来避免工业对城市的污染，虽然也有行道树、艺术大道（以林荫大道为主要内容）的绿化、美化，但当时的绿化似乎还没有上升到生态、园林，进而达到人造山水环境的层面。非但如此，甚至许多防护林也因种种原因而被吞噬。所幸的是行道树和街坊树多被保留，这些树都能遮阴，都是同人的直接活动有密切关系的，看来，当时的人们只重视所谓"实用"的绿化，而对看不见的、隐性的对生态、环境的功能具有巨大贡献的绿化认识不深。

而在洛阳新区的规划中，植树引水，营造人工的山水环境化成为一项主要的工程。我们来看洛阳的绿化与水系的规划：

城市园林绿化。在中心区、大学城及体育中心和洛龙科技园区 33.59 平方公里范围内，规划建设城市中心公园、奥林匹克公园、市政广场、定鼎门广场、洛龙科技园中心绿地和新火车站商业中心绿地等 6 处开放式广场绿地，面积达 288 公顷，加上居民区绿地、道路绿化带和防护绿地，公共绿地总面积将达到 855 公顷，绿化覆盖率达 40%。除此之外，洛阳新区南连龙门西山万亩森林公园，北接隋唐城绿色园林观光区，可以说是城市在森林边，森林在城市中，生态环境十分优美。

洛阳还截取洛河水，引入洛阳新区。根据水系规划，这里将修建 63 公里长的人工渠道，引洛河之水，环绕新区各个小区后，再流入洛河；开挖 9 个人工湖，可形成 1900 多亩的水面。建成后的洛阳新区水系总面积将达 170 万平方米，"水在城中流，城在水边建"，新区城市将呈现一派山水园林相间的美丽景象——"水在城中流，城在山水间。"①

这方面，郑东新区的表述可能更为全面。

（郑东新区的规划特点）主要表现在五个方面：一是生态城市。通过道路、河渠、湖泊的绿化建设构建生态回廊，并将龙湖生物圈与嵩山生物圈、黄河生物圈有机相连，形成生态城市。二是环形城市。通过规划科学、布局合理的环形道路及 CBD 和 CBD 副中心的环形建筑群形成了一个独具魅力的环形城市。三是共生城市。新区规划重视城市发展与自然生态保护相协调和保持历

---

① 洛阳新区官方网站。

史、现实与未来的延续性，体现了新区与老城、传统与现代、城市与自然、人与其他生物的和谐共生。四是新陈代谢城市。借用生物学的概念，通过组团式发展、营造良好的生态系统，促进城市的可持续发展，体现了新陈代谢的理念。五是地域文化城市。规划体现了东方文化特别是中原文化特色，根据龙的传说及湖的形态，把规划中的人工湖取名为龙湖；CBD和CBD副中心两个环形城市，通过运河连结，构成象征吉祥和谐的巨型"如意"；六棱塔形的会展宾馆及引入我国传统的"四合院"、"九宫格"式建筑理念的商住建设等，彰显出浓厚的传统文化内涵、鲜明的城市个性和独特的城市空间形象。①

不仅仅是洛阳、郑州，在新一轮的城市建设中，许多城市的规划建设都是在"生态城市"、"共生城市"、"山水城市"、"花园城市"或"地域文化城市"的概念下进行的。至于这些概念的生命力，我们在此下结论还为时过早。这是需要历史考验的，需要时间这个最为客观公正的裁判去评判。

图6-14　滨河南路的绿化②

---

① 郑东新区官方网站。
② 丁一平摄。

图 6 – 15　大尺度与高楼①

（三）大尺度、宽道路、高建筑的审美规划

　　从空间的角度讲，传统的城市是平面的，相对于当今的大尺度、大规模、宽街大道来说应当是小尺度、小规模、窄街小巷构成的空间秩序。这与中国人的宇宙观有关。在精神层面上，中国人没有发展出西方或中东、北非那种追求纵向的欲望。那种欲望是在"造型世界里传递了一股追求精神的生命力，一种欲望，一种企图超越人世而接近神圣，甚至与之会合。"② 纵向似乎是一切宗教思想、宗教仪式、尤其是使人与神灵上下交通的献祭仪式所共同拥有的一个恒常的特点。但是在中国这种上下沟通也许更多地是以过去与未来的形式出现，以更为神秘的卜卦的形式出现。而且在人与神的沟通过程中，祖先成为信息传递的渠道或通信使者，因此，对祖先的祭祀仪式也成为对上天的仪式。"帝"对殷人来说就是全能的神，而对周人而言，则是众生原始的共有的祖先。所谓"三皇五帝"都是中国人共同的祖先，共同的根。由此，中国发展出了对祖先的崇拜。先人的灵魂、死人的鬼魂成为一种神化的力量。

　　中国人祭拜天也是在平面中进行的，北京的天坛仍然保留了最为原始的形态。只是中国人将天分为几个不同的区域，所谓"左青龙、右白虎"之类，后来与金木水火土等五形相联系，形成所谓东属木，青色；南属火，红色；西

　　① 丁一平摄。

　　② 程艾蓝（Anne CHENG）：《中国传统思想中的空间观念》，《法国汉学·第九辑》，北京：中华书局，2004 年，第 4 页。

属金，白色；北属水，玄色；中属土，黄色。天圆地方，天——宇宙是圆型的，是神的世界，地——人生活的空间是方形的世界，人神的沟通通过祭祀，而不是通过纵向的联络。如此在中国人精神文化形成的早期就脱离了与天"纯宗教性"的"纵"向的沟通，转而追求一种合作性的和谐的关系。"中国人似乎没有把纵向性表达成一股生命力，一种向上的超越身体的涌现，以探索另一个世界。"① 因此，反映在建设空间或人居环境方面，中国人追求的是一种平面的或者平远的空间状态。即使佛教的引入，高塔等建筑物的出现也没有改变这种状况。今天的人们更有高层不易人居，以及"接地气"的所谓风水仙的劝说，在民间也很有市场。

因此，不仅仅是囿于建筑技术，更主要的是来自宇宙观与生存的理念，中国城市空间是平面的。在这样的尺寸中，生命力的体现，通过气来推动，因而人气的聚集十分重要。中国人喜欢群居，舍弃人气旺盛的闹市或村落，搬到即使风景秀丽的场所单独居住，在一般中国人的心目中是不可理解的。聚集的生活导致的窄街小巷，导致了富于社会生态多样性的空间秩序与结构。这一点，我们在第二章已经做过描述。

进入工业社会，城市的聚集效应被放大，城市人口与环境自然的比例遭到破坏，城市又因为工厂、道路设施的需要吞噬着人居土地，城市一下变得人满为患，于是纵向的聚集以达到资本土地的节约成为选择。1844 年，恩格斯在《英国工人阶级状况》中对工业革命与城市的兴起作了这样的描述："大工业企业需要许多工人在一个建筑物里面共同劳动，这些工人必须住在近处，甚至在不大的工厂近旁，他们也会形成一个完整的村镇。他们都有一定的需要，为了满足这些需要，还须有其他的人，于是手工业者、裁缝、鞋匠、面包师、泥瓦匠、木匠都搬到这里来了。…于是村镇就变成小城市，而小城变成大城市。城市愈大，搬到里面就愈有利，因为这里有铁路，有运河，有公路，可以挑选的熟练工人愈来愈多；由于建筑业中和机械制造业中的竞争，在这种一切都方便的地方开办新的企业，比起不仅建筑材料和机器要预先从其他地方运来、而且建筑工人和工厂工人也要预先从其他地方运来的比较遥远的地方，花费比较少的钱就行了；这里有顾客云集的市场和交易所，这里跟原料市场和成品销售

① 程艾蓝（Anne CHENG）：《中国传统思想中的空间观念》，《法国汉学·第九辑》，北京：中华书局，2004 年，第 9 页。

市场有直接的联系。这就决定了大工厂城市惊人迅速地成长。"① 恩格斯论述的是最原始的工厂城市的聚集。发展中国家的工业化，是通过引进西方先进技术进行的，其工业一经引进和建立，就是先进的、规模巨大的，一开始就要求集中，因而必须建立在城市。②

而建在城市的结果使得城市在空间上向纵向发展，因为至少有三个因素导致城市空间的扩张，一是工业用地以及工业导致的人口的聚集致使用地紧张；二是机械化的交通设施要求宽阔的道路；三是高大的设备与机器化生产需要高大的厂房。于是空间紧张的解决，给了城市向纵向发展的欲望。为了满足更多人的居住与生存，城市变高、建筑变大、变壮。大尺度的城市设计规划开始流行。

北京城就是大尺度、宽道路规划的典型。1959 年，北京城扩建时，宽大的设计就已经占据了上风。当时流行"大马路主义"，所谓"路必百米，房必五层"。③ 郑州建设路也是那个观念的产物。这除了工业因素外，也考虑了战争的因素，是时代的烙印。在对城市规划征求意见时，

来自军队方面的同志曾提到："从国防上看，例如道路很宽，电线都放在地下，这样在战争时期任何一条路都可以作为飞机跑道，直升飞机可以自由降落。假如在天安门上空爆炸了一个原子弹，如果道路窄了，地下水管也被被炸坏了，就会引起无法补救的火灾，如果马路宽，就可以作隔离地带，防止火灾从这一区烧到另类一区去。"④

当然，包括国家计委在内的部门和一些专家也对北京的道路宽度提出质疑，并以"房必五层、路必百米"相讥，批评这是"大马路主义"。⑤

西长安街太宽，短跑家也要跑十一秒钟，一般的人走一趟要一分多种，小

---

① 恩格斯：《马克思恩格斯全集》第 2 卷，北京：人民出版社，1972 年，第 300~301 页。

② 高德步：《工业化与城市化的协调发展》，《社会科学战线》，1994 年第 4 期，第 48~52 页（49）。

③ 1954 年 9 月《改建与扩建北京市规划草案的要点》提出，为便利中心区的交通，并使中心区和全市各个部分密切联系，计划将南北和东西两条中轴线大大伸长与加宽，其一般宽度就不少于 100 米；1958 年 6 月，北京市上报中央的《北京城市建设总体规划初步方案要点》又提出，东西长安街、前门大街、地安门大街是首都的主要街道，将要扩展到 100 至 150 米。同年 9 月，又调整为 120~140 米，并提出一般街道宽 80~120 米，次要干道宽 60~80 米。引自王军：《城记》，北京：三联书店，2003 年，第 292 页。

④ 董光器：《北京规划战略思考》，北京：中国建筑工业出版社，1998 年。

⑤ 王军：《城记》，第 293 页。

脚老太婆过这条街道就更困难了。①

这种"大马路主义"的大尺度是得到时任北京市委书记的彭真同志肯定的。1956 年，北京市长彭真在市委常委会上提出：

伦敦、东京、巴黎、纽约等城市的交通都很拥挤，据说有的地方坐汽车不一定比走路快。莫斯科有些窄街道，也有这个问题。我们应该吸取这方面的经验教训。道路不能太窄。1953 年提出东单至西单的大街宽九十公尺，就有人批评这是"大马路主义"，大马路主义就大马路主义吧。不要害怕，要看是否符合发展的需要。道路窄了，汽车一个钟头才走十来公里，岂不是更大的浪费？

将来的问题是马路太窄，而不是太宽。我们不要只看到现在北京全市只有不到一万辆小汽车，要设想将来有了几十万辆、上百万辆汽车是什么样子。总有一天会发展到几十万、上百万辆车的。主要的马路宽九十公尺并不是太宽了。直升飞机也要场地。在座的青年同志们，等你们活到八十岁九十岁时，再来看看是谁对谁错，那时由你们来做结论。②

20 世纪 50 年代所建设的道路采取的是"宽而稀"的规划，机动车道路一般相隔 700~800 米一条。③ 洛阳涧西工业区的建设也存在大马路之争，最终洛阳的道路：主干道宽 14 米以上，道路红线宽达 50~60 米，次干道 10 至 12 米，道路红线 30~40 米，街坊路一般七八米左右，道路红线在 25 米以内。沿街楼房高度 3~4 层。④

三四层的天际线与 14 米宽的公路比起农耕文明的老城已经是大尺度、大规模了，尤其是 50~60 米的道路红线。那时老城的主街的宽度也不过七八米，不存在所谓的道路红线，而房屋的高度也不过三五米，低矮单层的大屋顶是当时中国传统城市不变的景观。本文第二、三章已讨论过，这里不再赘述。低而密的空间聚集人气，易于人的交往，高而疏的空间正好相反，但却能使相同的空间形成更多房屋，节约宝贵的城市土地资本，因而吞噬着低矮的传统空间。

---

① 谢泳：《梁思诚百年祭》，《记忆》第二辑，北京：中国工人出版社，2002 年。

② 彭真：《关于北京的城市规划问题》1956 年 10 月，载于《彭真文选》，北京：人民出版社，1991 年。

③ 相比之下，西方国家的城市采取的是"窄而密"的发展模式。机动车道路一般相隔 100~150 米一条。由于路网密，因而大力发展单向交通。实践证明，单行线比艰难双行线提高车辆通行量 50% 至 70%。王军：《城记》，第 294 页。

④ 《当代洛阳城市建设》，北京：农村读物出版社，1990 年版，第 71 页。

基于机械车辆交通为主的道路也在尺度要求上远远大于人行，道路空间也广阔起来，于是大尺度、大规模、高空间成为趋势。

　　进入现代社会，即所谓的后工业社会，城市似乎有向着更大规模与更大尺度发展的趋势。不仅如此，"高、大、宽"等这些被日本学者堺屋太一描述的工业审美伦理仍然影响着正在工业化的中国人，这些"高、大、宽"的设计已超出其显性的使用功能，而发展出另一种隐性的功能，而且这种功能似乎更为受到城市规划或建设者的重视，似乎道路的宽度、楼房的高度象征着一个城市的现代化水平，或者成为城市的标志、城市的骄傲与市民津津乐道、引以为自豪的话题。近来《发展河南》论坛就有一个贴子云"这条道路（洛阳新区的牡丹大道）是未来河南第一景观大道的强劲挑战者！"很快有郑州的网民跟贴，称郑州的中州大道更胜一筹，因为楼更高、路更宽，最为主要的是有立交，"景观大道，要求气势和景色同在。立交桥有弊端，但它依然是'城市凝固的音乐'。一条路上没有音乐，如何挑战？"① 立交桥相对于平面交叉自然是尺度更大、更加立体、更加高大、更加现代也占地更多。因此，无论是在新华网的《城市论坛》、还是在《发展河南》等地方的论坛，城市的高楼成为现代化的标志。迎合这种审美，或者培养这种审美的一些规划师们自然要担负起塑造城市形象的重任，在空间中描出各种高大的建筑。比如郑东新区 CBD，规划面积约 3.45 平方公里，是由两环 60 栋高层建筑组成的环形空间，内环建筑高 80 米，外环建筑高 120 米，② 120 米在现代城市并不算高，但集群并且站队成形的 120 米构成的空间的确很抢眼、很现代、很壮观。在"大"的方面，仅龙湖规划水域面积就达到约 6 平方公里，超过农耕文明时期郑州、洛阳城池的面积。伸入龙湖的半岛为 CBD 副中心，面积约 1.07 平方公里，是由高度为 100 米的写字楼、宾馆和特色住宅等组成的另一个环形城市空间。

　　洛阳由于城市规模、城市发展水平、城市行政级别与资金投入等多重原因，大尺度方面不能与郑州这样的省会城市相比，但其理念与理论却是一致的。理念没有大小，于是承载城市形象的高楼宽街尽可能地站了出来。

　　我们并不反对大空间，只是我们不能忘记了小空间，忘记了城市空间的多样性，忘记了适宜的人居环境。因此，我们要留一只眼看到事物的另一面。要

---

① 大河论坛，发展河南，《这条道路是未来河南第一景观大道的强劲挑战者》。

② 郑东新区政府网站。

反思与理智地思考。我们也应当看看目前正在兴起的新城市主义的观点，或许有些道理。

图6-16　郑东新区一景①

图6-17　湖畔高楼②

　　新城市主义主张复兴传统的空间格局，城市空间应当尝试重塑城市和郊区形态，以创造人们能与其邻居互动的场所，享受空间。城市空间设计不仅要方便驱车外出，也应该方便居民步行、骑自行车通勤和购物。促进人们的互动和社区生活与追求效率的设计 具有同样的重要价值。强调效率、规模和速度的非人性化、却又是人为的空间秩序与框架使人成为空间设计者的牺牲者或次要因素，新的环境设计应当以人为本，与大环境、大尺度、大规模、宽街大道不同，新城市主义强调所有的场所都可以步行抵达，使社区里的人们彼此容易相识。这样，街区的格局应当是混合型的，购物、娱乐、学习、交往、公共服务

---

　　① 丁一平摄。
　　② 丁一平摄。

等等，以满足各方面的需要。要有适当的公共场所以便人们有机会参与更大规模的公共性活动或表达和维护他们的社群利益。居住与工作机会也保持合理的比例，即工作的人群与可得到的工作比例上保持平衡。创造有利于人们直接交往的人文环境。最后，空间中要有特色鲜明的建筑等。①

传统欧洲的城市空间也并不是大尺度、大面积的。从心理层面上讲，大尺度、大空间虽雄伟壮观，却给人以冷漠与疏远的心理感觉，而适宜的小空间却让人产生亲近、富于魅力、富于人性化、富有人情味的感受，用中国人的话讲，就是有人气。人往人处走，以人为本的规划设计总会有被人们认识的时候。新城市主义的主张有其价值与意义。

（四）遗址保护的矛盾

洛阳是一个历史文化名城，虽然地面上的辉煌几乎没有了，但地下文物还遍地都是。

洛阳是中国八大古都之一。至今在洛阳地面之下，还压着 5 座都城遗址，其中汉魏故城、隋唐东都城都是当时世界上最大的城市之一。洛阳地面城市空间的发展往往受制于这些地下遗址，从某种意义上讲，正是周王城遗址，"逼迫"洛阳在 1950 年代"撇开老城建新城"，向着"双城"的模式发展，最终形成带状线型的城市空间。涧西工业区的选择，就是遗址与工业建设的矛盾呈现出来并得以解决的结果。不仅如此，洛阳城市空间的进一步发展还将受到遗址的影响。对于已经形成带状线型这种不符合中国人自然观、宇宙观的城市空间，似乎仍然要向两边发展。向北是邙山古墓区，所谓生苏杭、藏北邙，邙山一带拥有数不胜数的历代帝王将相的古墓。因此，北部不能开发。向东，受到汉魏故城遗址的制约，"一五"期间厂址的选择就曾因为古墓多而放弃，而当汉魏故城遗址的确立，东边的发展更受到"红牌"警示。向西发展，一方面接近丘陵山地，另一方面，洛阳已经是一个东西向带状的城市，东西不能一味拉长。于是只能向南索取城市空间了。然南部的空间仍然无法摆脱遗址的限制，隋唐洛阳城曾经越过洛河，而预索取的城市空间中必须面对隋唐故城遗址。实际上，这个遗址早在几年前就有前任的政府企图触及这个红线。为了修建火车站至龙门的快速通道，当时的市政府就曾规划穿越这个遗址区修路，并为此作了大量的工作，召开论证会，请一些所谓的专家来协助突破这个红线。

---

① Carmona, Matthew, Tim Heath, Taner Oc and Steven Tiesdell . 2003, Public Places, Urban Spaces. Architectural Press, p117。

只是遭到阮仪三等人的强烈反对，并通过行政的力量，才刀下留城，保证了这块遗址的相对完整。实际上，洛阳工业建设以来，已经付出了高昂的历史文化资本的代价，这些代价是无法估价的。

1950年代的工业建设虽然避开了周王城遗址和隋唐故城遗址，建立了涧西工业区，并将周王城遗址的一部分通过建立公园加以保护，但随后的工业扩张，"二五"期间建设的洛阳棉织厂、洛阳玻璃厂等却建在了两个故城遗址之上。尤其是隋唐洛阳城宫城核心区基本被洛阳玻璃厂、洛阳建机厂、洛阳起重机厂等国有大型企业所占。近年来洛阳应国家文物局的要求，准备搬迁这些大型企业，但搬迁经费需数十亿元，地方政府无能为力。这个教训是深刻的。

不仅如此，洛阳工业建设与文化遗址保护的矛盾远不至于此，同样的教训还有，"一五"期间在开辟洛阳工业区时，为了夯实基础，对唐代以后的古墓等来不及清理就用混凝土往下灌，使大块空心雕花砖等墓内文物永远封闭在地下，挖掘不出来。1975年至1981年，洛阳由于工业建设乱选址，造成地下文物的大破坏是骇人听闻的，一批工业建设者无视洛阳是重要文化古都的特点，竟在禁建的邙山古墓区大办工厂，他们采用"爆破桩基础"的设计和施工方案，违反国务院1961年颁布的《文物保护管理暂行条约》的规定，非法将早已查明的，为中外学术界瞩目的古墓葬区（包括公元前六七百年至公元14世纪的东周、汉、唐、宋、明等朝的一千多座古墓葬），未经挖掘清理就擅自全部炸毁了。这一史无前例的"建设性破坏"，损失之巨无疑是难以估量的。20世纪80年代前夕，污染性很大的浮法玻璃厂也选址于古都洛阳。[1]

古迹保护与城市发展一直就是一对矛盾。在欧洲、在日本文物保护是第一位的，是我们所说的"硬道理"，但是"至于文物保护与城市发展的关系，洛阳人更看重后者。洛阳到处是文物，别的城市稀罕的古董，洛阳人都不放在眼里。但洛阳人急需看到一个现代化都市，孙善武把握住了这个心理诉求，因此，即使有文物专家反对，孙善武仍然大兴土木。"[2]

建设中的周王城广场在挖地下停车场时，挖出了18个车马坑，发现了古文献中记载的夏商周时期的重要遗存——六马一车的"天子之乘"。在这以前的考古发现，从来没见过六驾马车的，说明这是周天子的陵园。对此洛阳的专家学者，给市委、市政府写信，呼吁对遗址就地保护。信中说："按原方案建

---

① 贾鸿雁：《中国历史文化名城通论》，南京：东南大学出版社，2007年，第170页。
② 《河南政协原副主席被双规，当地民众对其表示怀念》，《南风窗》，2008年10月29日。

成的广场，在全国只能是二三流的广场；而实地展示东周王陵遗物的广场，将是世界上独一无二的广场。"并称这是"天赐奇景，可喜可贺"。但是，2003年1月13日，挖土机等大型施工机械进入广场工地，开始大规模施工。16日，5座车马坑像孤岛一样伫立着，周围已经被挖成连片深坑。在《中国文物报》记者前来调查，并写了报道《洛阳在毁什么》以后，洛阳有关部门才修改了规划，有人说，洛阳人有着历史遗留下来的都城皇民心态。"洛阳人对古墓太不稀罕了，几个古墓算啥呀？你建个稍微大点的楼，就能挖出古墓。孔子入周问礼处，如果放在广州，周围十几平方公里都建成保护区了，但在洛阳只是破破烂烂的一个碑。"①

实际上，这并不能代表整体洛阳人的态度，或许是拥有行政资源的一些官员的态度，他们看重的是短期的利益，而没有真正意识到他们在做什么。文化古迹的灭绝甚至远远超过物种的灭绝。前述的行为都是执政者的行为。洛阳建设过程中，每一次的文物古迹的破坏都有文化学者与市民百姓的反对，尤其是网络的发展，某种程度上解放了人们的"嘴巴"，人们可以相对自由地通过网络发表自己的看法后，对任何媒体报道古迹遗址的破坏，都有洛阳市民强烈反对的声音。前述有关天子驾六遗址与周王城广场之争就是一例。但是，市民并没有决策权，因此，致力于文物保护并为中国众多的古迹保护做出重大贡献的阮仪三先生说："事情就是往往坏在决策者的手上"②。洛阳的历史文化遗产的损失，固然有其市民素质、文物保护意识方面的因素，但决策者的责任是不可推卸的，而且重大的损失往往来自于决策者。

对此，外国的学者评论道：中国的投资者在经济快速发展的今天首先看到的是短期的利益。为了适应现实经济发展的需要，市政府被迫改变城市的布局。对他们来说，虽然在原则上保护衰败的古老建筑是有意义的，但其首要任务还是保证城市的整体功能。③ 因此，中国城市总体规划的主要目标没有把历史文化的保护放在首位——像欧洲国家的历史城市那样。它首先体现在城市空间的巨大工程改造上。城市基础设施特别是道路网的拓宽，在市中心增加机动

---

① 《河南政协原副主席被双规，当地民众对其表示怀念》，《南风窗》，2008年10月29日。

② 阮仪三：《护城纪实》，北京：中国建筑工业出版社，2003年，第119页。

③ Michel LEDUC（米歇尔·乐杜克）：经济发展与历史遗产保护，《法国汉学·人居环境号》第九辑，北京：中华书局，2004年，第117页。

车流量的动脉和高架的干道，造成历史街区开膛破肚的第一道外科手术。①

虽然认识到过去的城市具有历史和文化的重要性，但经济改革初期的城市政策延续了旧城改造的方针。② 将破旧的街区拆除，在上面建造成工房特征的居住区。传统穿斗木结构的四合院住宅街区由于缺乏维护与修缮而成了空间衰败的地区，城市的基础设施、居住卫生条件的落后等等。旧城空间破旧的形象成了城市的包袱，并被形容成"危、积、漏"地区。"旧城改造"的现代化语义是要建立新的空间次序，将旧城的道路系统识别性特征消除掉，将其带入一个均质的城市发展骨架里。

因此，所谓古城文化环境的缺乏是城市政策的缺乏所造成的。因为在旧城改造这个过程中，许多文物古迹被毁，而其中一些特别有价值的则打包成木乃伊，或放置博物馆中。而建立少量的城市博物馆是以大量的城市历史遗产消失为代价的，这是文物收藏的逻辑，也是对淹没在快速的城市新空间中的孤立的城市历史遗产的身世的反照。③ 因此，著名的建筑学家贝聿铭先生认为，"四合院应该保留，要一片一片地保留。不要这儿找一个王府，那儿找一个王府，孤零零地保，这个是不行的。④ 著名的《威尼斯宪章》明确提出把文物的环境纳入文物的保护范畴。

1925 年的《巴黎瓦赞计划》（Plan Voisin de Paris）也曾建议铲平巴黎现存的建筑，以笔直相交的大道两旁整齐排列的巨型几何式摩天大楼取而代之，而散布在其中的一些文物，例如巴黎圣母院，则依然保留其原有形式。⑤ 即一方面是彻底的破坏，一方面是涂涂抹抹的保存遗迹。幸运的是这个方案在法国、在巴黎没有实施，因此，才成就了今天的巴黎。今天的巴黎是被世界公认的世界文化艺术之都，不仅仅因为巴黎开放、宽松的艺术环境，更为主要的也许是巴黎的文化传统。巴黎可谓是文化的殿堂，人类文化艺术的宝库。在此我

① 张梁：《历史文化名城保护规划的阅读和批评：借读成都规划》，《法国汉学·人居环境号》第九辑，北京：中华书局，2004 年，第 235 页。

② 所谓"旧城改造"，是指城市建成区中某些经济衰退、房屋年久残旧、市政设施落后、居住质量较差的地区。为了使其恢复活力，发挥其应有的作用，必须调整原有的结构模式，补偿物质缺损，调整人口分布，达到振兴经济、改善生活质量。董鉴泓：《中国城市建设史》，北京：中国建筑工业出版社，2004 年，第 432 页。

③ 张梁：《历史文化名城保护规划的阅读和批评：借读成都规划》，《法国汉学·人居环境号》第九辑，北京：中华书局，2004 年，第 222 页。

④ 王军：《城记》，北京：三联书店，2003 年，第 17 页。

⑤ 边留久（Augustin BERQUE）：《彻底铲平还是原封不动——对于建筑形式的现代态度以及对此超越的可能》，《法国汉学·人居环境号》第九辑，北京：中华书局，2004 年，第 98 页。

们真正领略到城市所谓的容器功能。巴黎有 3115 座古典建筑遗留至今仍然受到很好的保护。有卢浮宫、爱丽舍宫、凡尔赛等皇家风范的宫殿，有凯旋门、埃菲尔铁塔等历史文化建筑，有巴黎公社墙、巴士底狱等血腥的记忆，有巴黎圣母院、玛德兰大教堂使人产生宗教信仰的、精神的寄托，更有雨果、莫奈、巴尔扎克的小屋、花园，带给人无限的遐想与享受；这些使巴黎的文化更具神圣。这些丰富的文化遗产不仅塑造、滋养着巴黎的精神，培养着巴黎的城市文明，而今更作为文化产品，以"资本"的形式创造、续写着更多的文化与精神产品，进而促进了城市文化艺术的不朽。

城市的魅力往往来自于与过去的联系上。一个有品位的城市往往是功能健全的，城市功能最为重要的内容是容器的功能。芒福德说"城市是容器。""城市通过它集中的物质和文化的力量，加速了人类交往的速度，并将它的产品变成可以储存和复制的形式。通过它的纪念性建筑、文字记载、有秩序的风俗和交往联系，城市扩大了所有的人类活动范围并使这种活动承上启下，继往开来。城市通过它的许多储存设施（建筑物、保管库、档案、纪念性建筑、石碑、书籍）能够把它复杂的文化一代一代地往下传，因为它不但集中了传递的扩大 这一遗产所需要的物质手段，而且也集中了人的智慧力量。这一点是城市给我们最大的贡献。"① 建筑物、古迹遗址的保护，发挥了城市的这一功能，因而使得城市别具特色与魅力。仅有 3.4 万人的荷兰特芬市就拥有 1000 多个古迹。城市应当保持人类的精华，并运用这一精华促进人类的进步。今天国人对欧洲一些城市"独特的城市风格，辉煌的建筑艺术，高品位的城市文化，令人叹为观止。"②

曾为千年帝都的洛阳已经失去了与巴黎等古城媲美的建筑街区，这是历史的旧帐，历史的遗憾。但洛阳并不是无遗产可保护。据不完全统计，洛阳发现的古文化遗址有 330 处，古墓群、古陵墓 500 余座（群），大中小型石窟 8 处，碑刻、墓志 2300 方，馆藏文物 40 万多件，其中一、二级文物约 1500 多件。寺庙、道观、古塔、会馆等建筑 163 处，革命纪念地 17 处，近代史迹 2 处。洛阳出土文物数量约占全国的十三分之一，因此，素有"地下文物宝库"和"历史博物馆"之称。③ 尤为珍贵的是二里头夏都遗址、商城遗址、周王城遗

① 刘易斯·芒福德：《城市发展史》，宋俊峻等译，北京：中国建筑出版社，1989 年，第 417 页。
② 大庆市市长助理纱伯信：《西欧的城市规划、建设与管理》，见网易新闻频道·城市研究网站。
③ 阮仪三：《历史文化名城保护理论与规划》，上海：同济大学出版社，1999 年，第 133 页。

址、汉魏故城遗址和隋唐故城遗址五大遗址仍处在洛阳的脚下，极为小心谨慎地保护这些遗址，不仅为国家、为人类保存了重要的文化遗产，不仅是"前人栽树，后人乘凉"，造福子孙千秋万代的事情，洛阳本身也将会在古城遗址的保护中得到加分，得到声誉，得到增值——如果将历史文化作为资本的话。中国人有句古话，"亡羊补牢，犹为未晚"。历史文化名城的创建和古都遗址的保护，就是曾经受到挫折的历史抵抗获得了某种政治权力上的认同。洛阳是著名的古都，"古都"是洛阳城市名片。古都的风貌自然应当成为洛阳城市形象的重要内容，今天城市经营者对洛阳城市风格的"打造"或经营不应当离开这一独特的资源的利用。因此，新区隋唐洛阳城遗址 22.1 平方公里的圈定，及将其建设成为以绿色园林为主体的文物保护基地的规划，反映了政府决策者、规划者新的眼界，比起 1950 年代周王城遗址保护的作法是很大的进步。

但这并不是说遗址保护不存在问题，实际上我们完全有理由对这个保护区的未来产生某种担忧。这种担忧不仅仅是因为一所占地 1100 亩的大学已经建立在保护区的遗址之上，不仅仅是因为保护区内的居民住宅已经建到了四五层以上，深挖的地基必然产生对遗址的破坏（而这下面的遗址——恭安坊、温柔坊也就距地表 1～2 米），也不仅仅因为城市化的扩张导致遗址区内洛龙公路两侧已建成商业区，已看不到空地（虽然在 1988 年，河南洛阳"隋唐洛阳城遗址"作为隋唐两代东都都城遗址，就被确定为国家重点文物保护单位）。还因为即使在规划了遗址保护区后，又在保护区内建设了面积 1400 余亩的高尔夫球场（目前已建好部分 400 多亩，是洛阳市最大的高尔夫球场），高尔夫球场看似草坪，但这里唐朝遗址距地表只有 1.2 米，挖的挖填的填，地下遗址很难不受到破坏。不仅如此，为保护遗址而建的隋唐遗址公园中，又建设了水上公园及其地下的引水涵洞，文物专家认为，这个涵洞，"可能完全破坏遗址地下面貌。""水上公园湖底虽然做了防渗处理，但按遗址保护层来说，应该就在 1 米左右，如果防渗做到 80 公分，那还是会将地下遗址浸泡坏。""可以想象遗址上顶了 185 亩的大水盆多么危险，而以后又怎么进行考古挖掘呢？"①

洛阳大规模的建设过程中，已经造成了周王城遗址、隋唐故城皇宫遗址等重要遗址的破坏，洛阳过去的规划如绿地、遗址保护等也受到侵占。但愿洛阳新区的遗址保护方案能够严格的执行。套用一句比较俗的话：像保护自己的眼

---

① 田毅、季谭：《河南洛阳高尔夫场侵蚀隋唐古城遗址》，《第一财经日报》，2006 年 9 月 13 日。

睛一样保护遗址。

三、新区空间对洛阳城市空间的影响

（一）洛阳带状城市空间的颠覆与类方型城市的复辟

如前所述，洛阳新区的空间规划，打破了洛阳条型带状的城市空间格局，使之又回归到类方形城市空间的框架之内，因此，这种回归可以看作是传统城市空间的复辟。但这种复辟不是传统城池的再造，实际上也不是"单中心＋环型路"的所谓摊大饼式扩张的再现，而是沿着洛阳空间城市化发展的特殊路径形成的，是洛阳城市蔓延的结果。因此，必然带有原城市空间的烙印与影响。这种烙印与影响，使这种逐渐变方成圆的城市空间依然延续的是多中心的城市空间框架与格局。洛阳西工区曾经被确立为城市的中心，这里既是空间的中心，也是行政、文化、商业的中心，规划的安排使得西工基本配合着空间实施担当着城市中心的职能。一方面，带状线型城市的中心不同于环型城市，不仅两翼单薄，而且本身就规划有两个副中心。另一方面，这个中心还很年轻，远没有在城市人的心目中积淀，形成文化的记忆与深厚的情感。因此，带状城市空间的中心远不同于同心圆城市的中心。而当新区开发，城市拉方变圆以后，一方面，城市的空间中心发生了变化，另一方面，行政、文化等社会机构中心也从西工迁出，安排在新区，如此，洛阳的行政中心与空间中心并没有重叠，业已形成的中心仍然充当着商业和洛河以北旧城区的中心，与此同时，规划中的新区中心区也在建设。因此，从某种意义上讲，洛阳似乎成为没有中心的城市或不易确立空间中心的城市。然这种多中心的城市也许更有益于城市化空间的扩张、发展，城市空间也因此更具柔性与弹性，具有同心圆城市所无法比拟的优势。

所以说洛阳不是"单中心＋环路"的同心圆城市，还因为城市空间道路的整合。同心圆城市总有一个空间的中心，然后围绕着这个中心，形成环城道路。洛阳的道路规划却是以东西向的轴线形成的，在带状线型城市空间中，中州路成为城市的单一轴线。新区的开发，中州路、九都路、开元大道等构成城市东西向的三条轴线。王城大道，定鼎路与洛龙大道，南昌路也许以后的赢洲路将会构成南北方向的轴线，形成经纬空间。当然在这个空间中，东西方向的轴线也许意义更为重大。因此，未来城市空间的发展也许会顺应着这个方向与思路进行。

（二）洛河的作用与功能的变化

新区空间的形成，将洛河变成城市的内河，给城市空间带来了巨大的

空间的变奏——洛阳城市空间的社会转型

变化。

在带状城市中，洛河是城市的背后，接近洛河意味着接近所谓的"野地"。河床裸露、"细水长流"的洛河曾经是对死刑犯执行枪决的地方，"洛河滩"也曾经是贫民窟聚集的地方，在老吴桥一带聚集着乡村逃避计划生育的农民、城市无业游民等游离于城市与乡村之间的下层居民，它们以破砖、石棉瓦搭起简易的居住房屋，以在洛河滩种地、挖沙为生。尽管对河滩的整治早已开始，但新区的建设，将洛河建在城市的空间中心，洛河成为城中河，无疑从空间结构上彻底改变了洛河。正如规划中所说的，"把滨河公园建设成为与洛河以北洛浦公园相对应的休闲娱乐生态公园"。

图 6-18　未整治的洛河滩①

于是，对洛河的装修加速。洛河应当是条有记忆的河，每当城市扩张，将其变为城市中河时，洛河都会迎合人们的审美，改变着自己的模样。这时，洛河就会成为审美的对象。如隋唐时期，所谓的"洛阳八大景"，二大景都由洛河提供。因此，当新区空间形成时，洛河及其所形成的空间，由带状城市的边缘与"野地"迅速变成景观河、绿化的空间、蓝化的空间，成为城市空间中最为重要的景观。

我们用功能分析的方法来看看洛河新区建设前后洛河的功能。在新区建设和洛河改造前，洛河主要有以下功能：

一是河床和河道的功能。洛河的河床约有 600 至 1000 米左右，但洛河的河道在大多数情况下只有几十米，甚至被分割成两条或多条十多米宽的水道。

① 丁一平摄于 2008 年 10 月 11 日。

这个水道在河床上自然地流淌，变换着形状。呈现出自然生态所具有的面貌。很少被河水浸润的河床（河滩）则发挥着多种功能，建筑用的沙石使河滩成为自然的采沙场。

图6-19 1990年代洛河滩上的窝棚①

二是城市的垃圾场、"厕所"。在环保并不受重视和资金短缺的时代，河道成为城市排放工业废水、生活污水的主要渠道。涧西等工业厂矿的工业废水通过涧河注入位于城市上游的洛河水域，形成河水的污染，使洛河更成为市民们传说中的"野地"。河堤也成为城市的固体垃圾堆积的场所。尤其是洛河南堤，笔者曾亲身目睹并有过在垃圾堤上行走的经历。从洛阳桥至洛河桥几乎堆满了生活垃圾，洛阳桥往西至焦柳铁路的南堤堆积更厚、更高。河北堤稍好，但也断断续续有垃圾场。

三是体制外人群的生活场所。由于河床无人监管或疏于监管（事实上也根本无能力管理），河滩也成为城市人心目中的野地，因此，这里成为了一些城市体制外的人群聚集的场所。这些人或为逃避计划生育的村民，或为城市的"三无"人员，或为一些流浪汉。河滩为他们提供了赖以生存的方式——挖沙，在河滩无人管理的滩地上开小片荒、或靠拣拾垃圾为生。最为集中的地方是在被冲毁的老吴桥附近，各种低矮、简陋的不能再

———————————

① 来源：根据洛阳建国60周年城建图片展翻拍。

简陋的窝棚连成一片。虽然这种景象并没有几年，但河滩的这一功能却早就开始并延续。

图 6－20　1970 年代的洛河北堤①

　　四是少数人季节性的休闲场所。尽管那时的洛阳，城市的人们离自然不远，南北走出几公里就能见到今天孩子们心中传说的田野。但洛河滩以其原始、自然、尤其是僻静而发生着许多的故事。垂钓、胆大一些的年轻人聚会、幽会、踏青、游泳。洛阳桥下的那片滩地曾是最为热闹的地方，尤其是春天的到来，许多人会带着孩子在这里放风筝、抓蝌蚪，让孩子认识自然。在这个意义上，洛河滩一直是一个阶段性的公共场所，有人甚至会在这个时期卖风筝、租躺椅、出售生活用品，做起了生意。

　　总之，那个时期，洛河是生态的、自然的、僻静的"野地"。

　　1990 年代中后期，随着洛南的规划，洛河河堤公园的计划开始实施。经

----

① 孙德侠航拍的洛阳北堤鱼塘等景物，根据洛阳建国 60 周年城建图片展翻拍。

过几年的建设，洛河的北堤首先成为宜观的风景秀丽的公园。随着洛南新区的建设，洛河南堤也成为同样的公园。而城市经营理念的兴起，河水的蓄积，洛河两岸近水的诱惑，秀丽的景色，使得洛河的价值突然被发现，整治后，洛河的功能发生了重大的变化。

首先，洛河成为人们审美的对象，成为洛阳城区风光最为养眼的地方，因此也成为洛阳的新符号、新地标，甚至成为洛阳城市符号的无可替代的象征。洛河经过装修、绿化、蓝化，两岸花草树木、文化建筑、人化休闲设施，河道的分阶段的橡皮坝的蓄积，使洛河的洛阳段成为城市化的河流，成为人化的洛河、文化的洛河，成为人工景观水库和人化的自然审美的教育基地。

图6-21　经过装修的洛河①

其次，沿洛河两岸建设的洛浦公园，成为洛阳人的"起居室"、客厅、自己的公园，发挥着城市公共空间的功能。

诚如我们在前面所论述的，工业城市空间的展开，导致了工作空间与居住空间的分离。在这个分离的过程中，城市越来越成为人造的空间。城市人被一道道门（家门、电梯门、小区门、写字楼或工作单位的大门、然后又是电梯门、办公室门等等）或与之相对应的一道道墙固定在城市各个空间，这些空间被钢筋混凝土构成的框架所封闭，尤其是家庭公寓和成套率的提高，回到家中，各个家门甚至将家庭成员也进行了"隔离"，这种隔离是工业化或生活水平提高的结果，但也造成了人们交往范围的局限，因此在工作空间与家庭空间之外，现代的城市空间结构中少不了公共空间。这是人们需要的结果。街头、广场、街心公园等等场所人气的聚集，引起了政府与规划人员的重视，现代城市的公共空间也受到重视与规划。人们意识到，这是城市人生活中不可缺少的第三空间，它所产生的松弛、放松、换心情、接触自然的效果是再生产劳动

---

①　丁一平摄于2012年7月3日。

力，提高城市生活水平的重要内容，同时也是反映城市特色和城市魅力的重要内容。

因此免费的街心公园和广场像雨后春笋般发展起来。而构建于其上的公园广场行为活动也因此以文化之名形成所谓的广场文化。

图 6 – 22　傍晚的洛浦公园涧西段①

洛河两岸洛浦公园的修建，两岸超过 20 公里（并且还在不断延长）的公共场所，基本满足了带状城市（虽然新区的建设使城市空间拉方变圆，但相对于洛河两岸的城区，仍然是条型带状）各个区段的居民进行公共活动的需要。散步、散心、休息、玩耍、健身、舞蹈、票友、棋迷、垂钓、聚会、吹拉弹唱、进行露天艺术活动、接触自然、呼吸新鲜空气、观景赏花、甚至看蚂蚁上树、闻芳草气息，总之是放松自我，娱乐放松的地方。而当这些活动与生态的绿化、蓝化相结合，与宜观的自然环境和反映当下城市人审美的人工城市景观相结合，自然产生强大的生命力。而这一空间的形成与充分发挥作用，其空间意义自然重大。

当然，洛浦公园这一公共空间还需要进一步培育与聚集人气。好的城市空间可以孕育丰富多彩的城市生活，城市人的生活因为有了公共空间的存在，并且因为这一公共空间充分发挥功能而变得富有意义与乐趣。久而久之成为城市人的心理记忆与共业，成为城市文化的内容与传统，进而通过空间塑造城市形象与城市性格。

第三，洛河的整修与美容，提升了两岸的地价，使之成为房地产商的热地。

① 丁一平摄。

图6-23 河景房①

河岸的绿化、蓝化、美容整修以及河畔特有的生态功能，使得河岸第一排成为最有竞争力与号召力的广告词，不仅如此，近河区段也都以洛河为依据进行商业宣传，人气因此旺盛，房价因此提高。我们来看看这些广告的内容：

河岸第一排……，连沐浴、烹饪也能欣赏洛河美景，从此洛河风光永不落幕。②

临近悠长的河岸线，12公里生态长堤——洛浦公园，……每天都可以细细聆听大自然的旋律。③

百万平米大盘驭水而出，标杆洛阳。……风景最前排，800米宽洛河天高地阔，尽收眼前。每一次极目，都是一次视野与胸襟的扩张，每一回俯仰，都刷新生活与思想的感悟。④

契合自然的水岸生活，感受洛河壮丽河景，闲暇时分，漫步洛浦秋枫下，绿意盎然、微风抚面，水韵长流，洗却都市声色风尘。3分种路程，一辈子健康人居环境……⑤

12公里长洛浦长堤，植被众多，景观优美，仿佛一座优美的后花园，随

---

① 丁一平摄。
② 水榭王城的广告。
③ 顺驰城的广告。
④ 东方今典的广告。
⑤ 滨河印象·壹街区广告。

时静候主人观赏游玩。①

傍晚，挪却应酬与公务，与家人散步洛河畔，微风、夕阳、水波……风景独好，周末，约上三五好友，带着孩子，将一只只风筝放飞蓝天，和孩子一起奔跑，想像他们高飞如筝。或者只是一个早起的清晨，站在自家阳台远眺，等待第一缕阳光越过河面、公园，呼吸着鲜氧，蓄积一天的能量。或在河边慢跑，有些累了，随意坐在河岸边，开始回味这犹如洛河一样逝者如斯的人生过往。②

拥千年洛河为私家水岸……滨河绿色植被醉美呈现，生态尚品生活氛围聚集……牵古今之根脉，引人居之潮流。③

无需怀疑策划者的用意，事实是洛河两岸，由过去城市的边缘、"野地"，一下成为最聚人气，最具房地产号召力的空间，也是洛阳房地产价格最高的地段之一。有实力的房地产商在这里角逐，洛阳高层次人才公寓聚集这里，洛阳最有财力的公司企业都在这里置房购产，高楼别墅最为集中。

图 6-24　宜人的河滨住宅区④

（三）城市社会阶层空间分化的趋势

一般来说，中国的居住是不分阶层的，即富人与穷人同一个区域，传统的中国如此，计划经济时代，平均主义的思潮与做法，很难产生所谓的富人阶

---

①　顺驰城广告。
②　顺驰城广告。
③　建业森林半岛之广告。
④　丁一平摄。

层，更不可能产生居住分区。然洛阳由于空间构成的特色一开始就形成了不同群体的居民住在不同区域的景观。移民、产业工人居住在城市的西部工业区，传统的市区居住在老城区，机关干部、文化等部门的工作人员相对集中在西工。当然如果说有这种区分，也不是西方国家由于资本竞争而导致的富人占据更适宜的空间，穷人处于不利空间的阶层区分。在欧美，富人住在环境很好的郊外，中产者也有自己的空间，而穷人则居住在最为不利的城市空间。改革开放，市场经济的推进，地租的分级，使中国城市某种程度上也开始了住区划分的趋势。有学者主张早些把住区分开，也有学者不同意这种观点。① 但无论同意与反对，房地产的市场化，似乎必然要有将住区分开的趋势。经济实力决定了富有的人必然选择环境好的地方购买自己的住房，而这又恰恰是经济状况差的人所不能承受的，如此，必然会导致居住区的分割。洛阳新区由于下述原因，将会导致住宅地价的相对昂贵，进而形成或逐渐形成中产者或更为富有的人居住的城市空间。一是地价的因素。一般来说，城市中心的地价会更昂贵一些，也更具凝聚力，洛阳也是如此。但洛阳新区由于以人居环境为出发点，洛河的整治、装修，城市的大量投资，使新区更具现代城市所具备的元素，因此房地产的价格会高于其它区域。二是规划的因素。新区的规划是"把洛阳新区建设成为山水园林相间、生态环境优美、功能设施齐全、现代气息浓郁、古今文化辉映、中西部地区最适宜人们居住的新城区，初步形成现代化城区规模。洛阳新区建成后，洛河从市中心穿过，沿河南北两岸绿地环绕、高层建筑鳞次栉比、山水园林相间。洛阳这座历史名城将得以复兴，再现王城风采。"② 大量的绿地与水域不仅提高了环境的认知，也自然提高了房地产的价格。三是大尺度的因素。新区的审美是建立在工业化后的"高、大、新"的审美基础之上的，楼高、马路宽、建筑新，从人性的角度讲，这种大尺度是不利于城市下层人生活的。因此，这种大尺度势必遭到新城市主义者的批评。新城市主义主张复兴传统的空间格局，以创造人们能与其邻居互动的场所。城市空间设计不仅要方便驱车外出，也应该方便居民步行、骑自行车通勤和购物。促进人们的互动和社区生活具有重要价值。强调效率、规模和速度的非人性化却又是人为的空间秩序使人成为空间设计者的牺牲者或次要因素，因此，与大环境、大尺度、大规模、宽街大道不同，新城市主义强调所有的场所都可以步行抵达，

---

① 郑也夫：《城市社会学》，北京：中国城市出版社，2003年，第69页。

② 洛阳新区政府网站。

使社区里的人们彼此容易相识，创造有利于人们直接交往的人文环境。① 然而大尺度却是城市风范与现代化的象征，也是大多数新区的标准，从上海的浦东新区到郑州的郑东新区都是如此。大尺度自然会导致城市地价与生活成本的上升，成为穷人无法承担的区域。著名的作家陈村曾经说过，吃一碗馄饨要开半个小时的车，在这样的区域居住是需要车的，这显然不适合收入水平偏低的群体居住。

由于上述原因，或将促进居住的分区。

（四）空间的重组

1950 年代，抛开老城建新城，洛阳形成了相距 6 公里的两个城市空间。由于新老城区的接轨、整合，两城的中间区域成为洛阳第三城市空间，并形成了洛阳城市空间的中心。三个城市空间各自有与其相对应的社会结构与社会生态。比如三大方言区即是最为显性的标志。商业、行政和工业或旅游、商业、工业等空间属性的标签形成了三大城区空间的社会属性。新区的建设使洛阳产生了第四空间。这第四空间的形成一方面丰富了洛阳城市空间的社会属性，同时也必然产生对三个城市空间的影响，并进一步重组与整合整个洛阳城市空间。

未来洛阳的城市空间或许会沿着这个趋势整合重组，形成老城——传统空间；涧西——工业空间；西工——商业与文化保护空间；新区——现代城市面貌的空间。也许应当将老城区中的民族自治区——瀍河回族自治区的空间特色加以强调，形成民族空间；周王城、隋唐等大面积的古迹遗址形成遗址空间。这样在空间结构上更具多样性，多样性的城市与多样性的生态一样，一定更具魅力，更符合社会的生态，自然也就更宜居、更宜人了。

老城区的空间属性、空间结构与秩序和建筑特色直到上个世纪 80 年代还保留着。在我看来，上个世纪 90 年代开始的老城区的空间改造是件不幸的事，老城区的大部分空间属性被篡改了，受现代工业城市的影响，被强大的工业文明审美伦理所改造，传统城区的空间结构被开膛破肚，进行了工业文明城市的整合，建筑也失去了传统城市的韵味。新世纪，随着传统文化的复兴，随着第

---

① Carmona, Matthew, Tim Heath, Taner Oc and Steven Tiesdell . 2003 , Public Places, Urban Spaces. Architectural Press, p117。

三产业的发展，随着旅游热的形成，随着体验经济概念的传播，① 老城区的恢复成为空间更新的另一种趋势。孤零零地保留古迹，古迹成为博物馆而变成木乃伊，既是失去生命与活力的短视行为，也使所谓体验经济的发展失去真实的无法复制的资源。而以空间为单位整片的开发与保护则既保留了生态，也有利于旅游业的发展，为洛阳古都或古城文明形象保留了一份真实、一份尊严，在文化人类学上有着重要的意义。从城市的本质来讲，城市作为文化的容器或文明的容器的功能也得以彰显。因此，明清洛阳城的保护与恢复规划，将必然导致在现代理念下的传统城市空间的重新定位、重新评价与重新组合。

涧西工业区为"一五"期间国家重点建设的工业基地，这些当时处在工业最高端的机械加工业，如今似乎已老态龙钟，缺乏活力，设备老化、产品陈旧。但机械加工仍然是当今国家不可或缺的实业。因此，涧西工业区不仅具有再生的活力与基础，也有厂房、技术、劳动力等等资源，更具有工业文明的传统与认知，因此，其工业空间的生存应当是一个选择。而其建筑——时代的记忆，也受到人们的重视，近来，洛阳的学者们就有提出保护工业遗产的计划与研究，虽然并不一定受到一些市民的理解与支持，但其意义重大。

西工由于其空间中心位置更有着向商业中心发展的趋势，尤其是洛阳玻璃厂的搬迁与近年来西工区工业空间与商业空间的置换，更加剧了这一历程。王府井——新都汇，鸿城——中央百货两个商业圈的形成也使这一空间属性初具模样。如果按照这个趋势，西工有可能成为市区商业服务业最为发达的区域。当然，西工区的空间发展中也有着周王城遗址和隋唐洛阳城遗址保护的问题。

新区作为经营城市的产物，山水城市的实践，承载的是洛阳21世纪城市空间秩序与结构的探索，其城市建筑所附加的信息与符号，也有着市场经济、信息时代的烙印。城市是一个信息场，是人类文化的一个象征地。卡斯特说：

---

① 体验经济（experience economy）是以服务为依托，通过感觉和记忆使消费者对某种事物或现象留下深刻印象或丰富感受的经济类型。体验经济原来被人们列入服务经济之内，诸如观光旅游、休闲度假等等，它是企业以服务为舞台、以商品为道具，环绕着消费者，创造出值得消费者回忆的活动。其中的商品是有形的，服务是无形的，而创造出的体验是令人难忘的。与过去不同的是，商品、服务对消费者来说是外在的，但是体验是内在的，存在于个人心中，是个人在形体、情绪、知识上参与的所得。没有两个人的体验是完全一样的，因为体验是来自个人的心境与事件的互动。见（美）约瑟夫·派恩（B. Joseph Pine）和詹姆斯·吉尔摩（James H. Gilmore）：《体验经济》，北京：机械工业出版社，2002年。

"信息时代引入了一种新都市形式，即信息化城市。"① 从这个意义上讲，洛阳新区更象征着21世纪初洛阳城市文明的发展水平与发展理念。新区的空间中，无论是商业广告、街区或道路提示牌，还是城市园林规划、景观建筑，都在有意无意、强迫或非强迫地冲击着人们的听觉与视觉，向人们提供着各种符号和信息，展示着今天洛阳城的审美观和社会经济文化发展风貌。社会学者认为，城市每天都在吐纳着各种信息，城市越大，信息场域就越大。特别是现代网络社会②形成的过程中出现的网络城市，信息及其使用技术成为城市人生活所必须。有西方学者统计，在大城市里，一个人在或上街、或看电视、或逛商店等活动中，可以获得2000个以上的各种各样的商业和其它信息，如大街上无处不在的广告、商品上或多或少的说明、各种街区的指示牌和导向牌、各种媒体的信息与广告等这些都强迫或非强迫地在给人们提供着有用或无用的信息。而且这些信息的集合，构成了城市的象征，并构成城市形象的一个表现形式与符号。③这些特征在城市的其它空间中也存在，但新区的空间及其建筑的高大、"强悍"，无疑更具代表性，也更能反映前述所谓的经营城市、山水城市、大尺度城市的符号特征与规划理念。

如同物种多样性对生态、对自然的意义一样，空间形式、空间结构、空间秩序的多样性对城市也具有重要的意义。城市空间需要多样性，多样性的城市空间才具有生命力与可持续发展的能力。因为多样性城市空间的成因或结果，是社会生态的多样性。

① 曼纽·卡斯特：《网络社会的崛起》，夏铸久、王志弘译，北京：社会科学文献出版社，2001年，第491页。

② 卡斯特说："我们对横越人类诸活动与经验领域而浮现之社会结构的探察，得出了一个综合性结论：作为一种历史趋势，信息时代的支配功能与过程日益以网络组织起来，网络建构了我们社会的新社会形态，而网络化逻辑的扩散实质地改变了生产、经验、权力与文化过程中的操作和结果……网络化逻辑会导致较高层级的社会决定作用甚至经由网络表现出来的特殊社会利益；流动的权力优先于权力的流动，在网络现身或缺席，以及每个网络相对于其他网络的动态关系，都是我们社会中支配与变迁的关键根源。因此，我们要称这个社会为网络社会（the network society），其特征在于社会形态胜于社会行动的优越性"。曼纽·卡斯特：《网络社会的崛起》，夏铸久、王志弘译，北京：社会科学文献出版社，2001年，第569页。

③ 张鸿雁：《城市形象与城市文化资本论——从经营城市、行销城市到城市文化动作》，《南京社会科学》，2002年第12期，第24~30页。

主要参考资料

资料类：

洛阳第一档案馆馆藏档案。

洛阳拖拉机厂档案馆馆藏档案。

《洛阳市志·人口卷、工业卷、文物卷、建筑卷、交通卷》，郑州：中州古籍出版社，1996 年。

《洛阳市西工区志》，郑州：河南人民出版社，1988 年。

《洛阳市老城区志》，郑州：河南人民出版社，1989 年。

《洛阳市涧西区志》，北京：海潮出版社，1990 年。

《洛阳拖拉机厂志》，洛阳市图书馆，1985 年。

《洛阳轴承厂志》，洛阳市图书馆，1985 年。

《洛阳矿山厂志》，洛阳市图书馆，1985 年。

《洛阳棉纺织厂志》，洛阳市图书馆，1985 年。

《浮法之光》，北京：改革出版社，1999 年。

洛阳市城建局编，《洛阳历代城池建设》，1984 年。

《洛阳建筑志》，郑州：中州古籍出版社，2003 年。

《洛阳市·商业志》，郑州：中州古籍出版社，1990 年。

《洛阳文史资料》，第 1~5 辑。

文献类：

《夏商周断代工程 1996~2000 年阶段成果报告（简本）》，北京：世界图书出版公司，2000 年。

段鹏琦：《洛阳古代都城遗址迁移现象试析》，《考古与文物》，1994 年第 4 期。

王晖：《周武王东都选址考辨》，《中国史研究》，1998 年 1 期。

梁晓景：《西周建都洛邑浅谈》，《河洛春秋》，1986 年第 1 期。

李久昌：《20 世纪 50 年代以来的洛阳古都研究》，《河南大学学报》，2007 年第 4 期。

段鹏琦：《汉魏洛阳故城》，北京：文物出版社，2009年。

孟恒昌：《我所知道的洛阳军分校》，《洛阳文史资料》，第五辑。

田银生：《城市发展史专题之三》，http://ishare.iask.sina.com.cn/f/6813237.html。

马克思：《马克思恩格斯全集》，第46卷，上册，北京：人民出版社，1979年。

芒福德：《城市发展史》，宋俊岭、倪文彦译，北京：中国建筑出版社，2005年。

韦伯：《儒教与道教》，北京：商务印书馆，1997年。

傅筑夫：《中国经济史论丛》（上），北京：三联书店，1980年。

何一民：《农业时代中国城市的特征》，《社会科学研究》，2003年。

张驭寰：《中国城池史》，天津：百花文艺出版社，2003年。

丹尼斯·史密斯：《历史社会学的兴起》，上海：上海人民出版社，2000年。

陈蕴茜：《空间维度下的中国城市史研究》，《学术月刊》，2009年第10期。

张仲礼：《近代上海城市研究》，上海：上海人民出版社，1990年。

隗瀛涛：《近代重庆城市研究》，成都：四川大学出版社，1991年。

罗澍伟：《近代天津城市研究》，北京：中国社会科学出版社，1993年。

皮明庥：《近代武汉城市研究》，北京：中国社会科学出版社，1993年。

吴宁：《列斐伏尔的城市空间社会学理论及其中国意义》，《社会》，2008年第2期。

纪晓岚：《论城市本质》，北京：中国社会科学出版社，2002年。

曼纽·卡斯特：《网络社会的崛起》，夏铸久、王志弘译，北京：社会科学文献出版社，2001年。

张鸿雁：《城市形象与城市文化资本论——从经营城市、行销城市到城市文化动作》，《南京社会科学》，2002年。

（美）约瑟夫·派恩（B. Joseph Pine）、詹姆斯·吉尔摩（James H. Gilmore）：《体验经济》，北京：机械工业出版社，2002年。

郑也夫：《城市社会学》，北京：中国城市出版社，2003年。

张梁：《历史文化名城保护规划的阅读和批评：借读成都规划》，《法国汉学·人居环境号》第九辑，北京：中华书局，2004年。

边留久（Augustin BERQUE）：《彻底铲平还是原封不动——对于建筑形式的现代态度以及对此超越的可能》，《法国汉学》第九辑，北京：中华书局，2004年。

阮仪三：《历史文化名城保护理论与规划》，上海：同济大学出版社，1999年。

董鉴泓：《中国城市建设史》，北京：中国建筑工业出版社，2004年。

贾鸿雁：《中国历史文化名城通论》，南京：东南大学出版社，2007年。

董光器：《北京规划战略思考》，北京：中国建筑工业出版社，1998年。

谢泳：《梁思诚百年祭》《记忆》第二辑，北京：中国工人出版社，2002年。

彭真：《关于北京的城市规划问题》，载于《彭真文选》，北京：人民出版社，1991年。

恩格斯：《马克思恩格斯全集》第2卷，北京：人民出版社，1972年。

高德步：《工业化与城市化的协调发展》，《社会科学战线》，1994 年第 4 期。

程艾蓝（Anne CHENG）：《中国传统思想中的空间观念》，《法国汉学·第九辑》，北京：中华书局，2004 年。

鲍世行、顾孟潮、钱学森：《论宏观建筑与微观建筑》，杭州：杭州出版社，2001 年。

鲍世行、顾孟潮：《杰出科学家钱学森论城市学与山水城市》，北京：中国建筑工业出版社，1996 年。

王新文：《城市化发展的代表性理论综述》，《济南党校学报》，2002 年第 1 期。

赫杀曼（A·Hisrchman）：《经济发展战略》，北京：经济科学出版社，1992 年。

伊里尔·沙利宁：《城市：它的生长；衰退和将来》，（1942 年）顾启源译，北京：中国建筑工业出版社，1986 年。

（英）埃比尼泽·霍华德：《明日的田园城市》，北京：商务印书馆，2000 年。

向德平主编：《城市社会学》，北京：高等教育出版社，2005 年。

张鸿雁：《城市形象与城市文化资本论》，《南京社会科学》，2002 年第 12 期。

涂文涛：《关于"经营城市"问题的争论与思考》，《经济学家》，2005 年第 4 期

刘薪冈：《关于经营城市的几个本源问题》，http：//www. stcsm. gov. cn/learning/lesson/guanli/20030922/lesson－2. asp。

华揽洪：《重建中国——城市规划三十年（1949～1979）》，李颖译，北京：三联书店，2003 年。

顾朝林：《城市社会学》，南京：东南大学出版社，2002 年。

蔡禾：《城市社会学》，广州：中山大学出版社，2003 年。

周怡：《解读社会》，南京：南京大学出版社，1996 年。

《中国当代城市建设》（上），北京：中国社会科学出版社，1989 年。

（英）吉登斯：《现代性的后果》，田禾译，南京，译林出版社，2000 年。

《当代中国的基本建设》，北京：中国社会科学出版社，1989 年。

戴均良主编：《中国城市发展史》，哈尔滨：黑龙江人民出版社，1992 年。

《城市史研究》，第九辑，天津：天津教育出版社，1993 年。

段鹏琦：《洛阳古代都城城址迁移现象试析》，《文物与考古》，1994 年第 4 期。

郭文轩：《世变沧桑话西工》，政协洛阳市委员会文史资料研究委员会编，《洛阳文史资料》，第一辑。

《当火车奔向郑州》，《大河报》，厚重河南，2005 年 12 月 20 日 B13。

丁文江、翁世灏、曾世英篡编：《中国分省新图》，申报馆发行，1939 年。

章生道：《城治的形态与结构研究》，王嗣军译，施坚雅主编：《中华帝国晚期的城市》，北京：中华书局，2000 年。

王军：《城记》，北京：三联书店，2003 年。

胡如雷：《中国封建社会的经济形态研究》，1979，北京：三联出版社，1995 年。

恩格斯：《英国工人阶级状况》，北京：人民出版社，1956 年。

史明正：《走向近代化的北京城》，北京：北京大学出版社。

何一民：《农业时代中国城市的特征》，《社会科学研究》，2003 年。

董存熙：《近代洛阳商业漫谈》，《洛阳文史资料》，第二辑。

刘海岩：《空间与社会：近代天津城市的演变》，天津：天津人民出版社，2003 年。

李培林：《村落的终结》，北京：商务印书馆，2004 年。

［美］英格尔斯著：《人的现代化》，殷陆君编译，成都：四川人民出版社，1985 年。

（美）戴维·哈维著：《后现代的状况：对文化变迁之缘起的探究》，阎嘉译，北京：商务印书馆，2003 年。

张鸿雁：《中国古代城墙文化特质论》，《南方文物》，1995 年第 4 期。

王保林、王翠萍：《墙与街——中国城市文化与城市规划的手探析》，《规划师论坛》，2000 年第 1 期。

Carmona, Matthew, Tim Heath, Taner Oc and Steven Tiesdell . 2003, Public Places, Urban Spaces. Architectural Press.

Henri Lefebvre, The Production of Space , Translated by Donald Nicholson – Smith, Blackwell Publishing, 1991.

网络资源：

郑东新区官方网站，http：//www. zhengdong. gov. cn/。

洛阳新区政府网站，http：//www. lyxq. gov. cn/。

洛阳地情网，http：//www. lydqw. com/。

大河论坛·发展河南，http：//bbs. dahe. cn/。

大河论坛·洛阳城事，http：//bbs. dahe. cn/。

洛阳网，http：//www. lyd. com. cn/。

洛阳信息港——洛阳 BBS，洛阳城事，http：//bbs. ly. shangdu. com/index. php。